湖北省学术著作出版专项资金资助项目

近代物理的倒易原理

魏铭鉴　著

武汉理工大学出版社
·武汉·

内 容 提 要

　　倒易原理是 X 射线分析中研究波衍射的理论。本书把物质间的相互作用看作是波的作用，用波的作用理论对量子力学、相对论等基本理论做出了明确的解释。概念明确、说理清晰、计算简单，将经典力学和量子力学统一起来，把古典物理和近代物理统一起来，把波粒二象性统一起来。

　　本书提出了一个新观点，认为人们感知的都是物体的整体性质，它不同于局部性质，也不是局部性质的平均值。据此理解，可能使人们对物理学的研究向前迈进一步。该书可供 X 射线分析方面的工作者及对物理学中倒易理论感兴趣的学者参考。

图书在版编目（CIP）数据

　　近代物理的倒易原理 / 魏铭鉴著. —武汉 ：武汉理工大学出版社，2016.2
（2016.10 重印）
　　ISBN 978-7-5629-5022-6

　　Ⅰ. ①近…　Ⅱ. ①魏…　Ⅲ. ①物理学－研究　Ⅳ. ①O4

　　中国版本图书馆 CIP 数据核字（2015）第 280311 号

项目负责人：吴正刚	责 任 编 辑：吴正刚
责 任 校 对：刘　凯	封 面 设 计：兴和设计

出 版 发 行：武汉理工大学出版社
社　　　　址：武汉市洪山区珞狮路 122 号
邮　　　　编：430070
网　　　　址：http://www.wutp.com.cn
经　　　　销：各地新华书店
印　　　　刷：武汉中远印务有限公司
开　　　　本：787×1092　1/16
印　　　　张：17.5
字　　　　数：341 千字
版　　　　次：2016 年 2 月第 1 版
印　　　　次：2016 年 10 月第 2 次印刷
定　　　　价：68.00 元

前　言

　　本书提出一个新观点,认为物体表现出的性质都是其整体性质。所谓整体性质是指整体对外作用表现出的性质。整体的产生是由于其内部各局部间有相互作用,有作用就有相应物理量的交换,所以表现出的整体性质不同于局部性质,也不是局部性质的平均值。因为只有波才能反映相互作用,所以表示整体性质的整体量都应当用波来描述。牛顿力学研究的是整体性质,但它用笛卡尔坐标来描述其物理量,笛卡尔坐标点是相互独立的,不能反映各点(局部)间的相互作用,因而不能完全反映物体整体的性质,这启示我们应当用波来描述整体量。概括地说,物体内各质点间都有相互作用,能表示相互作用的数学描述就是波,波的对外作用就是物体的性质,所以整体性质必须用波来描述。因整体和局部是相对的,如果把质点的性质也看作是质点整体的性质,则可以说任何性质(不管整体或局部)都应当用波来描述。因为只有波才能相互作用,若将空间每个坐标点都表示为一个波,则其合成就是傅立叶变换,这些波相互干涉以后,其未被干涉掉的波矢形成的空间就是倒空间,在此空间研究物体的性质,才会是其整体性质,这样就能对牛顿力学和量子力学有一个统一的理解,且方法简单,概念明确,是对物理学的较好解释。

　　近代物理把力学分为经典力学和量子力学,认为经典力学适用于宏观物体,而量子力学则适用于微观物体。这两种力学都是在实践中总结出来的,所以都只偏重在一个方面。经典力学是总结物体的运动规律而得到的,着重于粒子性;而量子力学则是总结物体间的相互作用而得到的,如黑体辐射、原子光谱等,着重于波动性。实际上,无论是宏观物体还是微观物体都具有波动性和粒子性,因为这两种性质都是波作用的体现,都是体现的整体性质。产生这种问题的原因是人们没有对物质本身有一个确切的科学理解,以致还在争论物质究竟是粒子还是波,实际上,性质都是波作用的体现,波动性和粒子性都是波作用的具体体现,人们正是通过这种体现才认识物质的。

　　存在决定性质,性质体现存在。即什么样的存在状态就决定有什么样的性质。但存在必须通过性质才能体现出来。哲学给物质下的定义是:**"存在和被感知"。**而人们能感知的都是性质,所以没有性质的存在是不能被感知的,不被感知就等于是不存在,人们总是通过性质来认识存在,所以又说**性质体现存在**,意即如果性质不能体现存在的话,人们就没法了解存在了。经典力学研究的多是物体的存在状态,所以可用粒子性表示;而量子力学研究的则是性质,性质是物体对外作用的表现,又只有波才能反映相互作用,所以是波动性。牛顿力学研究的是物体整体的运动,整体是一个存在区域,但只能用表示局部的笛卡尔坐标点来表示位置,这实际上是把物体整体看作是一个质点(忽略了区域),所以牛顿力学也被称为质点力学。实际上物体整体表现出的性质都是物体整体的性质,整体性质不同于局部性质,不能用坐标点描述,因此就存在用什么变量来表示整体性质的问题。笔者认为整体量必须用波来描述。要科学地表示整体量,就要知道整体量是如何形成的。

物体之所以能形成一个整体,就是因为构成物体的各质点间都有相互作用。相互作用的数学表示形式就是波,笛卡尔坐标的每个坐标点都是独立的,它们之间没有相互作用,因此只能表示各局部量的堆积,不能表示整体量,为能表示整体量就需将它的每个坐标点都用波表示。如果将每个坐标点都表示为一个波,则这些波在空间叠加后就会形成另一个变量空间,这就是倒空间。因为它是各点的波相互作用的结果,所以体现的是整体性质,因此这里也称倒空间为**性质空间**,该空间的每一个坐标点都表示一个整体性质量,但它在笛卡尔坐标空间(欧氏空间)则是一个波,所以说**波是在笛卡尔空间对整体量的数学表示形式**。数学上对一个具体物体来讲这种表示就是物体空间存在(分布)的傅立叶变换,若物体的空间存在可用一个分布函数 $f(r)$ 表示,则其傅立叶变换就是将它的每个 r 点表示为一个波再相加,因此倒空间也就是傅立叶空间,相应地也把坐标空间 r 称为正空间。人们能感知的都是物质的性质,性质是相互作用的表现,只有波才能反映相互作用,所以必须用波来描述。但波的作用可表现为波动性(未被干涉掉的波),也可表现为粒子性(被干涉掉的波),人们正是感知到这两种性质才认为物质有波粒二象性,这就是产生波粒二象性的物理实质。把用傅立叶波的作用进行研究的理论称为**倒易理论**,此理论可将牛顿力学、量子力学统一起来,并且还能直接得到相对论的结果。这里不分宏观、微观,就用波的相互作用和经典的观点来讨论问题,可得到与实验一致的结果,同时也能指出牛顿力学和量子力学分别适应的定量范围,且主要讨论其物理意义,使人们能对物理学有更深入、全面的理解。鉴于人们对牛顿力学知道得较多,这里只对量子力学的基本问题进行讨论。但这毕竟是一个新观点,因此在对问题的处理和解释问题的方法上都会有不够完善或重复的地方,而且按此解释也会对一些旧有的物理概念给出新的解释,按这种新的理解可对物理学中的很多问题有更明确的认识。

第1章简述一般波的物理意义,重点列举傅立叶变换的基本公式及一些常用的结果,为了便于理解,对其物理意义做了引申性说明,并指出其局部和整体间的变换情况。

第2章重点讨论倒易空间的建立和它的性质,给出倒空间的分割、倒空间的度量及其和正空间的关系等。指出波粒二象性是空间的性质，在正空间的一个粒子用倒空间表示就是波。同样，正空间的一个波在倒空间也是一个粒子，如正空间的一个物体用倒空间表示就是一个波包，证明运动时波包不会扩散。由于正、倒空间的互倒性，随着体积的增大，其波动性将越来越弱，粒子性将越来越强，所以量子力学只适用于微观物体。按均匀分布的球形粒子计算，可得到波动性随粒子半径的分布情况，从而给出量子力学和牛顿力学适用范围的分界线。

第3章叙述波函数的由来，指出运动粒子的波函数就是粒子运动方程的傅立叶变换，所以说量子力学就是用倒空间研究运动的力学。给出质点粒子的波函数和有限物体波函数的表示方法，从中引出**空间效应**的概念。空间效应是指物体实际占据的空间大小对波函数的影响，这个效应的具体表现就是测不准关系。指出波包扩散只对没有相互作用的粒子集合适用，对物体不适用，最后证明这些波函数都满足薛定谔方程。

第4章讨论波函数表示的物理意义，指出用波表示的都是整体的物理量，整体是指一个存在状态，它不能用位置点的分布来表示。为形象地说明倒空间的表示方法，对一个宏观事物用两种方法表示进行比较，说明倒空间就是性质空间。不同性质就会有不同的倒空间，这就是所谓的表象理论。不同性质的倒空间就有不同的表象，指出量子力学中所说的表象，实际上只是速度表象的亚表象。

第5章给出几个具体应用，指出德布罗意关系是同一物理量在不同空间表示时的对应关系，它不只是微观粒子才有。指出波的粒子性和粒子的波动性都是物体在空间相互作用表现出的性质。由正倒空间的关系指出量子力学的应用范围，即指出物体整体以波对外作用的范围，并用测不准关系具体计算了几种常见粒子波动性的范围，指出波动性是和粒子的大小及波矢都有关的，大粒子在能量很低时也有波动性。

第6章讨论物体间的作用，牛顿力学中说的"作用"是按人们习惯的理解，没有一个科学的定义。这里指出作用就是波的叠加产生的效果，叠加能使波矢变化的就是作用力，能使频率变化的就是作用能。所以作用时可交换的物理量是力和能量，而且波的作用总是以周期为单位进行的，证明在一个周期内因作用可交换的能量是一个常量，与波矢和频率无关。这个常量就是h，它是一个可交换的最小能量单位，但h并不是所有倒空间的普适常数，只是以速度作为倒空间时，两个空间测量单位的比值。最后指出产生物理变化和化学变化的物理原因。

第7章讨论衍射问题，指出狭缝衍射是入射粒子流和狭缝傅立叶波作用的结果，衍射花样就是狭缝系统的傅立叶波波谱，是狭缝系统固有的，入射粒子波只是将它激活才使其表现出来而已。这里只有激活，没有干涉，所以不存在单颗粒子会和谁干涉的问题，有的只是狭缝系统的位置波波谱，不论粒子从狭缝什么位置通过,也不论是单颗粒子还是大量粒子,激活的都是狭缝系统整体的位置波,它只和狭缝系统的结构有关。同时也说明这种作用和惠更斯原理一致的原因,但它比惠更斯原理要更易理解,也更本质一些。

第8章讨论场产生的原因,在物体以外的空间里,虽然没有物质存在,但物质可对外作用的傅立叶波是存在的,当另有其他物质进入该空间时,就可将它激活产生相互作用,因这些波都是位置波,所以产生的是作用力,这就是场。按此理解计算力的大小,对相距较远的物体得到一个和距离的反平方关系,由于三维空间只可有纵波和横波,可得到对纵波是万有引力关系,对横波则是同性相斥、异性相吸的电场关系,且在速度波的作用下,电场会产生磁场,指出磁场是由横波振幅旋转产生的。

第9章介绍定态问题,为了与一般教科书进行比较,计算了各种典型势场中的定态,因为场也是以其傅立叶波对外作用的,当某些波被干涉掉时,这些波就不会再对外产生作用,即当外来粒子和这种波作用时,它们之间没有能量交换,就会长期保持原有状态,即形成定态。由此计算出的定态结构和由薛定谔方程解出的结果完全相同,但它计算简单、概念明确,容易理解。指出电子绕核的运动就是一个谐振运动状态,电子云的概念应是指这种状态的统计结果。按互补原理,势阱和势垒有同样的散射波谱,所以吸收也是量子化的,而且即使对在势阱内的束缚态,对不同的阱壁也会有不同的透过概率。因为定态粒子本身也有其对外的作用波,这就是产生包里原理的物理原因。方势阱比较简单,这里可给出方势阱散射的全部内容,能全面了解其散射的性质。

第10章谈一些狭义相对论的问题,因为一切作用都是波的作用,所以凡是能引起波矢变化的因素都会影响波的作用,因而都会影响性质,这里认为相对论就是波源运动的多普勒效应造成的。按多普勒效应直接导出狭义相对论的基本公式,指出空间的长度应当用波长作单位来度量,作用的时间则应用波的周期来度量,因此真正的"相对性"是波长和周期的相对性,它们是随着速度而变化的。若用波长和周期来度量,可以证明在不同惯性系内光速不变的基本关系。

魏铭鉴

2015 年 6 月于武汉理工大学

目　　录

1　波和傅立叶变换

傅立叶变换是数学中的一个重要变换,有着很重要的实用价值,但人们多是将它作为一个数学变换的计算技巧来应用,即认为它就是一般的坐标变换。实际上傅立叶变换不只是将函数作级数展开,而是将每个坐标点都表示为一个波,这样就计入了各坐标点间的相互作用,就把在每个坐标点上定义的局部函数量变为定义域整体的整体函数量。数学上对它的物理意义涉及不多,对整体量讨论也较少,笔者认为近代物理就是用倒空间来研究的物理,所谓倒空间就是傅立叶空间,所以有必要先对傅立叶变换的物理意义做一些引申性的讨论,以便理解。

1.1　什么是波

人们实际能看到的波多是指机械波的波形,如水波、声波等,它直观、形象,其实这只是波动的表观。数学上用指数函数 $\exp(i\varphi)$ 来表示波,其实它只是一个周期函数,随着 φ 的变化而周期性变化,原则上 φ 可趋于无限大,因其函数图形和机械波相似,物理上常用它来描述波,这样凡是遇到由它组成的函数,就说它是波函数。数学是严谨的,因此凡是能用波表示的物理量,也都会具有波动的规律。为使波能保持严格的确定性(客观性),波中的自变量 φ 必须是一个无量纲的标量,否则波矢或波的周期将会随着变量量纲的变化而变化,就不能成为通用的、确定的数学变量了。但实际的物理量都是有量纲的,为能使用该变量来表示具体的物理量,人们常将 φ 写成两个矢量的标量积,通常写作 $\varphi = g \cdot r$,且要求 g 和 r 的量纲互为倒数,保证它们的积仍是无量纲的纯量,才能用它来表示具体的物理量,可以说该标量积是个波变量。通常在笛卡尔坐标系中 r 是长度的量纲,所以 g 必须是波矢(长度的倒数)的量纲,由于标量积的对称性,一般来说在 r 变量空间看 g 是波矢量、r 是坐标变量;而在 g 变量空间看 r 是波矢量、g 是坐标变量,所以波矢和坐标一样都只是一个变量的数学符号,其物理意义是:在 φ 空间看,r 的变化是以 g 为单位度量的,即若把 r 取作自变量,则 φ 的量值是以 g 为单位来计算的,即是多少个 g;反之,g 的变化也是以 r 为单位度量的,即若取 g 作自变量,则 φ 的量值也应是以 r 为单位计量。由于人们生活在欧氏空间里,是用笛卡尔坐标表示的,即都是在 r 空间看问题,所以常把 r 取作自变量,把 g 当作波矢量,确切地说 g 是在 r 空间的波矢量,因此,在 r

空间的实际长度(距离)不应是两个坐标点间的坐标差,而应是以 g 为单位来度量的量,即距离的大小应是多少个波长的长度,这就是会产生空间相对性的物理原因,但它在 g 空间也是一个坐标变量(坐标点),其代表的物理量是性质量。

1.1.1　牛顿力学的启示

人们认为量子力学是在没有对牛顿力学分析、批判的基础上建立的,因此,对它的基本观点至今还存在争议,所以这里先分析一下牛顿力学,以便能对该问题有一个全面的了解。牛顿指出:物体如果受到外力作用,就会产生一个加速度 a,加速度的大小和物体受力的大小 F 成正比,和物体的质量 m 成反比,即 $F = ma$,牛顿在这里提出三个物理量,其中只对加速度给出了科学的定义,牛顿定义速度 v 为距离的时间变化率,即 $v = \dfrac{\mathrm{d}r}{\mathrm{d}t}$,这里 r 是位矢,t 是时间,加速度就是速度的时间变化率,即 $a = \dfrac{\mathrm{d}v}{\mathrm{d}t}$。其他两个量都是沿用人们习惯的理解。如什么是力?力又是如何作用到物体上的呢?都未给出科学定义,特别是"作用",没给出作用的具体过程。一般认为力 F 是个矢量,它有大小、有方向、作用时还有着力点,牛顿并没有指明力是作用在物体的什么位置,就表明这个力是一个**整体量**,即它就是作用在整个物体上,并不只是作用在某个着力点上;质量 m 当然也是一个**整体量**,人们只能说物体整体有质量,不能说某个点上有质量;因此就必然要求加速度 a 也是一个**整体量**,即 a 指的应是物体整体的加速度,不是某个 r 点的加速度。因此人们觉得:牛顿研究的物理量都是**整体量**,所谓外力,就是指物体整体以外的力,但他用的坐标却是局部的坐标点 r,这是牛顿力学中的主要矛盾。为了使加速度能成为整体的加速度,人们把 r 理解为物体质量中心的坐标,不是物体内各质点分布的相对坐标,这样似乎解决了一些问题,因为质量中心也是一个整体量,但质量中心只是人为规定的代表点,严格地说,在质量中心处还不一定总会有物质,如果质量中心处没有物质存在,这样力又如何能作用到物体整体上呢?所谓整体量是指整体具有的性质量,没有整体也就没有整体量,它本身不一定是实体的存在,如一个空心的球,它的质量中心在球心,但球心处根本就没有物质,怎么能接收到外力的作用呢?

人们为能利用牛顿定律,又做了很多修正,如引入质量中心作为整体的位置,引入平均速度作为整体速度,这都是想把一个局部量变为一个整体量的设想,但因为没能真正找到整体量的数学表示方法,所以总是顾此失彼,不能彻底地解决问题,最后不得不承认牛顿力学只适用于质点,并称牛顿力学为质点力学。可是量子力学一问世就指出牛顿力学在微观领域是不适用的,当然更不能用于质点了。笔者认为把牛顿力学说成是质点力学是不公平的。实际上这里存在的根本问题是牛顿使用的仍是笛卡尔坐标系,这个坐标系的各坐标点是相互独立的,而物体之所以能形成一个整体,是因为其各质点间有相互作用,有作用才有整体,有整体才有整体量,所以用笛卡尔坐标系是不能反映整体量的。我们说作用都是波的作用,只有波才能有作用,所以整体量的数学表示应是波,一个波中有一个确定的波矢 g,可表示确定的物理量,但它是定义在全部空间上的,不是只定义在哪个局部坐标点上,所以它不是哪个坐标点上定义的局部物理量,而且波能反映相互作用,所以是能表示整体性质的物理量。对质点来说,它的整体量和局部量是一致的,所以牛顿力学才适用,我们说牛顿力学是一个适用于整体和局部一致系统的力学。特别是牛顿并未说明什么是"作用",实际上只有波才能产生相互作用,牛顿说"如果物体受到外力作用的话",实际上这就是把力当作波来处理的,因为如果不是波就没法产生作用。牛顿因为在这里没有用波,所以就不得不再提出万有引力定律才形成力学体系,这里指出万有引力就是波对外作用的结果,所以说实际上牛顿力学中也包括有波粒二象性,只是他在研究常规速度运动时只用粒子性,但要研究相互作用时就必须用波动性。笔者认为没有波就不会有作用,不用波就不能研究作用,没有作用就不能研究整体量。后续文中会看到:如果用一个力波作用到运动物体的傅立叶波上,就可以直接得到牛顿定律。可见牛顿力学之所以正确,其实质也是波作用的结果。这启示我们对整体量及其作用必须用波描述,人们可以用 F 表示力的大小,但表示力的作用必须是一个力波。

这里说的整体量包括两重意义,一是空间的整体性,物体是一个在空间存在的整体,它的性质是其整体的波对外作用表现出的性质;二是时间的整体性,是一段时间表现出的性质,这段时间最短为一个周期。

1.1.2　波是对整体量的数学描述

由于波是充满整个空间的,即用波表示的物理量 g 也必然是充满整个空间的量,而常用的物理量常会有局部量、整体量两种,如物体的速度,按牛顿的定义是 $v(r) = \dfrac{\mathrm{d}r}{\mathrm{d}t}$,这只是在 r 点上定义的局部速度,是局部点上的瞬时速度,而物体都是由很多局部分布组成的整体,对一个物体而言,r 只在物体内部有定义,所以 $v(r)$ 只是物体内的速度分布,它表示的是局部速度。而物体是由很多 r 点组成的整体,这个整体会有一个整体速度 v,它是物体整体对外表现的速度,无论在空间任何地方人们看到的都是这个速度,它是存在于整个空间的物理量(整体速度量),它和物体整体在空间的位置坐标无关。整体量来源于局部量,它是各局部量相互作用的结果,它是依赖于局部量存在的,没有局部量就没有整体量,但整体量不同于局部量,因为作用都是波的作用,所以说对整体量的数学描述只能是波。在物理上,由于物体是由很多质点组成的整体,各质点都有自己的相对坐标位置,可用 r 表示,r 的分布就表示组成物体的物质在空间存在的分布;而 g 则是表示这个空间存在物体整体能对外作用表现的性质,即物体的存在可以是局部点的分布,可用 r 来描述,而物体的性质则是其整体对外作用的表现,它是充满整个空间的物理量,只能用波来描述。如一张桌子,它只存在于一定的空间位置上,可用分布函数来表示它的空间存在,离开这个位置就没有这张桌子;但不论把它移动到空间任何地方,它都会是一张桌子,即桌子这个性质是布满整个空间的,是指构成桌子的整体,所以说**波是对整体量的数学描述**。因为波是可以对外作用的,我们认为物体的性质就是这种波对外作用表现的特征。人们也常用变量 y 来描述性质,如常将性质写作 $y = f(r)$ 的函数形式,但按函数的定义,这里的 y 只是在 r 点上定义的局部性质,所以说用一般函数只能表示局部的物理量,只有用波才能表示整体量。整体来源于局部,但不同于局部,整体量只能用波来描述。

由于波是充满整个空间的,因此,各物体的波将会在空间相互叠加、相互重合,波的叠加是会相互干涉的,这种相互干涉就表现为相互作用,因为在同一个空间里,不同的性质波就要求这个空间按不同的方式运动,这样各波之间就会相互影响,这种影响要达到一致(平衡)就必然要相互作用,作用体现的就是性质,所以我们把能体现性质的波叫作**性质波**。概括地讲,波是表示相互作用的,波作用的结果就产生一个整体,整体的对外作用就表现出性质,有整体才会有整体性质,在物体内部各局部点的性质波相互作用(干涉)的结果,就导致物体对外作用的性质波不同于各局部的性质波,这就是整体性质量不同于局部性质量的物理原因;在物体之间各性质波的作用,就是物体间的相互作用,对于有质量的物体来讲,这就是产生万有引力的原因;若作用波是一个传播波,因为传播需要能量,所以就会产生能量(物理量)的交换,也使整个状态发生变化。作用对外的表现就是性质,所以说物体的一切性质都是物体整体性质波对外作用的表现。总之,波可以产生相互作用,有作用才把各局部变为整体,因此研究整体量就必须用波来表示。不同的物体会有不同的性质波分布,人们也是依据不同的性质来区分不同物体的,波总是布满在整个空间的,不能用坐标点来表示,其数学表示形式只能是波。

人们也都知道整体量不同于局部量,但通常是用局部量的平均值来表示整体量,似乎这样就是考虑整体量了,这里指出:用平均值表示整体量是有条件的,一般说对相互独立的局部量,可以用一个平均值来表示其整体量,而对有相互作用的局部量是不能用平均值表示的,因为独立的局部量是由各独立部分的性质波单独产生的,这些性质波之间没有相互干涉,所以它们的整体量可以是各局部量的机械和,再略去体积效应就是平均值了;而当这些波之间有相互作用时,它们的干涉将会产生一个新的性质波,这时的整体量将是这个新的性质波对外的作用,它不是原有局部量的平均值。举一个形象的例子就很清楚了：设有一个单位选派两个运动员参加百米赛跑，人们可用两人的平均成绩来表示这个单位的整体成绩，因为赛跑时这两个运动员是独立进行的，相互间没有影响，可用平均值表示；但如果在这两个运动员间加上一个约束，使他们有相互作用，如将两个运动员连在一起用三足竞走的方式比赛，则他们的成绩就绝不是两个人单独成绩的平均值，因为这时两个人之间会有干涉。所以一般来说对整体量不能单用平均值表示。

1.1.3 整体与局部是相对的

整体与局部是相对的，整体内部的各部分都是其局部，如果把这些局部也看作是一个小整体，则在这些小整体的内部就又有更小的局部。这样一个大整体的性质波就又是其内部各局部的小整体性质波相互干涉的结果，而其各局部的整体性质波又是由各局部内部更小局部的性质波干涉的结果，这样逐步缩小，最后会缩小到一个质点。也就是说，质点表现的性质是质点整体的性质波产生的，这样即使描述物体的一个质点，也必须既有它的存在位置 r，又有它的整体性质 g，而任何物体的整体性质都可认为是其内部各质点整体性质波的叠加，这就是物质的波粒二象性，即一个存在的物质质点就具有相应的对外作用波。质点是波的发源地，波是质点的对外作用。一般而言，一个物体是由很多质点组成的，可将它写成一个分布函数 $y = f(r)$，仔细分析就知道这个函数是指物体性质的分布，按定义，其中 y 是 r 点上定义的局部性质，整体性质则是再对 r 积分。笔者认为经典力学是把每个 r 都看作是一个物质质点，其整体性质就是 y 的平均值，即

$$\bar{y} = \int y \mathrm{d}r = \int f(r)\mathrm{d}r$$

由于平均值的误差是与参与平均元素的多少成反比，所以对微观粒子就不能适用了；而量子力学则是把每个 r 都看作是一个波，所以有

$$\int y\exp(igr)\mathrm{d}r = \int f(r)\exp(igr)\mathrm{d}r$$

即它的整体性质是局部性质 y 的傅立叶变换，也即它的整体性质是各 r 点上局部性质波相互干涉（作用）的结果。每个波都有一个固定的波矢量，如果用 g 表示物体某个整体性质波的波变量，在一般情况下，波矢 g 也会有多个，也会形成一个空间，在 g 空间它们也会有一个分布 $F(g)$，这样就得到一个整体性质和局部性质间的一般变换关系式，即：

$$F(g) = \int f(r)\exp(igr)\mathrm{d}r \tag{1-1}$$

数学上这就是 $f(r)$ 的傅立叶变换，从物理上考虑也能得到这个结果。这里的变换式中略去了一个常数系数，因为积分的具体量值与积分的体积有关，所以在定量推

导上还应有一个象征体积的比例系数,略去这个系数并不影响其波谱的分布(物理关系),此处常将它略去,亦即这些波都是归一化的波,所以说**傅立叶变换是整体量和局部量间的变换**。数学上把由 g 组成的空间称为傅立叶空间,也常说是函数空间;结构分析中称这个空间为倒易空间,简称倒空间。

1.1.4　物体间的作用都是波的作用

波是充满整个空间的,所以各物体的性质波必然会在空间(欧氏)相互叠加,波的叠加就会产生干涉,干涉就会改变其原有作用波的状态(波谱),这就是物体间的作用,物体间的一切作用都是波的作用,或者说只有波才能作用。

实际物体的存在都是三维的,但一个波是一维的,它的波矢只有正负两个方向,但我们若将波的变量写作是两个矢量的标积 $\varphi = g \cdot r$,因为矢量的标积可以是很多分量的标积和,即一般可将波的自变量写作:

$$\varphi = g \cdot r = g_1 \cdot r_1 + g_2 \cdot r_2 + g_3 \cdot r_3 + \cdots \qquad (1\text{-}2)$$

即一个谐波可以看作是很多个谐振波的合成,且合成波可写作:

$$\exp(i\varphi) = \exp(ig_1 \cdot r_1)\exp(ig_2 \cdot r_2)\exp(ig_3 \cdot r_3)\cdots \qquad (1\text{-}3)$$

如果把各个谐波看作是物体内各质点的相互作用波,则它们的合成就是物体整体的对外作用波,即波的合成就是其各波间的相互作用,数学上常用乘积来表示作用。波的变化体现出的就是物体性质的变化,因为物体的性质就是其整体波对外作用的结果,所以说:物体的整体性质不同于其局部性质。人们研究的都是其整体性质,能够测量(感知)的也都是事物的整体性质,所以必须用波的作用才能解释物体的性质。对三维物体而言,r 的分量是 x、y、z,特别是当 $g_1 = g_2 = g_3 = g$ 时有:

$$\exp(ig_1 \cdot r_1)\exp(ig_2 \cdot r_2)\exp(ig_3 \cdot r_3)$$
$$= \exp(igr)$$
$$= \exp[ig \cdot (x + y + z)]$$

即物体内所有的质点位置波,只要它们有相同的波矢 **g** 值,就会相互干涉形成一个新谐波,该波的对外作用就是物体整体的对外作用,显示的是物体整体的性质。这可以说就是傅立叶变换的物理意义,傅立叶变换就是把相互作用着的各物质质点化为有相同波矢 **g** 的一些波,这样就把一个按坐标位置分布的(物体)函数 $f(r)$ 变换成一个由谐波叠加的波函数 $F(g)$(波包)。

但这样的波还是不能被感知,因为它不含时间,不会变化,它们的合成只是各个波的波形相叠加。人们能感知的作用是一个变化过程,过程是用时间来度量的,所以要想使其显示出性质(发生作用),还必须使这些整体性质波也包含时间变量,即要使其会随时间变化,成为一个传播波。具体地说,必须使波的位相中包含时间变量 t。上面所说的波都叫作**位置波**,因为它们是由物体中各质点的分布位置决定的,当它能随时间变化时,才能说它是**性质波**,因为这时它可对外作用、显示出性质。这里把使位置波包含时间的方式称为**激活**,位置波必须被激活才能对外作用、显示出性质。激活位置波的方法有两种:一种是用一个与时间有关的具体波来作用它,这样就可使位置波变成一个传播波,从而使其能对外作用、显示出性质。如若用一个只随时间变化的波 $\exp(-i\upsilon t)$ 来作用,这里 υ 是频率,就得到:

$$\exp(-i\upsilon t)\exp(igr) = \exp[i(gr - \upsilon t)]$$

这就是一个传播波,这时位置 r 并不发生变化,但这个波会在空间沿波矢 g 传播,其传播的是能量,能对外产生作用;另一种是使位置波中的位置变量 r 随时间发生变化,也能使位置波变成一个传播波,如将 r 变作 $r+\upsilon t$,这里 υ 是速度,即使整体位置 r 以速度 υ 运动,这样就得到:

$$\exp[ig(r+\upsilon t)] = \exp[i(gr + g\upsilon t)] = \exp[i(gr + \upsilon t)]$$

这也是一个传播波,要求波上的每个 r 点都以同样的速度 υ 运动,量子力学中称这种波为德布罗意波,它是物体整体以速度 υ 运动的对外作用波,这里也称它为**粒子波**。

因为波是充满整个空间的,它们之间必然会有相互作用,所以说一切作用都是波的作用。波的作用就是波的干涉,它有两个特点,一是共振作用,波矢相同的波作用特别强烈,会形成共振,不同波矢之间几乎没有作用,因此能表现出性质的就是这种起共振作用的性质波,即用来作用的波中必须包含有物体中固有的位置波才能将其激活。如一根单弦,它有分立的位置波波谱,当用其他波来激活它时,也只能激活弦所固有的分立波,其他的波对单弦不起作用,所以无论用什么波来激活弦,一根弦只能发出其固有的频率(声音);若激活波中不包含单弦固有的位置波,则弦将不会被激活,也不会发出任何声音。二是干涉,波相互作用的结果可以使整个波完全消失,所谓消失就是指这个波在欧氏空间不存在,这样的波当然就不会对外产生作用。但这种消失只是其在物体外部不存在,在物体内部仍会存在,因为干涉至少要有两个波,当一个波由 a 点运动到 b 点时,才可能被 b 点的波干涉掉,这样在 a、b 两点以外这个波就不存在了,但在 ab 之间还是有这个波。即在物体内部这个波仍然存在,因为这个波只存在于 ab 之间,所以只有当两物体相互接触后,才会使这种波发生作用,这就是粒子性作用的表现,所以这种波的作用显示的是粒子性。即尽管都是波的作用,但对有些波其作用表现为波动性,有些波又表现为粒子性,人们也正是通过感知这种作用,才认为物质有波粒二象性。当波只有部分被干涉掉时,则既表现有粒子性,也表现有波动性。概括地说,一切作用都是波的作用,波粒二象性都是波作用的体现。

还应指出:正因为有性质波,才会有物质间的作用;正因为有作用,才会使各物质质点能连成一个物体整体,没有波就不会有作用,没有作用也就不会有物体整体,没有整体当然也就没有整体的物理量了。量子力学研究的就是整体量,所以用波表示,它的一切特征都是整体量的表现。

1.2　傅立叶变换

数学上已证明一个分布为 $y = f(x)$ 的函数(这里讨论一个一维函数),其傅立叶变换为:

$$F(g) = \frac{1}{\sqrt{2\pi}} \int_{-\infty}^{\infty} f(x) \exp(\mathrm{i}gx) \mathrm{d}x \qquad (1\text{-}4)$$

其反变换为:

$$f(x) = \frac{1}{\sqrt{2\pi}} \int_{-\infty}^{\infty} F(g) \exp(-\mathrm{i}gx) \mathrm{d}g \qquad (1\text{-}5)$$

式中用 g 代替原函数 y,以表示它是一个整体量。这里可以看到:不论是 g 空间或是 x 空间都有两种表示方法,即分布函数的表示法和波叠加的表示法。前者就是一般函数表示粒子性(坐标点)的分布,后者则为波的叠加,常称波包;积分前面的系数是归一化常数,因为波的积分区间总是 2π,由于傅立叶波的概率性,常系数对性质无影响,只在定量地计算具体量值时才考虑,所以这里常将它略去。这里可以清楚地看到存在决定性质和性质体现存在的关系,式中 $F(g)$ 只由 $f(x)$ 来决定,而且 $f(x)$ 也必须由 $F(g)$ 来体现。

1.2.1　傅立叶变换的物理实质

根据函数的定义,函数 $y = f(x)$ 是表示在 x 点上定义一个函数 y,由于 x 和 y 都是变量,这样就存在两个变量空间,即自变量空间 x 和函数变量空间 y,如果把 x 看作是物体存在空间位置的坐标变量,则 y 就是物体性质空间的坐标变量,这样就在物体的存在和物体的性质之间建立了一个函数关系。显然,用函数定义的性质 y 只是 x 点上的局部性质,它只和 x 有关,可随 x 变化,但不能反映各 x 点间的相互作用。因为 $f(x)$ 中不含时间,所以它表示的是一个不随时间变化的固定分布,而一个无变化的固定分布必然是参与分布中的各质点间由固定的相互作用形成的,而要有作用就必定是波,所以式(1-4)的右边就是将各分布点表示为一个波,这个波是各个分布点的局部作用波,它们的总和仍可能是波,但这个波是体现这个分布整体的整体作用波,因为傅立叶变换不是坐标的重新组合,而是将每个坐标点表示为一个波,这就有了作用,所以说 $F(g)$ 表示的是物体 $f(x)$ 整体性质波的分布。积分会将分布变量中的 x 变量全部消掉,如果不考虑它的对外作用,g 就是与 x 无关的另一个空间的坐标变量,它就是性质空间的坐标点 g,但在 x 坐标空间看它却是一个波,它可布满整个坐标空间,其对外作用能显示物体的整体性质。若考虑的是一个被激活的波,则 $f(x)$ 中就应包含有时间变量,这就是一个二元函数,数学上二元函数可能会有两种情况:一种是可分离变量的情况,即可将函数写作 $y = f(x,t) = f(x)h(t)$ 形式,因可分离变量函数的傅立叶变换仍是可分离变量的,所以这时它的傅立叶变换为:

$$F(g,\upsilon) = \frac{1}{\sqrt{2\pi}} \int_{-\infty}^{\infty} f(x)\exp(igx)\mathrm{d}x \int_{-\infty}^{\infty} h(t)\exp(i\upsilon t)\mathrm{d}t$$
$$= F(g)H(\upsilon) \tag{1-6}$$

这里把 $F(g)$ 称为**位置波函数**;而把 $H(\upsilon)$ 称为**能量波函数**,υ 是频率,将这些波再加上一个波动部分就可使它们在全空间发生作用。可见波的传播就是能量波对位置波作用的结果,也可以说是能量波激活了位置波,这样就使一个位置波变为一个会运动的传播波,只有传播波才能对外作用显示出性质,因为位置波是一个与时间无关的"死"波,它只有被激活后才会有能量传播出去并对外产生作用,显示出作用的效果,即性质,这就是物体表现波动性的物理原因。如一个平动粒子的对外作用就表现为平面波的作用,它是由速度波(速度波具有的能量)激活了位置波的结果。另一种是不可分离变量的情况,不可分离就说明各 x 点是独立随时间变化的,无法用一个统一的变化规律将时间提出来,即这时 x_1 点定义的函数 y 不受 x_2 点的影响,二者相互独立,实际上式(1-4)中波的位相变量是标量积,即应写作 $g \cdot x$,而两个相互独立变量的标量积是恒等于零的,所以这时式(1-4)中的波动部分将恒等于1,即积 $g \cdot x$ 恒等于零,这时的各粒子没有波动性,也没有相互作用,这样式(1-4)将变为:

$$F(g) = \frac{1}{\sqrt{2\pi}} \int_{-\infty}^{\infty} f(x)\mathrm{d}x$$

这就是数学中求平均值的公式,所以对不能分离变量的情况,其整体性质可看作是各局部性质的平均值,这时就只能对各质点独立讨论,表现的是粒子性。如一朵云彩,其各点的运动是相互独立的,很难说它是一个固定的物体,这时如果不考虑云彩的消散,也就只能讨论其平均位置的运动了。如果将式(1-4)中的 $f(x)$ 用 y 代替,再计算一步就得到:

$$F(g) = \frac{1}{\sqrt{2\pi}} \int_{-\infty}^{\infty} f(x)\exp(igx)\mathrm{d}x = \frac{1}{\sqrt{2\pi}} \int_{-\infty}^{\infty} y\exp(igx)\mathrm{d}x$$

上式最左边就是变量 g 的分布,而最右边则是性质 y 在整个空间的波动叠加,因为波是反映相互作用的,所以这些叠加后的性质就是整体性质,$F(g)$ 就是整体性质的分布,傅立叶变换就是局部变量和整体变量之间的变换,其展开的首项是一个常数项,该常数就是其平均值,它表示的就是各质点独立性质的平均值,其他各项是各点性质波干涉后的波动部分,干涉就是作用,所以当相互作用可忽略时,就可用平均值,即用平均值表示整体量只是整体量的零级近似,对作用较强的固体物体是不能仅用平均值表示其整体物理量的。

1.2.2 什么是波包

数学上把函数 $y = f(x)$ 中的 y 称为函数变量,其变化范围称为值域;而把 x 称为自变量,其变化范围称为定义域。可以看到,式(1-4)、式(1-5)的左边都是一般的数学函数,显示的是自变量的分布及其定义域,而右边则都是波的叠加,数学上将一个分布看作是一个点集,因为它们就是坐标点的集合(堆积),而把波的叠加看作是一个波包。习惯上总是把 x 看作是自变量,g 是函数变量,而实际上波是函数 g 在 x 空间的表现,所以 g 波的合成也同样可显示 x 空间的分布和定义域的结构,即空间的同一个分布,既可用分布函数来表示,也可用波的叠加来表示。人们形象地把用波叠加的表示称为波包,意即可把一个物体看作是由一组波组成的一个包。其物理意义是:函数 $f(x)$ 是物体存在的空间分布,而 $F(g)$ 是物体性质的空间分布,因为人们生活在欧氏空间,它用的坐标也是 x,所以把 $f(x)$ 当作函数,而把 $F(g)$ 就当作波包,按这样理解波包就是由全部位置波组成的一个整体,它与时间无关,只由定义域物质的分布结构来决定。对物体而言,只要物体内的质点分布不变,波包就不会变化,而且每个具体物体都有其相应的波包,即使将波包中的波全部激活,因为波是对整体的表示,激活的是物体的整体,所以也只会是波包整体运动,波包的结构是不变的。量子力学中认为粒子运动时波包会扩散的说法是错误的,因为波包扩散只对相互间没有作用的、不可分离变量的系统有效,没有作用也就不会形成一个固定的物体,所以说物体的波包是不会扩散的。如一朵运动的云彩会不停地扩散,但一个运动的物体是不会扩散的。

构成波包的波只与自变量的相对分布有关,它是一个分布函数本来就固有的,是对分布函数用整体量的数学表示形式,量子力学中称这些位置波为**本征波**,意即这些波是构成物体这个点集本来就固有的,这些波被激活后就能对外作用,对物体而言,这就是物体对外作用显示性质的性质波,量子力学中把由性质波组成的函数称为**波函数**。由于本征波都是物体整体可对外作用的波,所以不论用什么方式来激活它,表现出的也都是波包整体的性质,因此不同物体才会表现出不同的特有性质,同样也只有这样才能用不同的性质来表示不同的物体。一般说波包整体的各波中都不含时间,通常是不会变化的,所以一般的激活只能使其显示其固有的性质,不能改变物体整体的结构;但当外来作用强烈到能破坏物体内部的分布时,波包也会发生变化,当然这时物体的性质也会随之变化。波包是一个物体固有的,但激活它的波却是外来的,每次激活不一定都能激活波包中的所有波,通常是只激活一部分波,因此同一物体在不同的激活条件下也会显示出不同的性质,如用一束单色红光来照射一幅彩色图画,则只能显示画中红色部分,即红光只能激活其中红色的波,而一幅彩色图画是由多种颜色组成的,只有用白光才能看到完整的彩色图画。如果波包中的波都不能被激活,则这时这个波包将不能对外产生作用,没有对外作用的波包是无法被感知的。如用不可见光来激活一幅彩色图画,将不能激活其任何色彩,这时也无法感知是否有这幅图画,就像这幅图画根本不存在一样。概括地说:人们是通过性质来感知物体的存在的,如果没有性质波的对外作用,是无法知道物体的存在与否的。同样被激活的波也只有在激活其他物体的位置波时才能被其他物体"感知",否则也无法感知其存在。

1.2.3　波是空间分割的坐标线

因一切事物都发生在空间里(欧氏空间),为了能对空间有一个定量的数学描述形式,笛卡尔将空间分割成一个个坐标点,这样就可将一个空间存在的事物表示为坐标点的分布,将这个事物的性质写成一个分布函数形式,如一般的函数是写作 $y = f(x)$ 形式。这里 y 表示事物的性质,$f(x)$ 似乎是事物在空间的分布,确切地说,它是事物的性质 y 在空

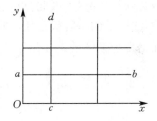

图 1-1　空间的坐标线

间的分布。可是严格地说,坐标点只是坐标轴上的一个计量点,而要表示这个函数的关系却要在由 x 和 y 共同组成的二维空间里,这个空间是由两个相互垂直的坐标轴组成,按笛卡尔的办法,这两个坐标轴又都是独立分割的,这样怎能表示一个确定的函数关系呢?笛卡尔的分割只是对坐标轴的分割,分割出来的只是各坐标轴上的位置点,而且各坐标点是相互独立的,它无法显示各坐标点间有相互作用的情况。而要对二维空间进行分割就应是垂直于两坐标轴的一些直线,这里称这些直线为**坐标线**,如图 1-1 中的 ab 线和 cd 线等,坐标点只是这些线和坐标轴的交点,如 a 点、c 点等。这些线的数学表示形式就是一个波 $\exp[i(y,x)]$,按数学定义,它有一个确定的函数值,但它在自变量空间是一个波,线上各点的波可相互干涉(作用),即同一个 y 值来自全部 x 点,即整体性质是由多个位置点共同决定的,亦即一个性质波是由多个位置点上的性质波干涉的结果;反之,同一个 x 值也会对应多个 y 值。图 1-1 的 ab 线中,y 是波矢量,在整条线上 y 是一个常数,它是一个波矢量,它沿 x 方向是一个以 y 为单位变化的波,因为只有波才能表示其各 x 点间的作用。一条 y 线在 y 轴上的交点就是 y 的坐标点。显然可有多个 x 点对应同一个坐标点 y,只有用线(波线)才能表示线上各 x 点间的相互作用,如果各 x 点间有相互作用,则它们对应的性质 y 也将会是各 x 点的波相互作用后的结果(干涉),这就是要用坐标线

分割空间的原因。同样在坐标线 cd 中 x 是波矢量，在整条线上 x 是常数，y 是自变量，它随 y 变化，即同一个位置上可定义多个性质，各性质波间也会干涉，所以纵轴也应是坐标线。x 和 y 都可作自变量，但习惯上总是取 x 为自变量，取 x 轴为坐标轴，这样 y 就自然是波矢了。确切地说，它在 x 空间是一个波矢量，在 y 轴上仍是一个坐标点。这些坐标线就将这个坐标空间分割成一个个小方块，每个小方块的面积为 $dydx$，因为波 $\exp[\mathrm{i}(y,x)]$ 是以 2π 为周期的，即它是以 2π 为单位变化的，所以 $dydx$ 不能小于 2π，这就是量子力学中产生测不准关系的原因。这种情况就像电视机的屏幕一样，屏幕有一定的像素，图像的分辨率不可能小于这个像素，在这个空间里像素就是 2π，任何事物的分辨率都不能小于 2π。因为任何事物都会有其存在的分布位置 x 和其表现的性质 y，任何一个事物也都只能是发生在这个区域内，为使这些小方块具有一般的意义，不受事物物理量量纲的影响，两个变量 x 和 y 的量纲必须互为倒数。因此，也常称 x 为正空间，而称 y 为倒空间，意即它们是互为倒数的，实际上倒空间就是傅立叶空间或函数空间，这里用 g 代替 y 以表示它在一般情况下是个整体量。

1.3　傅立叶变换的性质

傅立叶变换是局部和整体间的变换，它的特征就是局部和整体间的交互特征，现讨论如下。

1.3.1　线性

设两个函数 $f(x)$、$g(x)$ 的傅立叶变换分别是 $F(g)$、$G(g)$，则：$af(x)+bg(x)$ 的傅立叶变换就是 $aF(g)+bG(g)$。这种性质称为线性。一般地讲：线性组合函数的傅立叶变换是其中各函数分别进行傅立叶变换的线性组合，基于这种性质可以依据需要只计算部分变换，略去空间中其他无关部分。傅立叶变换是局部到整体的变换，说 y 是局部的性质变量，是指它是局部 x 点上的性质，变换后变成变量 g，它就是整体的性质，确切地说是积分区域整体可对外作用波的波变量。因为傅立叶变换的积分区域是无限大的，但一个无限大的物体是没有外面的，它不可能再对外产生作用。所以所谓对外作用都是指在一个无限大的区域内一个局部分布函数对其分布以外的区域的作用，如果在这个区域内有多个可相加的分布函数，则这多个分布函数整体的对外作用就是其中各个分布函数对外作用波的线性组合。因整体和局部是相对概念，每一个整体都是由很多局部组成的；而每一个局部又是由更小的局部组成的，直至一个质点。从这个意义来讲，也可以说波是一个质点整体性质的数学描述形式。线性性质指出一个系统的整体性质，就是其内部各独立局部的整体性质的线性组合,所以两个独立函数线性组合的傅立叶变换就是两个函数整体的对外作用。

1.3.2 卷积性

两函数卷积的傅立叶变换是两函数分别傅立叶变换的乘积,反之两函数乘积的傅立叶变换是两函数分别傅立叶变换的卷积,即:

$$\text{Fou}[f(x)*g(x)] = \text{Fou}\left[\int_{-\infty}^{\infty} f(u)g(x-u)\mathrm{d}u\right] = F(g) \cdot G(g) \qquad (1\text{-}7)$$

这里用 Fou 表示实施傅立叶变换。卷积是两个函数的一种乘积,是一个函数将另一个函数中的每个变量点都变成它的函数,其变换后的波函数就是这个卷积整体对外作用波的波谱。卷积指出,两个相互作用的函数,其共同对外的作用就是它们各自的作用波再相互作用的结果。卷积有以下几个主要特性:

(1) 卷积满足交换律,即

$$f(x)*h(x) = h(x)*f(x)$$

(2) 卷积的线性运算,即

$$[af(x)+bh(x)]*g(x) = af(x)*g(x)+bh(x)*g(x)$$

(3) 位移的不变性,即

若

$$f(x)*h(x) = g(x),$$

则

$$f(x-x_0)*h(x) = g(x-x_0) = f(x)*h(x-x_0)$$

1.3.3 倒易性

因为正空间和倒空间是互为倒易的,所以正空间的一切物理量与倒空间相应的物理量也都互为倒数关系,空间的倒易相当于其测量单位的倒易,因此表现出的一切物理量和变化规律也都是倒易的。如在正空间一个长为 L 的一维细棒,在倒空间的有值区就是一个厚度为 $G = \dfrac{1}{L}$ 的薄饼;在正空间的一个体积为 V 的物体,在倒空间相应的体积是 $\dfrac{1}{V}$ 等。

1.3.4 平移性

当坐标原点移动一个距离 x_0 时,原来的函数会变为 $f(x-x_0)$,它的傅立叶变换则有多个相因子,即若 $f(x)$ 的傅立叶变换为 $F(g)$,则 $f(x-x_0)$ 的傅立叶变换为 $F(g)\exp(\mathrm{i}gx_0)$。这里的波动部分是坐标原点的平移造成的,即正空间的一个平移量在倒空间就化为一个相应波的位相,这就是量子力学中所说的相因子,它只相当于坐标原点的平移,对波函数的性质无影响。其物理意义就是移动的距离是多少个波长。

1.3.5　相似性

相似性即自变量的缩放性,若将 g 变化 s 倍,即将其测量单位放大 s 倍,则其变换后的形状不变,但其尺度变为 $\dfrac{x}{s}$,即若 g 空间放大,则 x 空间将缩小;反之,若 g 空间缩小,则 x 空间放大。如若 $f(x)$ 的傅立叶变换是 $H(g)$,则有:

$$\int_{-\infty}^{\infty} H(sg)\exp(-igx)\mathrm{d}g = \frac{1}{|s|}h\left(\frac{x}{s}\right) \tag{1-8}$$

形象地说,对一个细长的圆棒,则变换后是一个薄而宽的圆饼。因为测量单位的变化,所以由此引起的一切物理量也都会发生相应的变化,因为它们都会因测量单位的变化而发生相应的变化。

1.4　几种典型的傅立叶变换

1.4.1　δ 函数的傅立叶变换

这是一个广义函数,其定义是:$\delta(x) = 0$,当 $x \neq 0$ 时;$\int \delta(x) = 1$,当 $x = 0$ 时,积分区间为无限大,即

若有函数:
$$f(x) = \delta(x)$$
则其傅立叶变换为:

$$F(g) = \int \delta(x)\exp(ig \cdot x)\mathrm{d}x = 1 \tag{1-9}$$

即 $\delta(x)$ 和常数 1 是傅立叶变换对的关系。$\delta(x)$ 函数是一个有用的函数,它有以下性质,依据这些性质可计算其他与 δ 函数有关的傅立叶变换,这里列出几个。

（1）筛选性:若函数 $f(x)$ 在 x_0 点连续有值,则可用 $\delta(x)$ 函数将它筛选出来,即有

$$\int f(x)\delta(x-x_0)\mathrm{d}x = f(x_0)$$

（2）卷积性:　　$\delta(x) * f(x) = f(x) * \delta(x) = f(x)$

（3）坐标缩放性:　　$\delta(ax) = \dfrac{1}{a}\delta(x)$;其中 $a = |a|$

（4）积的平移性:　$f(x)\delta(x-x_0) = f(x_0)\delta(x-x_0)$

1.4.2　梳状函数的傅立叶变换

梳状函数可看作是一个周期分布的多个 δ 函数,即若取梳状函数为 $f(x)$,则可将其写为:

$$f(x) = \sum_n \delta(x - na)$$

n 为整数,其周期为 a,其傅立叶变换 $F(g)$ 为:

$$F(g) = \sum_n \exp\frac{ing}{a} = \sum_n \delta\left(g - \frac{n}{a}\right) \tag{1-10}$$

这也是一个梳状函数,只是它们的周期互为倒数,原则上 n 可趋于无限大。

1.4.3　矩形函数的傅立叶变换

矩形函数是 y 等于常数 1(或 c),且只存在于 a、b 之间的函数,如图 1-2 所示。

$$\begin{cases} y = f(x) = 1 & a < x < b \\ y = 0 & \text{其他区域} \end{cases}$$

它的傅立叶变换为:

$$F(g) = \int f(x) \exp(igx) dx = \int_a^b \exp(igx) dx$$

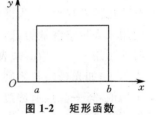

图 1-2　矩形函数

设 a、b 的长度为 $2a$,取 a、b 的中点为坐标原点,则上式的积分限应为 $-a$ 到 a,于是有

$$F(g) = \int_{-a}^a \exp(igx) dx = \frac{1}{ig}[\exp(iga) - \exp(-iga)] = \frac{2}{g}\sin(ga) \tag{1-11}$$

这就是干涉函数,是单狭缝的衍射分布,a 是狭缝的半宽度,在 ga 等于 $n\pi$ 时为零,在正负 π 间称为主值区,其后随 ga 的增大按衰减的正弦函数振荡,直至无穷。当 a 趋于零时它趋于 δ 函数。

1.4.4　高斯函数的傅立叶变换

高斯函数是一个倒钟形函数,常记作 $\exp(-ax^2)$,其傅立叶变换仍是个倒钟形函数,但其钟的半宽度互为倒数,即:

$$F(g) = \int \exp(-ax^2)\exp(igx)dx = \frac{1}{a}\exp\left(\frac{-g^2}{4a}\right) \tag{1-12}$$

这里看到无论在正空间的函数是否有界,其倒空间总是无界的,即任何物体,不论是宏观的或是微观的,都有其对外的作用波,即都会有部分波动性。物体通过波的对外作用而显示其存在,没有波作用的物体是不能被感知的,所以任何存在的事物都有一定的波动性。

1.5　数学上的误区

　　数学上的误区主要表现为缺乏对整体量的研究。数学是研究数量间关系的科学,它研究了实数、复数,也研究了标量、矢量,甚至概率量,却很少研究整体量。虽然人们都知道整体量不同于局部量,但多是用一个平均值来表示,就算是整体量了。其实平均值只是人为规定的一种权宜表示方法,并不是整体和局部间真实的定量关系。整体来自局部,但不等于局部,一般来说整体量也不总是局部的平均值。因为整体的产生就是由于各局部间存在相互作用,正是这种作用才把各局部连成一个整体,没有作用就没有整体,当然也就没有整体量了。所谓平均值是指对没有相互作用的各局部量,为能定量地表示其整体的效果,才采取的权宜做法,是人为规定用来表示整体量的。如通过纱窗的光线,只有当各纱网孔间没有相互干涉(作用)时才可用一个平均值来表示透过的光线强度,而当有相互作用时就不能用平均值表示了;如光栅的各缝间会干涉,总是出现干涉条纹,在一些点上透过的光会大于平均值,另一些点上透过的光会小于平均值。确切地说,整体量是指一个整体对外作用效果的定量表示(作用程度),而平均值则是各局部对外作用效果的统计平均,关键在于是否考虑了各局部间的相互作用。傅立叶变换才是将局部变为整体的变换,因为它把各局部点都表示为一个波,计算各局部作用波的叠加,波的叠加就会干涉,干涉就是作用,干涉后的波就是一个整体波,即是各局部相互作用后的整体作用波,其对外的作用就是整体的对外作用波,由这样的波作用产生的物理量就是整体量,这就是整体量必须用波表示的原因。当然,平均值也是一个整体量,它就是傅立叶展开式中的常数项,所以它也是倒空间的一个点,它是波矢为零的一个波,即不考虑相互作用时的整体量。数学中虽然研究了傅立叶变换,但没能把波作为整体量的数学表示形式突出出来,以致人们总是用平均值来表示整体量,这实际上只是整体量中与波动无关的部分,笔者认为这是一个误区,傅立叶变换不是一般的坐标变换,而是把每个坐标点表示为一个波的变换,它变换了坐标点的性质。人们把一个变量表示为一个复数,就得出一个复变函数,若把变量表示为波,是否也能得到一个波变函数?若能把整体量当作一个实际数学变量来研究,可能会有更进一步的结果。

　　实际上,傅立叶展开就是将一个局部的分布函数按整体量进行展开,如展开式的常数项就是一个平均值,它没有波动部分,对力学来讲就表示各点间没有相互作用时的运动状态,所以它们的整体运动就是各局部量的平均值;其他各项都是表示物体内各点能协同运动的波动项,要协同就必须是一个波,能协同运动的方式很多,所以会有多个波,每个波的波矢都是其协同部分整体共有的整体量。这里说的整体不只是指其空间上的整体,如一个物体的空间分布范围等,也包括在时间上的整体,如一个谐振的运动状态等,量子力学研究的就是整体量,称它为状态,简称态。其一切特征都是整体量表现的特征。

2   倒易原理

第 1 章给出了傅立叶变换的一些基本规律,笔者认为近代物理就是用倒空间研究的物理,为了能清楚地理解其物理意义及应用方法,下面再对倒易空间的构成及其表示方法予以讨论。

2.1   倒易空间

这里把由整体函数变量组成的空间称为倒易空间,或傅立叶空间,简称倒空间。

2.1.1   问题的提出

20 世纪初,人们发现对于微观粒子的运动,牛顿力学是无能为力的。但是人们并没有去分析牛顿力学为什么无能为力的物理原因,而是为了解释一系列新的实验结果又发展了量子力学。今天,量子力学已成为近代物理的一个重要支柱,使不少问题都能得到满意的解决,尤其对微观领域,它无疑是一个较好的研究方法。但量子力学的研究方法与牛顿力学完全不同,特别是它把运动粒子用一个平面波表示,且认为粒子本身就是一个波。由于波和粒子是两个完全不能相容的概念,所以至今还存在着争议,究竟物质是粒子还是波?二者如何统一?学者们仍是各持己见,未能揭示其物理本质。此外,如包里原理、普朗克关系等,也被当作量子效应固有的规律,未能说清楚其产生的物理原理。因此有必要问,既然都是力学,为什么牛顿力学和量子力学会有这么大的差别呢?既然都是物体,为什么宏观物体和微观物体要用不同的方法研究呢?微观粒子有波动性,宏观物体为什么就没有波动性呢?而且宏观和微观只是人为的划分,客观上根本就不存在宏观和微观的区别,难道物理定律会按人的意志来变化吗?这些问题的存在表明量子力学不是在常规概念的空间中研究问题,量子力学的描述方式、计算方法以及给出的结果等都与经典力学不同,但它研究的也是力学,讨论的也是经典力学中的物理问题,这清楚地说明它是另一个空间研究力学的方法。无独有偶,在 X 射线衍射分析中就有正、倒两个空间的表示方法,对同一个晶体既可以将它抽象为一个空间点阵,它表示构成晶体的基元在空间坐标位置的周期分布,是粒子性的抽象,把空间的每个基元抽象为一个几何质点,质点的位置用正空间的坐标点表示,这样整个三维晶体就抽象为一个三维点阵,常称**正点阵**;同时也可以将晶体抽象为一个倒易点阵,它是晶体可能的衍射波波矢的空间分布,波矢的端点用倒空间的坐标点表示,称为**倒易点**,对晶体它也形成一个点阵,称**倒易点阵**,这是波动性的抽象,把每个波矢量抽象为一个几何质点,它在倒空间也是一个几何点,这样就把波粒二象性统一起来了。因为人们都是在正空间研究问题,这样,倒空间的一个坐标点在正空间就是一个波了。量子力学就是在倒空间研究运动的力学,它是用波矢作自变量对物体整体的描述。不同空间的研究方法、表达的意义、适应的情况以及其给出的结果等都有不同的物理意义。上述问题的产生,都是因为混淆了这两个不同空间用的不同研究方法造成的。比较晶体和物体我们发现:牛顿力学是在正空间进行研究,它用质点代表整个物体的空间存在,只研究这个代表质点的运动,即所谓质点力学。牛顿定义的速度是$\frac{\mathrm{d}x}{\mathrm{d}t}$,因为 x 是质点的坐标,所以实际上这只是质点位置的速度,用它能研究的也只能是质点的运动,因此,也只适用于能用质点代表的物体,即局部性质就是整体性质的物体,认为物体内任一质点的局部速度都和其整体速度完全一样,认为它就是整体速度,不必考虑物体内各质点局部运动速度的差别,一般来说这样可以认为$\frac{\mathrm{d}x}{\mathrm{d}t}$就可表示为是物体的整体速度,因此也不必考虑物质在空间的分布状态,特别是不考虑这种状态的对外作用,所以只用一个质点就可以代表整体了。量子力学则是在倒空间进行研究,认为物体的整体性质是物体整体对外表现的性质,它不同于局部性质,而物体对外表现的都是其整体性质,它是用性质来研究运动的,因为性质是波作用的结果,所以要用波来作变量。应当说,正因为存在这个不同于局部性质的整体性质,人们才能把表现这个性质的全体称为一个物体,例如原子都是由质子、中子及电子组成,但原子有原子的独特性质,它不等同于质子、中子、电子的性质,也不是它们性质的平均值。整体由局部决定,但不同于局部,牛顿力学没有考虑这个差别,所以只适用于局部性质对整体性质没有影响的情况,当宏观物体整体性质受局部的影响很小时,牛顿力学就可以适用。对微观粒子,局部性质会对整体性质有明显影响,牛顿力学就不适用了。为了消除局部对整体的影响,就要用能表示整体量的波作自变量来研究,这就是要用倒空间进行研究的原因。因为倒空间是以物体的整体性质作自变量的空间,波是表示整体量的数学变量,以波的对外作用,就显示其波动性。鉴于人们通常是在正空间研究问题,对正空间比较熟悉,所以这里有必要再对倒空间进行一些讨论。

2.1.2 倒易空间的引入

为了引入倒易空间,这里也由晶体开始,因为晶体的结构就是用倒易空间的理

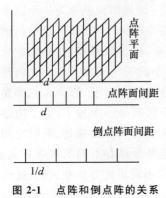

图 2-1　点阵和倒点阵的关系

论测定的。按定义，晶体是一个有周期结构的固体，晶体中的结构基元，如原子、分子等在空间呈周期分布，且晶体这个词本身就是一个整体概念，只要是晶体就是指这个周期分布的整体。为了只突出其整体的周期结构，不考虑其物理、化学等性质，人们用一个几何点代表晶体的结构基元，称为结点。结点在空间的周期排列，形成一个三维点阵，称为空间点阵，也称正点阵。这就是在正空间（坐标空间）对晶体结构的数学描述（抽象）。一定的点阵结构对应一定的晶体结构，这样就可用点阵代替晶体而直接研究点阵结构及其性质了。如晶体对 X 射线的散射就看作是这个点阵的散射，点阵中的每个阵点都是散射波的光源，这些波是空间干涉的结果，其波矢也形成一个点阵，称为倒易点阵，它和正点阵互为倒易，如图 2-1 所示，晶体的所有衍射性质都包含在这个倒易点阵中。可见一个晶体既可抽象为一个正点阵，也可抽象为一个倒易点阵，正点阵表示的是晶体的空间存在，而倒易点阵则表示晶体的衍射性质。倒易点阵的形成只是引用了正点阵各阵点上散射波间的干涉，而波的干涉就是相互作用，所以可以说，只要是各点间有相互作用的物体，就可将其在空间分布的每个坐标点表示为一个波，这些波相互干涉的结果就会形成一个分布，这就是其性质的分布，即其波矢量的分布。一般地说，把由波矢量构成的空间称为倒易空间，简称倒空间，波矢量的量纲是长度的倒数。每个波矢量都相当于物体一种可能的整体性质，是一个整体量，这样，物体的一切性质都应包含在其倒空间中。这种把质点坐标点看作一个波的做法，就是数学中的傅立叶变换，在 X 射线衍射分析中，因为这两个空间变量互为倒数，所以把坐标空间叫作正空间，而把它的衍射空间叫作倒易空间。实际上，倒易空间就是正空间的傅立叶空间。推而广之，任何可做傅立叶变换的空间物体，都有其相应的倒易空间，即都有一个能用波矢作自变量的空间，这个波矢代表的就是物体可能的整体性质。

照此分析，正点阵实际上只是描述事物的空间存在状态，不考虑其性质。而倒易点阵则表示物体整体的对外作用，而作用表现的特征就是性质，所以倒空间表示的是物体的整体性质，或者说倒空间是用整体性质作自变量的空间，"晶体"是一个整体概念。显然，物体的整体存在可用坐标点的分布来表示，而物体的整体性质则需用波矢来表示，这里可以清楚地看到，对整体可有两种表示方法，即用坐标点表示，可把整体存在表示为一个分布函数 $f(r)$，这个函数决定着其可具有的某种性质，如果把每个整体性质也用一坐标点表示，就可表示为倒空间坐标点的分布函数 $F(g)$，但它是由正空间的分布函数决定的，虽然性质在倒空间表示也会是一个分布函数,但因为人们都是在正空间看问题,所以由正空间看一个倒易点就是一个波,因此若不做特别说明,也把用坐标点作自变量的空间称为正空间,而把用波矢量作自变量的空间称为倒空间。推广到运动学中可以这样说,如果把一个等速运动看作是粒子在一条直线上的存在状态(不同的时间处于不同的位置),这就和晶体的存在状态一样,可在正空间用一条直线来描述,显示的是粒子性的整体运动轨迹,也可以说是运动粒子整体的存在状态;但它的性质,即它的对外作用则需在倒空间用一个平面波描述,显示的是波动性,这就是量子力学中说的波粒二象性。

正空间的自变量是坐标点,它是局部的空间变量,只反映物体的局部存在,不反映物体的整体性质(作用);倒空间的自变量是波,是整体的变量,反映的是粒子的整体性质。因为波总是充满整个空间的,各物体的波必然要在空间相互叠加、相互作用,所以说物体间的一切作用都是波的相互作用。有作用才有性质,有性质才能分清事物,人们都是通过性质来认识事物的,因此都应当在倒空间研究,即用波的相互作用来研究问题。

2.1.3 正空间与倒空间的关系

数学上把所用的自变量称为空间,这里是把物体实体存在的空间称为正空间,把物体性质存在的空间称为倒空间。但不论是正空间或是倒空间,都体现在人们生存的这个欧氏空间里,即欧氏空间是用来表现事物的存在和性质的。要想在一个空间里用分析方法来描述事物,必须对这个空间进行分割、编号,就像计算机的存储器一样,要想在它上面存储信息,进行计算,就要将它分割(格式化)以确定存储地址,即要确定一个自变量,不同的分割就定义出不同的自变量,不同的自变量就说它是不同空间的变量。物体实体存在于有限的空间位置点上,表现的是粒子性,要描述它就是把欧氏空间分割成能表示位置的坐标点,这就是笛卡尔的办法,他将空间分割成一个个的坐标点,各坐标点是互相独立且等价的,用这些点的各种分布来描述事物存在的各种状态,这是人们所熟知的方法,是正空间的描述方法。而事物的性质是无法用坐标点表示的,事物在这个位置上表现的性质,在其他位置上也有同样的表现,它存在于整个欧氏空间内,无法用坐标点来描述,因为波描述的是整个欧氏空间的变量,所以要描述性质就要按傅立叶的办法,把欧氏空间分割成一个个的谐波片,每个谐波片代表一个性质点,各个谐波片也是相互独立且等价的,但因每个谐波片都是布满整个欧氏空间的,所以用波描述的方式在欧氏空间就只能是各波片的叠加,用不同权重波片的叠加来描述事物的各种性质。在 X 射线分析中,为表示 X 射线衍射性质引用的倒易点阵就是这种方法,人们把这种方法称为倒空间的描述方法,相应的空间称为倒易空间。笔者把用倒易空间来研究事物的理论,称为**倒易原理**。

由几何意义来看,笛卡尔的办法相当于把三维欧氏空间沿纵向分割,即垂直于坐标轴切割,得到的是一个个坐标点(坐标轴上的点);而傅立叶的办法相当于把三维的欧氏空间沿横向分割,即平行于坐标轴切割,得到的是一个个的谐波片(平行于坐标轴的线)。不同的切割方法就有不同的自变量,对一维而言,在正空间里是用坐标点的位置 x 作自变量,物体在正空间的存在会有一个分布区域,可用一个分布函数 $f(x)$ 表示,但抽象的存在是不存在的,实际存在于具体坐标点上的都是事物的某个性质,因此,一个分布函数 $f(x)$ 表示的实际上是事物性质的分布函数,如描述物体某个性质 y 的分布,可写作 $y = f(x)$ 等,按定义,这里 y 表示的是 x 点上定义的局部性质,x 是物体内各质点存在的相对空间位置。作为一个函数,数学上把 x 存在的范围称为定义域,而把 y 存在的范围称为值域,但可看到当值域中的一个元素会对应于整个定义域时,每个 y 值点对应的会是分布函数 $f(x)$ 的整体,即整体中的每个 x 点都可能有同一个性质 y,不同 x 点上的相同性质 y 是会相互作用的,其作用的结果将是很多 x 点共有的性质,所以,干涉后的性质是整体性质,这里用 g 表示整体性质 y;即在倒空间里是用谐波片的波矢 g 作自变量,g 表示的是整体性质,用它描述事物时是用各谐波片的加权叠加 $\sum F(g)\exp(igx)$ 来表示,函数 $F(g)$ 是叠加波的权重。对同一事物用不同空间描述时,$f(x)$ 和 $F(g)$ 之间存在傅立叶变换关系,所以说傅立叶变换是正、倒空间之间的空间变换,它把局部变量变为整体变量(把 y 变成 g),其反变换是把整体变量变为局部变量。由此可知,倒易空间是一个和正空间有同样效力的空间,它可以像正空间一样定义函数,进行分析、计算等,并不只是一个运算技巧,只是不同空间的描述方法、代表意义以及处理方式等都不同而已,混淆了这点就不能理解其真正的物理含义。一般来说,一个事物既可用正空间来研究其倒空间,即通过物体的正空间结构来研究它可能有的性质,例如人们可以设计一定的结构来得到一定的性质;也可用倒空间来研究其正空间,例如测量出一定的性质来求得一定的结构。形象地说,就像要印一幅图画一样,既可以一点一点地将它按设计的分布打印出来(即标出各个点上的性质),也可以一帧一帧地将它套印出来(即将各种整体性质叠加起来),前者是正空间的方法,后者是倒空间的方法。具体在哪个空间描述要依具体问题而定,一般说来,正空间比较直观,易于理解,所以多用正空间。但当在正空间不能反映问题时,就必须用倒空间描述。

原则上正空间是用函数 $y = f(x)$ 来表示事物的某个性质,意思是在 x 点上定义一个性质 y,这是各 x 点的局部性质,对每个确定的 x 点,只有一个相应的性质 y 值,即函数值 y 反映的是在一个几何点 x 处的局部性质。而倒空间是以波矢 g 作自变量,它和分布的坐标点无关,表示的不是局部的函数值 y,而是事物整体的性质,

不考虑其具体的 x 位置,用一个波矢 g 表示整体性质,事物整体具有该性质的程度由 g 波的权重来定。这一点可由傅立叶变换的公式直接得到,按变换公式若想求出一个 g 波的振幅,必须对整个定义域求和,即它是定义域中具有性质 y 的所有点上性质波的总和。因为相同波矢的波叠加会发生干涉,干涉后的波就不是哪个具体点上的性质,而是具有性质 y 的所有 x 点的整体性质 g。可见整体性质的产生,就是因为有干涉,没有干涉就没有整体性质。又因为每个 g 波都是遍及全部 x 坐标点,因此倒空间中的一个几何点 g(元素)会对应(影响)整个正空间;同样,正空间每个坐标点 x 也会产生所有的 g 波,所以正空间的一个几何点也会对应(影响)整个倒空间。既可用倒空间的性质来描述正空间的结构,同时也可用正空间的结构来描述倒空间的性质。结构分析就是用全部倒空间的衍射信息来确定正空间原子的相对位置。广义地讲,既可以用事物的存在来研究事物的性质,也可用事物的性质来研究事物的存在。正、倒空间的这种关系,也正是傅立叶变换的基本关系,表现在数学上就是:对一个函数 $y = f(x)$ 来讲,y 是函数,它的变化范围称为值域,x 是自变量,它的变化范围称为定义域,但这只是一个相对的习惯分法,理论上无法确定哪个变量一定是函数,哪个变量一定是自变量,因此,既可以用 y 作自变量,也可以用 x 作自变量,即既可用倒空间描述,也可用正空间描述。而且从数学关系上来看,也无法确定哪一种方法一定优越,只能是具体问题具体分析。

2.1.4 正空间与倒空间的描述方法

在正空间描述一个事物的性质通常用一个分布函数 $y = f(x)$ 来表示,因为各坐标点是相互独立的,这些点可以任意组合形成各种函数,所以函数的形式也会多种多样,这是数学中研究较多的部分,这里不再讨论。而在倒空间,因为它的自变量是波矢量,它在欧氏空间是一个谐波片,每个谐波片又是充满整个欧氏空间的,因此,它们的组合只会有叠加一种方式,所以倒空间的一切表示方法都是波的叠加,只是叠加时各谐波的权重不同而已。如正空间晶体的点阵结构,用倒易空间来表示,就是把点阵整体看作是一些谐波的叠加,每个倒易点就是一个沿结晶学面法线方向的谐波;量子力学中的波函数也是波的叠加,所谓的情态叠加原理,其实质就是说它的所有状态都是用谐波的叠加来表示。同时,傅立叶变换本身也就是把一个函数变为波的叠加,其实质就是说在正空间的一个函数,用倒空间表示就是波的叠加。不仅如此,因为倒空间的变量是波矢,波的基本性质是三角函数,三角函数的和可化为积,积也可化为和,所以它的一切描述方式都可说是波的叠加。不仅表示一个状态要用谐波叠加,要改变一个状态也是用谐波叠加(也可说是作用)来实现的。当然,从纯粹的数学方面来讲,无法确定哪个空间是正空间,哪个空间是倒空间,所以严格地说只是按习惯把用函数表示的空间称为正空间,而把用谐波叠加表示的空间称为倒空间,实际上在倒空间里波矢 g 也是一个坐标点(变量)。因为不论是正空间或是倒空间,都是由三维欧氏空间分割而来,因此,前面说的倒空间是波,只是指它在正空间(指欧氏空间)的体现,实际上,正空间的一个坐标点在倒空间也是一些谐波的叠加,因为都是在欧氏空间用笛卡尔坐标看问题,所以这里说的空间都是指其在坐标空间的体现,即用 x 作自变量的是正空间,而用 g 作自变量的是倒空间。空间的这两种分割法,在描述事物的表现形式上就对应着波动和粒子两种性质,所以说,波粒二象性是空间的特性,不是微观粒子独有的性质,一切能在空间表现的事物都有这种二象性。

因为是波叠加,就必须有一个上下对应的问题,即要求每个谐波片上都有一个统一的对应位置,就好像用套版印刷套印一幅图画一样,它是由这幅画中不同颜色的画片叠加而成的,这就要求叠加时各相应部分必须对齐,套版印刷时总要在每张画片上做个标记,然后以标记为准,逐张套印,否则,得到的就不是原来的这幅画了。相应地,傅立叶波的叠加也要有标记,这就是相因子 $\exp(igx_0)$,后面会看到它相当于是把每个谐波片都在原点对齐。此外,由于一个传播的傅立叶波包括空间和时间两部分,而性质则必须与时间有关,所以,参与叠加的波只是可能的波,这些波只能体现事物整体可能具有的性质,并不一定是表现出来的实际性质,但事物表现出的性质也只能是在这些可能的性质波中。因为性质是作用的体现,没有作用就没有性质,所以要能使某个性质真实地体现出来,还必须用一个具体性质的波来作用它,因为一个波只和与它相对应的波起作用,对其他的波不起作用,所以只有用一个具体性质的波来作用,才能得到一个能体现这种条件下的真实性质波,从而体现出这种具体性质,这个过程被称为**激活**。抽象地说,可能性质会构成一个性质空间,即倒空间,事物的所有性质都是来自这个倒空间。而体现出来的性质只是这个空间的一部分,因为性质空间的变量是波矢,所以说能体现的性质是被激活的一部分性质波矢。就好像正空间是物体可能存在的空间,但不是正空间的各点就一定存在物质,只有当那个点上有具体的物质存在时才能说那里有物质。如晶体的每个倒易点都表示晶体整体一个可能的衍射,但这些衍射并不都一定能表现出来,要想得到衍射,必须用一个具体的 X 射线波来作用它,不同波长的 X 射线波也只会激活一部分的倒易点,产生相应的衍射;再如一个质点可能以任何速度运动,质点的倒空间就是所有可能速度波的叠加,但它真实的运动是在一个具体速度波的激活下才能体现出来的,而且一个速度只激活一个速度波,质点不可能同时以多种速度运动,因此就只是一个单色平面波了。倒空间的这些特征,就表现为量子力学的特征,所以说量子力学是用倒易空间研究运动的力学。量子力学中把这些可能表现性质的波称为本征波,把其中的每个谐波称为一个量子态,一个量子态就表示具有单一性质的一个存在状态。不弄清这点就不能理解量子力学所揭示的问题。

牛顿力学是在正空间研究运动的力学,它把整个物体抽象为一个质点,用$\dfrac{\mathrm{d}x}{\mathrm{d}t}$表示该质点的速度,研究该质点的运动。因为正空间的变量是坐标点,所以该运动状态就是一个特定坐标点的运动轨迹,因此,牛顿力学研究的只是物体的一个具体运动状态(状态在空间的体现),而不研究这一状态的对外作用。但应指出,这里说的“质点”只是物体的代表点,不是空间存在实际物质的质点,它只对可以用一个“质点”代表的物体才是正确的。而倒空间的变量是波矢,它是物体所处存在状态可能表现的整体性质,它在倒空间的轨迹就是某个性质的变化过程,在正空间是各个状态出现概率随时间的变化。人们常常因为波函数不能给出粒子的轨迹就说粒子是波,这是混淆了两个空间描述的错误理解。

2.2　为什么要用倒易空间来描述

既然正、倒空间都可用来描述事物,而正空间又比较简单、直观,为什么还要用倒易空间来描述呢?这是因为性质来源于各物质质点的局部性质,但人们能研究的性质又都是物体对外表现的整体性质,按测不准关系,整体性质是随着物体体积的减小而表现得越来越不准确的,对微观物体就没法把性质当作是一个确定的物理参量来研究了,需要用特殊方法才能研究这些不能确定的物理量。或者说随着物体正空间的减小,其倒空间将越来越大,因此,对微观粒子就必须用倒空间研究。

2.2.1　波粒二象性是空间的性质

在量子力学中,因为看到运动的粒子可用波函数表示,就认为粒子本身是一个波(物质波),或者说具有波粒二重性质,其实这是混淆了两个空间描述造成的,其原因可分述如下。

设在正空间(坐标空间)定义一个函数$f(x)$,其倒空间(傅立叶空间)为$F(g)$,x和g分别为正空间和倒空间的坐标变量,按傅立叶变换关系有:

$$F(g) = \int f(x)\exp(\mathrm{i}gx)\mathrm{d}x \tag{2-1}$$

$$f(x) = \int F(g)\exp(-\mathrm{i}gx)\mathrm{d}g \tag{2-2}$$

这里$f(x)$和$F(g)$在数学上称为傅立叶变换对,在物理上则表示为同一事物用不同变量的描述方式。就形式上看,式(2-1)和式(2-2)的左边都是一个普通的数学函数,可用来描述事物的各种存在状态,其自变量都是坐标点,它们是用粒子性表示的,因为它们是用“点”的组合来描述的,都称为函数;而方程的右边则是一系列波的叠加,是用波表示的,可称它为波函数,两边相等说明这两种描述方式是等价的。又因为两边用的是不同的自变量,所以也可以说粒子性和波动性是在不同空间的描述方式。在正空间用正空间变量 x 作自变量(坐标)时就是粒子性的函数 $f(x)$,而用倒空间变量 g 作自变量(坐标)时就是波动性的波函数:$\int F(g)\exp(-igx)\mathrm{d}g$,即一个坐标点 x 也是一系列性质波的叠加,实际上 x 就是这些波的出发点,即各性质波的发源地;同样在倒空间用倒空间变量 g 作自变量时也是粒子性的函数 $F(g)$,而用正空间的变量 x 作自变量时就是波函数:$\int f(x)\exp(igx)\mathrm{d}x$。因为人们多习惯于在正空间讨论问题,所以通常把 $f(x)$ 看作函数,而把 $\int F(g)\exp(-igx)\mathrm{d}g$ 看作波函数,又因它是倒空间变量的叠加,所以也说它是倒空间的表示方法,确切地说,倒空间的变量在正空间表示为波。因为傅立叶变换是两个空间的变换,所以说波粒二象性并不只是微观粒子自身的特性,而是空间固有的性质,凡在空间有相互作用的任何事物,都具有这种性质。也就是说,对空间的任一事物,在正空间用一个函数来描述时,把它看作是粒子性的,它只存在于有限的空间内,用它存在的相对位置分布来表示事物,抽象地说是把三维空间按纵向进行分割(参见2.3节),用分割的坐标点分布来描述事物;而用波来描述时,把事物看作是一系列波的叠加,用其整体性质分布来表示事物,抽象地说是把三维空间按横向进行分割,用分割的谐波片来描述事物。二者在描述事物上是等价的。后面会看到,只要把一个质点粒子在正空间表示的运动方程进行傅立叶变换,就会把它变成一个波函数。即描述质点的运动方程和运动粒子的波函数实际上是傅立叶变换对的关系。这里所说的波粒二象性和量子力学中的理解不完全相同,笔者认为粒子就是粒子,只是它的性质要用波描述;而量子力学则认为粒子本身就是波,因为只有波才能表现波的性质,这点下面还要进一步讨论。但这里指出的是产生波粒二象性的真实原因。为了说明引用倒空间的物理原因,还应讨论一下事物本身的物理本质。

2.2.2 物体的存在和物体的性质

数学是定量地反映事物间的逻辑关系的,为什么空间会有波粒二象性呢?其物理原因是什么呢?考虑一个实际物体,它在空间会占有一定的区域,哲学上称为物体的"存在"。但如果这个存在不具有任何性质,或者说它对其他物体没有任何作用,则这个存在也就等于是"不存在",因为这种情况就和这个物体不存在没什么区别,人们都是通过性质(物体的对外作用)才感知存在的。例如一个质点,如果不把它写成一个 δ 函数,只说它处在 x 点上,就不能表明这个 x 点与其他点有什么区别,即不能确定究竟是一个实际的物质质点或只是一个抽象的坐标点;具体地说,若说在某个位置存在一张桌子,这里的"桌子"就是它存在所表现的性质,如果这张桌子什么性质都没有,它不反光,你看不到它;它对其他物体也不产生任何作用,任何物体都可随意穿过它而无任何障碍,这样就和这张桌子不存在是完全一样的。实际上,所谓"存在"就是指事物(物体)某个性质的存在,显示出事物存在的位置和空间其他位置的区别。如某个位置能发光,就说那个点上有发光物质;某个点上有速度,就说那个点上有物质在运动。物质是客观存在的,但要用数学表达式在空间把它表示出来,只能把它存在点的某个性质和空间的其他点区别开来,否则就无法表示这个"存在"了。如通常人们用一个分布函数 $y=f(x)$ 表示一个有限大小物体的存在状态,仔细分析就会发现,实际上它不是指物质质点的分布,而是指物体的某个性质 y 在空间的分布,如密度的分布 $\rho=f(x)$,速度的分布 $v=f(x)$ 等。如果不给出 $f(x)$ 是什么性质 y,只给出分布函数 $f(x)$ 是无意义的。没有具体的性质就没有具体的存在,抽象的存在就是不存在。按式(2-2),实际上表示存在的函数 $f(x)$ 也可看成是由性质波组成的波包,这个波包只会在 $f(x)$ 有定义的范围内有值,在其他位置全等于零,这是存在和性质间的普遍关系。人们可以说这里有张桌子、那里有一件衣服,但不能说这里有一个什么都不是的"存在"。物体的性质和物体的存在之间的关系,就像函数 y 与自变量 x 间的关系一样是缺一不可、不能分开的整体。位置可用笛卡尔坐标点来描述,但如果考虑物体的性质,就存在用什么变量来描述的问题,或者说性质是如何用数学表现出来的问题,因为性质是存在于整个空间的,不能用笛卡尔坐标点的分布来描述,但它也是存在于这个三维欧氏空间内,所以说它是以波的形式存在,且是以有限的速度作用到其他物体上的,因为波描述的是整体量,它的变量是波矢,它是**性质波**,物体表现的任何性质都是这种性质波对其他物体作用的体现。如一个匀速直线运动的质点,它有一定的运动速度,速度是一个运动性质,它在空间各点都相同,所以可表示为一个有固定波矢的速度波,正是这个速度波对外的作用,才能体现出质点在运动。对于多个质点组成的物体,因为每个质点都有自己的速度波,物体的整体速度将是这些质点速度波的叠加。波的叠加会干涉,干涉的结果才会出现一个表示整体的速度波,使整体速度不同于局部速度。一般来说,物体对外体现出来的整体性质就是这些性质波干涉后的结果。物体对外作用的波,在相干相消时波动消失,表现为粒子性,而在相干相长时则表现为波动性。因为波总是充满整个空间的,这样各物体的性质波将总会在空间相互叠加,相互作用,如果这些性质波(指能被某个性质激活的波)全被干涉掉,则物体间除了碰撞以外就不会再有作用了,所以这时的整体作用就显示为粒子性,后面会看到实际上碰撞也是波的作用,所以说一切作用都是波的作用。虽然作用都是波的作用,但其结果既可表现为波动性,也可表现为粒子性,实际上,人们正是感知到这种作用(性质)才认识物质的,当感知到粒子性作用时认为物质是粒子,而当感知到波动性作用时又认为物质是波。为了能更好地理解波粒二象性的物理原因，下面概括地提出两个基本观点。

2.2.3 两个基本观点

(1) 存在决定性质，性质体现存在

在材料科学中，人们常说"材料科学是研究材料的性质和材料结构间关系的科学"。概括地讲，如果广义地理解"性质"和"结构"的话，可以说物理学也就是研究物体性质和物体结构间关系的科学。笔者的观点是：所谓结构，是指物体内部各部分（质点）在空间的相对位置分布，即物体在空间的存在状态，反映的是物体的"存在"，它可用位置坐标点的分布来描述，且只存在于有限的空间内，占据有限大小的空间位置，表现的是粒子性，即可说物体是以粒子性存在的，这是人们对物体存在的一般理解。而物体的性质则是物体和其他物体相互作用体现的特征，与物体自身在欧氏空间的存在位置（坐标）无关（这里说的位置是指物体整体的空间位置，不是物体内各质点的相对分布位置）。物体在这个位置上表现的性质，在其他位置上也有同样的表现。即不论把同一物体放在空间什么位置，都具有同样的性质，所以说，性质量是遍及整个空间的量，无法用一个固定的空间坐标位置点来描述。例如一张桌子，把它放在教室前面，它将只存在于教室前面一个有限的空间位置内，在其他位置就没有这张桌子，显示的是粒子性。而桌子的性质，如它的颜色（反光性）、大小等性质则是和其存在空间位置无关的，不论将桌子搬到空间哪个位置，都会有同样的颜色和大小，人们也都会称它为桌子。性质是一个在无限空间位置内的量，因此要用波来描述。粒子性容易理解，这里再进一步讨论性质为什么会是波动的。

物体都是有一定大小的整体，数学上描述物体的存在范围是用一个形状函数 σ 来表示，它定义为：

$$
\left.
\begin{aligned}
\sigma(x) &= 1 \quad\quad \text{在物体内} \\
\sigma(x) &= 0 \quad\quad \text{在物体外}
\end{aligned}
\right\}
\tag{2-3}
$$

这里的 x 是空间的位置坐标，它把物体限制在一个 σ 大小的范围内，即它只是一个 σ 大小的粒子。而要表示这个粒子的某个性质，通常用函数 $y = f(x)$ 来表示，意思是给每个坐标点 x 定义一个性质 y，不同的性质会用不同形式的函数来表示，请注意，这里的 x 是指物体内各质点的相对分布位置，不是物体整体在欧氏空间的位置，它的分布情况可以确定物体的全部性质波，但物体的整体性质是和物体在空间的坐标位置无关的。物体的性质都是由在 σ 范围内各 x 点上的性质波共同决定的，因为整体性质是由这些波干涉后产生的，干涉的情况由各 x 点的相对分布决定，什么样的分布其相干后就会有什么样的性质波波谱，这些波能够体现物体的性质，因为分布函数表示的是物体的存在，所以说**存在决定性质**。而性质 y 也只能在 σ 内的 x 点上有意义,x 点上是否有物质存在,也只有通过其性质才能把它体现出来,如果没有性质 y 就没法确定 x 点上是否有物质存在,所以又说**性质体现存在**。例如一块完全透明的玻璃,光子可以随意地通过它,对光子来说玻璃就像真空一样,因为这样不能体现出玻璃的性质,所以这时就没法知道玻璃是否存在,尽管玻璃是一个均匀的实际物质。函数 y 中的自变量 x 只能在物体存在的范围 σ 内才有意义,与物体整体在欧氏空间的位置 x 无关,但因为物体在 σ 内的结构分布和物体整体的欧氏空间位置都是用同样的坐标变量表示,如果把函数中的坐标 x 和物体整体在欧氏空间的位置坐标 x 放在同一个坐标系内,则当物体整体在欧氏空间移动一个距离 x_0 时,原定义性质的函数形式会变为 $y = f(x + x_0)$,由于物体的性质在移动后不会发生变化,因此,必然有 $y = f(x + x_0) = f(x)$ 的关系,这里有两个 x,前一个 x 是物体内部各质点的分布,它决定着性质波的波谱分布,即波包的结构;而后一个 x_0 则是和分布无关的量,如果用一个相对坐标系来表示各质点位置 x 的分布,则 x_0 反映的是波包的欧氏空间位置。所以性质只能体现物体的结构,不能确定物体的空间位置。性质是用波来描述的,具有波动性。但这些波不一定总能表现出来,因为这些波不含时间,是一个死波,所以不能和外界发生作用,也不被感知,能够表现出来的只是那些被激活的、能对外产生作用的性质波。

如果把 $f(x)$ 看作是物体的存在,它在正空间有一定的大小和形状,则 $F(g)$ 就是物体具有的性质,它在倒空间也会有一定的大小和形状。式(2-1)和式(2-2)直接表明存在决定性质和性质体现存在的普遍关系。

(2)整体性质和局部性质的关系

整体性质和局部性质的关系是傅立叶变换关系,物体的性质分局部性质和整体性质两种,由函数 $y = f(x)$ 定义的性质是局部性质,是由其内部各 x 点上的物质发出的,它是物体自身固有的性质。而物体对外表现的性质是其整体性质,它是物体的表现性质,是物体整体对外作用时表现出的性质。整体性质是局部性质的总体效果,由局部性质决定,但不是局部性质。因为每个质点上的性质都是用波描述的,所以整体性质就是各质点上的性质波相互干涉的结果,波的干涉之和就是傅立叶变换,所以说整体性质是局部性质的傅立叶变换,反之亦然。又因为干涉的情况是与其各质点在存在空间的分布状况有关,所以整体性质和结构有关,即整体性质中包含有物体结构的信息,但它不同于局部性质,人们也正是通过整体性质来研究结构的。人们也注意到整体性质不同于局部性质,通常引用一个平均值来表示整体性质。平均值只是为了表示整体性质而人为选定的一个代表量,并不是整体量和局部量之间真实的科学关系,它只能作为一个特定条件下的权宜代表,不能作为一个通用物理量的数学描述。原因分析如下:

数学上计算 $f(x)$ 平均值 $\bar{y}$ 的定义是:

$$\bar{y} = \frac{1}{V}\int f(x)\mathrm{d}x \tag{2-4}$$

这里 V 是积分体积，x 是物体内各质点的相对坐标，从数学上看，积分只能将 x 消除掉。但 $\bar{y}$ 还与体积 V 有关，所以一般说式(2-4)中的 $\bar{y}$ 不是一个确定的常数，而是一个随存在范围变化而改变的变量，其变化范围和存在物体的体积有关。为了证明这一点，设 $\bar{y} = B$ 是一个与体积 V 无关的常数，则按定义式(2-4)应有：

$$\bar{y} = \frac{1}{V}\int f(x)\mathrm{d}x = B$$

由此可得

$$\int f(x)\mathrm{d}x = BV \tag{2-5}$$

因积分体积 V 就是 $\int \mathrm{d}x$，所以要想使式(2-5)成立，必须是 $f(x) = B$。即只有常数的平均值才会是一个与体积无关的常量，这表示物体的整体性质必须与局部性质完全相等才行，但若真有 $f(x) = B$ 的关系，也就没有必要再去求平均值了，所以说求平均值是无意义的。实际上，平均值是一个不确定量，它和积分的体积有关，一般应写作 $\frac{1}{V}\int f(x)\mathrm{d}x = B(V)$，它是体积的函数，和体积成反比。只有当参与平均的体积足够大时，平均值才会趋于一个常数，才能用该平均值来表示物体的整体性质，牛顿力学就是这样研究问题的。若将式(2-5)对 x 微分，再令 $f(x) = B$(常数)，可得：

$$\Delta \bar{y} V = f(x) = B$$

可见即使满足 $f(x) = B$ 的关系，得到的平均值也不能准确地表示物体的整体性质，它的误差还是与体积成反比，当体积很小时，其误差仍会很大，所以对微观物体牛顿力学就不适用了，这可说是一般的不确定关系。由于笛卡尔坐标点是相互独立的，所以函数 $f(x)$ 只能反映一个集合，不能反映物体，物体内各质点是相互作用的，有作用才会形成物体整体，表示作用必须用波，如果把每个坐标点表示为一个波再相加，就是 $f(x)$ 的傅立叶变换，所以表示物体的整体量是傅立叶波，平均值只是傅立叶展开的常数项，它是波矢为零的项，即各坐标点间没有相互作用的项。

此外，有些量还不能直接由式(2-4)求其平均值。如若定义速度分布为 $v = v(x)$ 的函数，根据定义，速度是一个矢量，要想求矢量的和必须是各矢量作用在同一个着力点上，而定义中的速度是不同 x 点上的速度，因此无法求和，更不能平均。所以准确地说整体量和局部量的真实关系是傅立叶变换关系。如若考虑两个局部点上的速度合成：设 x_1 点的速度是 v_1；x_2 点的速度是 v_2，因为两个速度是分别在两个位置 x_1、x_2 点上，要想求它们的和，必须先将它们平移到同一个点上，为便于计算,将它们都平移到坐标原点,这样的平移就只能在倒空间进行,因倒空间的每个波是由波矢确定的,和坐标位置无关,可以逐个平移。从物理上讲,是不可能将两个坐标点移到一起的,但可以将两坐标点上的性质移到一起,或者说是将它们的对外作用波移到一起。按平移的傅立叶变换关系,就是给每个速度波再乘上一个相应的相因子 $\exp(igx)$,于是 x_1 点的速度波平移后变为 $v_1\exp(igx_1)$;x_2 点的速度波平移后变为 $v_2\exp(igx_2)$,这时才可以求和(其物理意义是计算不同位置上的速度波对整体速度的作用),若将所有点上的速度都平移到坐标原点再求和,就得到:

$$\sum v\exp(igx) = \sum_i v(x_i)\exp(igx_i) = F(g) \qquad (2\text{-}6)$$

这就是 $v(x)$ 的傅立叶变换,所以说局部量和整体量之间的关系是傅立叶变换关系。$F(g)$ 是波矢为 g 的傅立叶波的振幅分布,其全波是 $F(g)\exp(-igx)$,注意这里的 x 是物体整体在欧氏空间的位置,不是在物体内部有定义的 x 点,在物体内部的坐标 x 已在求和中计算了。在实际的傅立叶变换中也没有去求矢量和,而是把按照位置的分布 $v = v(x)$ 变为按速度的分布 $H = h(v)$,即把所有速度相同的点合并在一起,这样对每个 H 而言就具有相同的速度 v,不论用其局部速度或平均速度都可作为 H 的速度。再用一个倒易矢量 g 表示这个速度 v,即同一个 g 是表示大小和方向都相同的速度,再对各 x 点求和。这样 $F(g)$ 就相当于是物体内具有速度 g 的 x 点的多少,即 $F(g)$ 就相当于 H,若再除以总体积就是物体整体具有该速度的概率,它反映的是可能的整体速度分布,所以确切地说 $F(g)$ 相当于是归一化的 H。这里说的"相当于"是因为各 x 点的速度合成是波的合成,它们还会干涉,所以它并不是就等于 H,而是一个干涉后的结果,是干涉后还存在的波的权重。又因 H 是把 $v(x)$ 按速度展开,而各 x 点上的速度又是一个波,所以 $\exp(igx)$ 也表示为 x 点的速度波和原点速度波间的相位差,式(2-6)也是各 x 点上 g 波的相干公式,$F(g)$ 是干涉后合成波的振幅。又因干涉的结果总是留下相干相长的波,所以干涉后留下的都是有相同相位的速度波,当物体整体以这一速度 v 运动时,它所激活的各速度波将都是同步运动的波,所以,这时的运动就表现为波动性(它对外的作用);如果某个运动的速度波全被干涉掉,则相应的整体运动就没有这个波的对外作用,当再用这个波来激活运动时,因没有这个波,就不能产生波动性,而只产生粒子性,这就是产生波粒二象性的物理原因。

逻辑上讲,一个有限大小的物体可看作是由很多质点组成,质点的性质是物体的基本性质,物体的整体性质是各质点的共同性质。由于每个质点都是空间中的一个几何点,分别处在不同的空间位置 x 上,各质点之间有一个相对位移 r,对波来讲,有位移就有位相差,有位相差就会相互干涉,干涉的合成就是傅立叶变换,所以说任何整体性质都是其局部分布的傅立叶变换。应当说正是由于有干涉才会有不同于局部性质的整体性质,正是有干涉才无法区分这个性质是哪个局部点上的性质,也只有这样才会形成具有不同性质、多姿多彩的物质世界,也才会体现出形形色色的物体结构。整体量都是倒空间的量,整体量必须在倒空间描述。当然,这里说的性质是波,是指性质在欧氏空间(正空间)的表现,其实,性质在倒空间也是粒子性的,如一个固定的运动速度 v 在倒空间也是一个几何点,但它在正空间是一个波,一个有整体速度 v 的物体,其具有速度 v 的各质点在物体内有一个分布,只有用波才能将它们连在一起,用数学语言描述就是:倒空间的一个元素对应整个正空间,反之,正空间的一个元素也对应整个倒空间。

此外,倒空间是用谐波的叠加来描述的,这时空间坐标已不再存在,要想说明某个坐标点上的性质,也只能估计一个出现的概率,这也是傅立叶波的性质。这些就是人们所说的波粒二象性,也是称其为概率波的物理原因。这种理解与量子力学中对波粒二象性的理解也不完全一致,量子力学中的波粒二象性是由于空间的这种二象性造成的,它比量子力学中的波粒二象性更深刻、更本质。人们对波粒二象性不理解,就是没能分出是正、倒两个空间描述造成的。

2.2.4　整体性质必须在倒空间研究

由上述内容可见,倒空间是以整体量为自变量的空间,变量 g 中不包含局部的位置坐标 x,把整个定义域看作一个整体(点),函数 $F(g)$ 是整体性质 g 的分布函数;而局部量,如正空间的函数 $f(x)$,它只是空间某个 x 点上的函数 y,是定义域内部各点上的局部性质,整体由局部决定,但不是局部。如通常说的物体的速度都是指物体的整体速度,整体速度是由物体内各质点的局部速度决定的,没有局部速度,也就没有整体速度,但整体速度不等于局部速度,也不是局部速度的平均值,只有当物体内所有质点的速度都相同时,整体速度才可说是等于局部速度。牛顿力学不考虑局部、整体的区别,实际上他认为物体以速度 v 运动时,其内部各质点也都是以相同速度 v 运动。所以说牛顿力学只适用于整体等于局部的特殊情况,即波矢等于零的情况。当物体体积较大时,物体内各质点常规运动的速度波都将被干涉掉,即使干涉不掉,虽有少数质点的速度和整体速度不同,也对整体速度影响不大,这时物体才近似地会表现为一个确定的整体速度。这个整体速度也可说近似地等于物体内各质点速度的平均值,这样就可把整个物体当作一个整体,用一个质点来代表它,这个质点的速度就是整体速度,这样就可以研究该质点的运动了。这就是牛顿力学的物理基础。所以牛顿力学尽管是质点力学,但它只适用于体积较大的物体;而当物体体积很小时,其整体速度就不能不受局部速度的影响,这时的平均速度会有一个较大的波动范围,因为局部速度通常不会是处处相等的,是波动的,所以这种影响总是存在的。一般说整体量都不是严格确定的,如果把局部性质看作是噪声,整体性质看作是信号,当信号比噪声大很多时,可认为整体性质就是这个信号波的体现,可只研究信号,不考虑噪声,这时可用经典物理的方法来研究;但当噪声和信号差不多时,就分不出哪是信号,哪是噪声,这时要研究某个信号就必须用一个相应的信号波来作用,将要研究的信号从噪声中过滤出来,这就是量子力学的方法,也是倒空间的方法。所以说研究整体性质应在倒空间进行。

应当说整体和局部是相对的,整体性质是指整体的对外作用特征,局部性质是这个整体内部各局部对其局部以外的作用。因作用都是对外的,所以这个内部作用也会是更小部分整体的整体作用。严格地讲,客观上存在的只有物质,没有物体。但物质各点不是相互无关的,而是相互作用结合形成的一个个整体,这些整体又会形成更大的整体,每层整体的对外作用都表现为该层整体的整体性质。应当说正是有这样的整体性质,才能把具有这一整体性质的整体看作是一个物体。整体不只是局部的堆积,整体性质不仅与包含物质质点的多少有关,而且还与各质点的相对分布状态有关,所以也常称它为**结构**。正因如此才会形成具有各种各样性质、五彩缤纷的物质世界。但就波粒二象性而言,当人们说它是粒子时,是把它看作作用波的源点;而当人们说它是波时,是把它看作粒子的对外作用,所以当作用波全被干涉掉时,就没有可对外的作用波,这时就只有粒子性,没有波动性。一般地讲,同一个物体,体积大时粒子性强,体积小时显示波粒二象性,对一个理想的质点则只有波动性,没有粒子性;对一个无限大的物体,就只有粒子性,没有波动性,因为它的任何波矢的波都会被干涉掉。

2.2.5 物体的位置也有局部与整体的区别

物体的位置是指物体整体在欧氏空间的坐标位置,它也有一个区域范围,它是所有位置波的整体体现,也可有局部和整体两种,式(2-2)是对性质的积分,是各性质波的集中点、发源地,所以位置也应是谐波的叠加,每个波的权重表示 x 点具有这种性质的强弱。当物体有一定大小时,它占有的是一定的空间范围,在此范围内的任一点,都可以说是性质波的源点,也都可以说是物体存在的位置。因为性质波有局部和整体的区分,所以,位置也有局部和整体两重意义。前面讲到的 $f(x)$ 中的位置 x 是物体的局部位置,是指物体内各质点在空间的相对位置。前已述及,存在与性质是不能分开的,但通常人们说的位置都是把性质撇开,只谈位置,即只谈存在,由于撇开了性质,所以没法进行傅立叶变换,因此也不能确定各位置点的权重大小,只能笼统地把整个存在区域都当作物体的位置。如对首都北京,如果你在北京市区以外问一个人"到北京如何走?"他会清楚地告诉你如何走法;可是如果你已经到了北京某个区域(不论是哪一点),还要问到北京如何走?别人就只能说"这里就是北京"。可见北京的位置并不是一个几何点,而是一个区域,因为所谓北京就是指北京这个整体。但作为整体的北京,应有相应的整体位置,但位置是性质的发源地,因此必须考虑其性质,不同性质对外的作用是不一样的,所以物体对外体现的位置也是其性质的傅立叶变换。不同的性质会有不同的中心,所以同样是北京,其行政区、文化区、商业区等有不同的分布,它们分别有相应的中心位置,一个商人说的北京,多半是指其商业区,文人说的北京多半是指其文化区。应当说对有一定体积的物体,什么是物体的整体位置,不论是牛顿力学或是量子力学都没能给出确切的科学定义,但可以看到即使是位置,整体的与局部的也是不同的。物理上为了表示物体的整体位置,常引用一个质量中心的概念,它相当于位置的平均值,但它与对性质用平均值表示一样也是一个波动量,不能作为严格的整体位置定义。如设物体的密度分布为 $f(r)$,则质量中心的坐标 r_c 就定义为:

$$r_c = \frac{\int r f(r)\,\mathrm{d}r}{\int f(r)\,\mathrm{d}r}$$

$\mathrm{d}r$ 是 r 处的小体积元,对简单的一维情况有:

$$r_c = x_0 = \frac{\int x f(x)\,\mathrm{d}x}{\int f(x)\,\mathrm{d}x} = \frac{\int x f(x)\,\mathrm{d}x}{M} \tag{2-7}$$

这里 M 相当于总质量(对整体积分),若取线密度为常数的分布,即令 $f(x) = \lambda$(常数),再对 a、b 的一段长度积分,则得质量中心坐标为:

$$x_c = \frac{\int_a^b x f(x)\,\mathrm{d}x}{\int_a^b f(x)\,\mathrm{d}x} = \frac{\lambda \int_a^b x\,\mathrm{d}x}{M} = \frac{\lambda}{2} \times \frac{b^2 - a^2}{M} = \frac{\lambda(b-a)}{2} \times \frac{b+a}{M} = \frac{b+a}{2}$$

即只有当 $f(x) = \lambda$(常数)时,质量中心才有一个确定的值,才是坐标的平均位置中心。而当 $f(x)$ 不是常数时,一般说 x_c 是一个与总长度(质量)M 有关的变量。这一点与用平均值表示性质时一样,也有一个变化范围(值域),而且当 M 很小时,这个变化范围也会是很大的。此外,因为 M 与性质有关,质量中心是物体质量的代表点,只有在研究与质量有关的问题时才可用。质量中心也是一个整体量,牛顿力学中用质心坐标作为物体的位置,这样物体的位置和物体的动量就都是整体量,即都是同一个空间的量,所以这时坐标和动量就可同时确定;而量子力学中用的动量是整体量,坐标则是局部量,因而存在不确定关系。尽管量子力学是把粒子当作质点来考虑,但它用的波函数表明它把 g 看作是粒子整体的量,而 x 则是局部量。采用波函数表示只能给出粒子整体出现在 x 点的概率,该概率指的是粒子中任何一点出现在 x 位置的概率,不是粒子的质心处在 x 点的概率,因为质心是一个整体量,它只与粒子自身的空间分布有关,与粒子整体在欧氏空间的位置无关.应当指出的是,出现在波函数中的 x 是指波在欧氏空间的位置,而不是粒子内各质点的相对分布位置,这个分布位置在做变换时已经将它积分掉了,而量子力学中因为直接用波表示,所以它的 x 是指欧氏空间的位置,与它是否是质量中心无关.

概括地说,物体在空间的存在是一个有限区域,显示的是粒子性;但物体和物体间的作用是波的作用,物体的性质正是通过相互作用才能表现出来,所以会显示波动性.若按笛卡尔的分割法,各坐标点是相互独立的,各点间不会有相互作用,虽然可以在每个坐标点上定义一个性质,但这只是局部点的性质,因此正空间研究的只能是局部问题,它的自变量是局部量,只有当整体性质和局部性质完全一致时,才能用局部性质来代表整体性质.物体的性质是在物体间相互作用时才能表现出来的,不考虑作用,就没有性质.笔者认为物体间的作用都是其傅立叶波的作用(后面还会讨论),即都是波的作用.是波的作用就会有干涉,在相干相长时表现的是波动性质,在相干相消时表现的是粒子性质,在一般情况下同时具有波、粒两重性质.这里说的相长、相消也都是指在物体内各个波的作用情况,但它是可以在空间表现的.

由于物体对外表现的性质都是其整体性质,人们能感知的也多是物体的整体性质,整体量是与整体大小及分布状态有关的量,不能用单一的位置函数来定义,必须用傅立叶波表示,因此,严格地说,研究性质应当用倒易空间研究,应该用波叠加的方法.只有对其波动性可忽略的特定问题,才可在正空间把整体当作一个质点处理.因此可以这样说,正空间的处理方法只是在特定条件下的近似情况,该特定条件是:(1)物体的局部性质和整体性质完全一致,这样就可把性质当作一般函数在正空间处理;(2)不考虑物体对外的作用,这样就可以不考虑其波动性作用,只研究其在空间的存在状态.牛顿力学正是在这种特定条件下才是正确的,它把物体用一个质点代替,只研究该质点的存在状态(运动质点会有一个运动轨迹),不研究其对外的作用(万有引力就是波的性质,牛顿不考虑波动作用,只研究粒子性的结果,因此,还必须再假设一个万有引力定律才能形成一个完整的理论).相反的,量子力学则是只研究质点的对外作用,所以要用波来描述,虽然质点只是一个局部量,但质点在正空间存在的分布状态可有多种,量子力学只研究这种状态整体的对外作用,不考虑状态自身的具体结构.通俗地说,牛顿力学只研究粒子性,不研究波动性;量子力学则只研究波动性,不研究粒子性.而一个具体物体是同时有波、粒二重性质的,所以它们分别适用于不同的理论范围.还应再指出的是,人们都知道整体与局部的不同,常用平均值表示整体性质,用质量中心表示整体位置,似乎这样就可以把整体量当作一般物理量在正空间研究了,其实这两个量都是波动量,只在它们的波动情况可忽略时才可使用,在一般情况下,整体量的正确描述应是波的叠加,即应在倒空间描述。

2.2.6　波的作用与激活

上面谈的都是对数学描述的理解,它只给出一个数学关系,只能表明这些物理量间的逻辑关系,并不是真实存在的物理过程,要使它们真实存在,就必须赋予它们一个实际的物理内容,这个过程被称为**激活**。正空间的自变量是坐标点 x,对它的激活比较简单,只需要有物质存在于相应的坐标点就行,前面述及的函数 $y = f(x)$ 就是这种情况,只要 x 点上有物质,y 就有真实意义,即有物质的 x 点才会有性质,也就是 x 位置激活了性质波。因性质是波,它的自变量是波矢为 g 的一个波,要激活它也必须是一个波,而且因为波的位相变量是一个无量纲的变量,所以若用它表示有量纲的物理量时,其波的位相必须是量纲互为倒易的两个变量的标积,x 点上有物质只表明会有实际的性质波,但性质可能是多种多样的,还必须给出具体的性质才会成为真实的性质波,即还需要激活其具体的性质波,亦即需要激活使其成为一个真实的、能体现具体性质的波。傅立叶变换就是用物体的存在状态来激活其波中的各位置变量,公式(2-1)中的被积函数 $f(x)\exp(igx)$ 就是用物体存在的位置 x 来激活的波,它指出这些波是来自有物质的 x 点上,它是位置波,因为按定义只有 x 点上有物质,$f(x)$ 才有值(不是零)。但这些波不含时间,是一个“死”波,不能与外界进行能量交换(作用会有物理量的交换),只能体现物体的存在状态,不能显示物体的性质,也不能显示其波的存在,但它却是物体可能表现出性质的波,是物体存在固有的波,所以说 $F(g)$ 只是物体可能的性质波。但这时的波并不一定真实起波动的作用,因为还没有将性质 g 激活,g 究竟表示什么性质还没有一个具体的物理意义,所以说这时的波只是可能的性质波,要使它成为真正能起作用的波,必须再用一个有实际性质的波来激活它。波可对外产生作用,作用是一个过程,过程是用时间度量的,即激活波必须是一个与时间有关的波,只有被激活了的波才能对外产生作用,表现出性质。激活的波中必须包括有时间,德布罗意波就是一个用速度激活的位置波,因为它是被速度激活的,所以这时的 g 具有速度性质,它是一个可用速度对外作用(交换)的传播波,如可对外交换动能、动量及角动量等一些与速度有关的整体物理量,正是这种交换才体现出物体的运动性质。被激活的波同样还可以再被其他的波激活产生其他的性质,只要它们的波矢相同即可被激活,如用一个力波作用在德布罗意波上又会产生加速运动的波等。通常一个波可写作 $\exp(igr)$,这里 g 和 r 是互为倒易的两个矢量,一个在正空间,一个在倒空间。因为空间是多维的,所以该矢量也可以是多维的,一般可写作:

$$g \cdot r = g_1 \cdot r_1 + g_2 \cdot r_2 + g_3 \cdot r_3 + \cdots + g_n \cdot r_n$$

赋值其中任一对变量都会形成一个相应的波。就某种性质波而言,它只能激活相同性质的波，但这些波必须事先就存在，即必须先被位置坐标激活才会是可被激活的波，因为位置表示存在，所以说是存在决定性质，公式(2-1)就是这个意义，$f(x)$ 的所有性质波都只能出现在 $F(g)$ 的范围内。同样位置也只激活位置波，这些波也必须再由性质激活才能对外作用体现原来位置，所以物体的位置分布也只能由性质波的对外作用才能体现出来，且也只限制在 $f(x)$ 的范围内。由于人们都把位置看作是存在，而性质是其对外的作用，所以这一点也可说成是：物体的任何存在状态都必须有相应的性质波对外作用才能体现出来，没有这些性质波的作用就不能体现物体的存在，所以说"性质体现存在"；或可一般地说：位置波是一个"死"波，它与时间无关，只有被含时间的波激活后，才是一个"活"波，才可以对外作用，所以说一个实际起作用的波是一个传播波，如一个存在粒子就有它相应的位置波，但并不能被感知到这些波的存在，只有当它再被速度波激活后才能感到它是以运动状态存在，这是速度波激活了粒子的一个位置波，这就是量子力学中要用一个平面波表示运动粒子的原因。

2.3　倒空间的分割

在数学中，笛卡尔定义了空间的分割方法，建立了解析法和几何法间的对应关系，空间分割是用来描述事物的，其描述方法当然与对空间的分割方式有关，不同的分割方式定义不同的空间。笛卡尔只是对坐标轴进行分割，得到的是坐标点，各坐标点间是相互独立的，所以它不能反映有相互作用的物质质点。作用都是波的作用，所以如果把每个坐标点都表示为一个波，则每个坐标轴上的点就变成一条直线，线上各点就会相互作用，这就是要用坐标线来分割空间才能反映出作用的原因。

2.3.1　空间的分割方法

下面具体讨论空间的分割方法。空间是用来描述事物的，这就要根据研究对象的特征来分割空间，实际上是要按事物的性质来确定其描述方法，如对一般的三维物体多采用直角坐标系，而球对称的物体（球对称空间）采用球坐标就是这个缘故。客观存在的空间只有一个欧氏空间，正空间是沿欧氏空间纵向分割，而倒空间则是沿欧氏空间横向分割。因为前者要描述事物的存在，而存在只能在具体的空间位置上，因此必须把空间分割成一个个的坐标点；后者则要描述事物的性质，而性质是表现在整个空间的整体量，每个整体性质都涵盖全部的坐标空间。形象地说，如果用 r 表示欧氏空间（一般代表三维空间）变量，则其笛卡尔的分割就如图 2-2 所示，是沿纵向对 r 切割，把 r 切割成一个个的坐标点，再用数轴给它赋值就成坐标轴了,物体的存在就可在这些坐标点上用相应数值来定量描述,这是大家所熟知的,容易理解。说笛卡尔只是对坐标轴的分割,是因为垂直一个轴切割只有一种切割方法,一种分割就只有一种变量,即坐标点(或位矢),所以正空间的切割人们容易接受。倒空间是平行于一个轴的切割,如图2-3所示,则还存在一个切割方向问题,因为与一个轴平行的切割方向可以有很多个,这样就存在沿哪个方向切割的问题。体现在物理上的就是倒空间的变量 g 代表什么性质量的问题。分割的目的是为了用这些变量描述物体的性质,沿不同方向的切割,得到的 g 会对应不同的物理性质。按一般的讨论,g 是与坐标轴 r 垂直的,与一个轴垂直的方向会有很多个(无限多),同时 g 又是代表事物的整体性质,所以不同方向的 g 就代表不同性质的物理量,即对同一个正空间,可以对应很多个倒空间。其物理意义是,人们可以通过多种性质来研究同一个存在。g 究竟代表什么性质,要看采用哪种性质作为倒空间变量来决定,它是随研究问题的不同而不同的。在晶体 X 射线学中,研究的是晶体整体对 X 射线的散射,而散射可看作是在各结晶学面上的反射,衍射波是与结晶学面对应的,所以要沿衍射面切割,这时的 g 表示**衍射矢量**,它代表晶体的可能衍射光,所以它的倒易空间是**衍射空间**,是用晶体的衍射性质来体现晶体的空间存在;在力学中研究物体的运动,通常人们所说的运动是指物体的整体有一个运动速度,不同的速度表示不同的运动状态,研究的是物体的整体速度,这时的倒空间是以速度为变量的空间,它的倒空间是**速度空间**(量子力学中说它是动量空间,因为它对外作用时交换的物理量是动量),这就要沿速度方向切割,这时 g 表示**速度**。即在不同情况下 g 会有不同的意义。就图2-2和图2-3而言,图中画的都是直线,它们把坐标轴切割成几何点,这就是粒子性;而把和它们垂直的轴切割成一条线,表现的是包括所有位置点的整体量(是一个波),是它的波动性,即每一个 g 值在 r 轴上看就是一个波矢,在 g 轴上看就是坐标点;同样,每个 r 值由 g 轴上看也是一个波矢,在 r 轴上看就是坐标点,所以说波粒二象性是空间的性质,是任何一个可在空间表示的事物都有的,在任何事物中都存在,并不只是微观粒子特有的性质。不同的倒空间反映的是存在物体的不同性质。而每种性质又可有多种表现方式,例如速度可以以动量出现,也可以以动能出现等,这些性质量在量子力学中称为表象。概括地说,人们都是通过性质来理解(感知)存在的,这就必须是在由 g 和 r 共同组成的二维空间来描述,对二维空间的分割就必须是坐标线,图2-2、图2-3中画的分别是对 r 轴和 g 轴的坐标线,它们不是把空间分割成坐标点,而是分割成由 $drdg$ 组成的小面积元,该小面积决定着事物在这个二维空间能表现的分辨率。即任何一个存在都必须具有性质,同样,任何一个性质都会体现一定的存在。

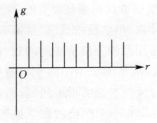
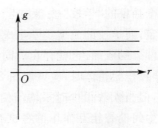

图 2-2　笛卡尔切割　　　　　　图 2-3　傅立叶切割

　　这里提出三个空间:(1)正空间是事物存在的物质分布空间,用来表示事物的存在状态;(2)倒空间是事物性质分布的空间,用来表示事物的某种可能的整体性质;(3)欧氏空间是常规的三维空间,用来表示前两个空间。将欧氏空间沿纵向切割,就与正空间一致,得到的是坐标点,但每个坐标点在倒空间就是一个波;沿横向切割就与倒空间一致,它在倒空间也是坐标点,但每个倒空间的坐标点都对应整个欧氏空间,所以它在欧氏空间就是一个波,因为通常取正空间与欧氏空间一致,所以也说它在正空间是一个波。

　　为了能更形象地理解,这里再举一个宏观例子。设有一个学校,共有学生 100人,如果给每个学生编一个学号,就可用学号来代表各个学生在正空间存在的坐标位置 r(学生的坐标点),再用 g 来代表某次考试的成绩。如果要表示这次考试时学校的整体成绩,通常会有两种描述方法:一种是在图 2-2 中把每个学生的学号标在横轴 r 上,把每个学生的考试成绩标在 g 轴上,得到一个成绩分布图。在这个图中,学号是自变量,成绩是函数变量,$g = f(r)$,这就是大家所熟知的正空间的表示方法,如图 2-4 所示。另一种是以分数 g 作自变量,把不同的分数值标在图 2-3 的 g 轴上,再把 g 轴放在水平位置作自变量,这时学号(坐标点)就不存在了,因为每个分数值可对应所有的学号,即每个学生都有可能考得这个分数,所以在竖轴上不能再标学号,而是标上考得这个分数的学生人数,即对应每个具体分数值的总学生人数(即这是整体成绩),这样也得到一个分布图,这就是倒空间的表示方法,如图 2-5所示。前一种显示的是单个学生的成绩,每个分数 g 都是局部单个学生的成绩,各成绩之间是相互独立的;而后一种显示的是学校整体的情况,是整体量,每个学生的成绩都会影响(有作用)学校的总成绩。显然,这两种方法都是描述同一个问题,都能反映学校的成绩,所以是等价的,或者说在表示这次考试中学校成绩的问题上是等价的。这里看到图 2-4 突出的是单个的学生成绩,图中没有学校的整体成绩,要想知道整体成绩,只能依据曲线的分布来估计;同样,图 2-5 突出的是整体成绩,要想知道局部的学生成绩,也只能依据曲线估计。学校的整体成绩是由各个学生的成绩决定的,没有局部成绩就不可能有整体成绩,参与考试的只能是具体的学生,不存在一个抽象的"学校"去参加考试。因为学生的考试成绩是固有的，由学生本身的素质决定，而学校的成绩是学生成绩的总体体现。但学校的成绩（整体成绩）不等同于个别学生的成绩。这就存在对同一个问题可用两种方法描述的问题。也可以看到，当把学校作为整体时，应该用图2-5的方法，虽然图2-4中的平均值也可反映一些问题，但当人数很少时平均值的误差会很大，根本说明不了问题，而且平均值只对各学生间没有相互作用的考试有效。因此，作为一个严格的数学描述，对整体量就应当用倒空间的表示方法，它会给出一个相应的分布曲线，当然，当人数很少时也会有一个不确定范围，这使得当用同一标准进行多次考试时，统计的曲线会有一定的宽度，图2-5中的小圆圈就表示倒空间的不确定范围，即其坐标点会有一定的大小，它的大小和参与考试的总人数成反比。可以看到图2-4中的学号是按纵向切割（学生的空间存在）的，而图2-5中的分数则是按横向切割（学生的考试分数）的。

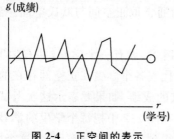

图2-4　正空间的表示

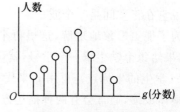

图2-5　倒空间的表示

因为它们是两种不同空间的表示法，所以无论是在对它们结果的解释上，或是在计算方法上都是各有各的特征。在正空间，坐标点是自变量，和它对应的是确定的局部函数值，如上例中每个学生都有其确定的考试分数值，在一次考试中，单个学生的分数是确定的；而在倒空间的表示法中，如图2-5中，考得某个分数的人数还与学校的总人数有关。为了消除总人数的影响，理论上又用学校的总人数来除，这样就只有一个概率的意义了。因此，在倒空间单个学生的分数是无法知道的，知道的只是统计的概率结果，即知道考得某个分数的概率是多少。假定学生家长到学校来看到了这两种图表，如果他知道自己孩子的学号（位置），他能很快地在正空间的表上找到自己孩子的成绩，但这只是个别学生的局部成绩。在倒空间的表上就无法找到一个确定的成绩，只能根据表的情况来估计其孩子有可能是什么成绩。如果在表中只列出及格和不及格的人数，他也只能估计其孩子及格的可能性有多大，不及格的可能性有多大。即用倒空间表示，只能给出一个概率的结果，对它只能作概率的解释。当然，图2-5只是示意说明倒空间的表示方法，实际上倒易点都有一定的大小（图中的小圆圈），即图2-5中的每一条竖线都有一定的分布宽度，如

图 2-6 所示,其宽度和参与考试的学生人数成反比。对有限多学生的情况,都有一个波动范围。其波动的程度就是倒易点的大小,它与正空间的大小成反比,正空间越大则宽度就越窄,原则上只有对无限大的正空间,才会是图 2-5 中那条没有小圈的竖线。此外,在正空间,因其自变量是坐标点,可写成一般的函数形式,如上例的情况可写为:

$$g = f(r) \qquad 即:分数\ g = f(学号\ r)$$

该函数可以是学号的各种组合,不同的考试会有不同的结果;可是在倒空间就不同了,它的自变量是 g,它在空间是一个谐波,它们的组合方式只能是波的叠加,这就是量子力学中的情态叠加原理。虽然从数学上看,也可以写出一个以 g 为自变量的函数,如写作:学生数 $= F(g)$,但这时原坐标(学号)点不存在了,如果想要知道某个坐标处的学生成绩,就只能依据"学生数"做一个概率的估计,这个学生数也只有概率意

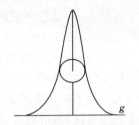

图 2-6　倒易点的一般分布

义。其物理原因是:学生成绩是局部的(单个学生),而学校的成绩是整体的。人们评价一个学校整体的好坏只需知道考得某个分数的学生总人数有多少即可,无需知道考得这个分数的是哪些具体学生。一般来说物体对外表现的都是其整体性质,研究整体性质时,不必考虑具体质点的坐标位置。例如一个物体的运动,表现出的只是其整体运动速度,一般人们也只知道它的整体速度,不必知道其内部各质点的局部速度分布。

2.3.2　正空间与倒空间的不确定(测不准)关系

人们在使用坐标时总认为坐标点是一个几何点,所谓坐标 x 中的"x"只是表示坐标的位置,不考虑坐标点的大小,即假定笛卡尔分割法可将空间无限分割下去,笛卡尔只是对坐标轴的分割。这在研究函数时是可以的,因为那里自变量和函数变量的测量单位是相互独立的,切割可以任意进行,互不影响。但要研究整体空间变换时,就要研究正、倒空间之间的关系,因为这两个空间的变量是互为倒数的,如果对 x 轴做无限的切割,使相邻两个 x 点间的距离趋于无限小,则将不能再对 g 轴切割,因为一个无限小的几何点 x 对应的是整个倒空间,即原则上它要求这时 g 轴的测量单位是无限大,这样对 g 轴就无法再切割了。形象地说:如果也像画函数图一样,用 g 作纵轴,用 x 作横轴,这样就形成一个二维的坐标图,按坐标的关系,这时每个坐标点的位置是 (x, g);其坐标点的大小是 $\Delta x \Delta g$,由于 x 与 g 间的倒易关系,如果 Δx 趋于零,则 Δg 会趋于无限大,一般说可取其面积是单位 $\Delta x \Delta g = 1$,即这时的坐标点会有一定的大小。这个大小反映的就是测不准关系,或不确定关系。显然,

这个关系是正空间和倒空间变量间的普遍关系,物理上讲就是局部变量与整体变量之间的普遍关系。其物理意义是:若取局部中大小为 Δx 的一个区域,由它给出的整体性质 g 也只会有误差 Δg。原则上只有当 Δx 趋于无限大时,Δg 才会趋于零,这时图 2-6 中的分布曲线会收缩为一条竖线,即只有对无限大的物体才会有一个没有误差的确定性质。通俗点说,一个无限小的粒子是没有任何确定的性质的。这一点可由傅立叶变换的公式(2-1)和公式(2-2)看到,要想得到一个准确的结果,变换的积分限必须是无限大的。实际的物理粒子都是有一定的有限大小,Δx 不可能趋于无限大,所以它体现的整体性质也总有一个误差范围 Δg,倒易点体积也不会是零,总有一定的大小,即整体性质总是不能完全确定的,所以可称它为不确定关系。反之,当只测定有限的性质量 Δg 来确定位置时,也会有 Δx 的误差,人们也不可能测量无限多的性质量,因此,粒子的真实位置也是测量不准的。所以,既可说倒易点的大小是不确定关系;也可说是测不准关系。如上例中,如果一个学校只有一个学生参加考试,不论他考得什么分数,都不能代表该学校的成绩。再如在 X 射线结构分析中,是通过测量衍射线的衍射信息来确定晶体中原子位置的,这就要求测量的衍射线数目要达到一定的数量,否则结果是不准的,如果只测一条衍射线显然是无法确定其晶体结构的。量子力学是用动量 p 作为倒空间,即 $\Delta g = \Delta p$,所以存在动量和位置坐标间的不确定关系。形象地讲,如果把整体量 g 理解为一个平均值的话,就会看到它的准确度 Δg 与参与平均的空间范围 Δx 有关,空间范围 Δx 越大,则准确度也越高,即 Δg 越小;反之空间范围 Δx 越小,则 Δg 越大,其间存在着不确定关系。这是整体量和局部量之间的普遍关系,任何整体量与局部量之间都存在这一关系,不能只理解为是微观粒子坐标与动量间的特殊关系。而且因为它是两个空间之间的关系,它还和在空间的存在状态有关,特别是因为欧氏空间是三维的,所以实际物体不仅有大小,还有形状,不同形状的物体,其倒易点也会有不同的形状。狄拉克只给出一个一维情况的测不准关系,不能反映物体的形状。实际上,物体都是三维的,所以真正的测不准关系应当由 X 射线分析中指出的倒易点的形状来确定,它与物体的形状是互为倒易关系。因为倒易点有一定的大小,使得倒空间的每一个物理量都会有一个不确定的范围,用这些量表示的物理状态也总有一定的不确定范围。原则上可以这样理解,如果把公式(2-1)、公式(2-2)中的 $f(x)$ 看作是正空间物体存在的大小和形状,则 $F(g)$ 就可看作是物体性质在倒空间的大小和形状,傅立叶变换公式指出这两个函数都是与一个对无限大区间的积分相对应的,当 $f(x)$ 只是有限大小时,它会使 $F(g)$ 中的每个坐标点都扩大为一个形状函数的傅立叶变换。同样的,如果 $F(g)$ 也只在有限的区域有值,也会使 $f(x)$ 的坐标点扩大为 $F(g)$ 形状函数的傅立叶变换,倒易理论指出它们是互为倒易的。由于实际物体都是有限大小的,这表明实际物体的空间位置都是一个有限大小的范围,因此表示物体位置

的坐标点 x 也有一个有限的范围,所以与它对应的倒易点 g 也是一个有限大小的范围,当相邻两个性质 g 点连成一片时,就无法说明测出的是哪个性质 g,既然 g 不能确定,当然也不能确定相应的 x,这就是产生测不准关系的物理原因。

2.4 空间的度量单位和赋值

假设用 r 表示空间变量的坐标轴(一般它表示三个坐标轴),在数学上笛卡尔的分割方法相当于 r 轴与一个梳状函数的乘积,如图 2-2 所示。它是一个周期的脉冲函数,该函数在正空间是用一系列等间距 δ 函数的和来表示的,设它的周期为 a,一般可将它写作:

$$f(r) = \sum_n \delta(r - na) \qquad n = 1, 2, 3, \cdots \text{自然整数} \qquad (2\text{-}8)$$

求和是对 n 求和。它只在 r 等于 na 点有值,在其他位置为零;实际上这个函数 $f(r)$ 是对坐标轴 r 位置的赋值函数,它把自然数 n 赋值给了坐标轴 r,使坐标轴上的每个点都有一个数量的标记。当 a 等于 1 时,坐标轴和自然数轴一致,a 就是坐标轴上的度量单位。将式(2-8)做傅立叶变换变到倒空间,这里用 Fou 表示对函数做傅立叶变换,就得到:

$$\text{Fou}f(r) = \sum_n \text{Fou}\delta(r - na) = \sum_n \int \delta(r - na)\exp(ig \cdot r)dr$$

$$= \sum_n \exp(igna) = F(g) \qquad (2\text{-}9)$$

这还是一个周期函数,周期是 $g = \dfrac{1}{a}$,是正空间周期 a 的倒数,如果也把它写作 δ 函数的形式,则有:

$$F(g) = \sum_n \left(g - n\frac{1}{a}\right) \qquad (2\text{-}10)$$

式(2-9)和式(2-10)是平行于坐标轴切割的结果,是对倒空间坐标轴的赋值函数,当 a 等于 1 时,g 的度量单位也和自然数轴一致,一般情况下它的度量单位是 $\dfrac{1}{a}$,显然,在两个空间中坐标轴的度量单位也是互为倒数的,这也就是称傅立叶空间为倒易空间的原因。

人们可能觉得这样做是多此一举,在笛卡尔坐标系中,没有赋值也一样可以很方便地运算。在笛卡尔坐标系中,坐标轴是相互独立的,不论是纵坐标还是横坐标,都可以单独给它赋值,由于笛卡尔坐标是独立于物体性质以外的,所以怎么赋值也都说得过去,而且只给坐标轴赋值就可以了。而在这里,正、倒空间之间的度量单位必须是互为倒易的,若不给正空间赋值,就无法确定倒空间的度量单位,这一点在常规的傅立叶变换中也很清楚。虽然对正空间直接用笛卡尔的独立坐标来度量,但其倒空间的度量单位是按正空间的测量单位来确定的,它们之间总保持着倒易关系。因为倒易空间的自变量是波矢,所以实际上这也就是波矢量和位置矢量的关系,就这个意义讲,如果说正空间的距离是用赋值函数的周期 a 来度量的话,则也可以说倒空间的距离是用相应波的波矢来度量的(距离的倒数),因为波矢是波长的倒数。这就是说,物体在空间的真实长度应当用相应波的波长来度量,而不应当用相应坐标点间的差值来度量,因为物体的对外作用都是波,能体现长度的只能是波长,而不是坐标点,且这样分割的物理意义也很明显,因为在这两个空间里要表示的是同一事物,如果各自都单独有自己的测量单位,就无法确定它们之间的定量关系。反之,要确定它们间的定量关系,最好的办法就是使二者的分割互为倒数,即使 $\Delta r \Delta g$ 等于一个常数,因为只有这样才能保证分割后空间的各点在数学上是等效的,即有相同的权重。就像平分一片土地一样,只有使纵向分割与横向分割互为倒数,才能保证切割出来的每一小块单元都有相同的面积,才能使这片土地的各部分有等效的意义。又因为正空间和倒空间是不同的空间,所以 r 和 g 也不是同一个空间的两个坐标轴,因此,也不能只对一个坐标轴赋值,而必须对分出来的每个小块都赋值,即需用 $\exp(\mathrm{i}g \cdot r)$ 给每个小块赋值。就这个量的对称性来看,波变量 $\exp(\mathrm{i}g \cdot r)$ 既可看作是倒空间的变量 g 在正空间的体现,也可看作是正空间的变量 r 在倒空间的体现,正因如此,它也是正、倒空间之间变换的桥梁。人们只看到它形式上是一个波,就总想在正空间找出它的波动形式来,这是错误的。实际上波是表示相互作用的,正是有作用才把局部变成整体,如果各 r 点间没有相互作用,则可不用波,否则必须用波,整体是由相互作用形成的,所以波能反映的是整体量与局部量间的真实物理关系。

2.4.1　倒空间变量的物理意义

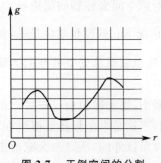

图 2-7　正倒空间的分割

如果把正空间和倒空间画到一个图上,则有图 2-7 的结果。这时倒空间的坐标轴与正空间的坐标轴是相互垂直的,这种画法和一般的函数图表示法相同,r 是自变量,g 表示函数变量。如果 r 与 g 之间是一一对应关系,即每个 r 点只对应一个 g 点,每个 g 点也只对应一个 r 点,则这时只需要知道 r、g 在坐标轴上的位置即可确定一个函数点,这时需要的只是坐标轴上的数值,不需要整个 r、g 空间,因此这时两个坐标轴可独立分割,这是笛卡尔的方法,如

图 2-7 所示。只对坐标轴分割,可把函数关系画在两坐标轴之间,其中每个坐标点都只有一个坐标位置,各坐标点是相互独立的。但如果每一个 r 点会对应全部的 g 空间,同时每一个 g 点也是对应全部的 r 空间,这样对每一个 g 值还会与全部 r 点的分布情况有关,而这些 r 点的分布情况还要利用 r 轴上的分割方法;同样,对每一个 r 值也还与全部 g 点的分布情况有关,即各坐标点间还会相互作用,这样就需要对整个 r、g 空间进行分割(不只是坐标轴),在图 2-7 中的每个分割线就应是一个波线。因为这时对一个确定的 g 值,它是平行于 r 轴的一条线,线上的 r 是变量,只有波才会反映作用,所以这些直线都应是一个波线。而且对两个坐标轴的分割还必须是互为倒数才能保证该空间的各位置(位相 $r \cdot g$)是等效的。由图 2-7 可见这种分割就把该平面分割成一个个小方块,每个方块的面积可取为 1(一般是一个常数),即两个坐标轴上周期 a 和 $\frac{1}{a}$ 的乘积。方块的位置由其所对应的 r 值与 g 值共同决定。就这个平面来讲,每个方块都是等权重的。因为是波,所以要用一个周期函数给这些方块赋值,这个函数就应是:

$$f(r,g) = \sum_r \sum_g \exp(igr) \tag{2-11}$$

这里 r、g 是相应的度量单位。显然,若在正空间坐标点的位置 r 是由该点到原点的距离表示的话,则在倒空间坐标点 g 的位置则由该点与原点的位相差 $\exp(igr)$ 表示。若把 r 与 g 的积当作变量,从纯数学的角度讨论,就要求:

$$\Delta r \Delta g \geqslant 1 \quad (按波的单位应是 2\pi) \tag{2-12}$$

这可说是一般形式的测不准关系,它是图 2-7 中的最小单位。形象地说,如果要在图 2-7 上画一幅画,则它的分辨率不会超过式(2-12)的限制。就像电视机屏幕上的画面一样,图像的分辨率受其像素的限制。这里的像素就是 $\Delta r \Delta g$,也可说在这样的空间中,坐标点会有一定大小 $\Delta r \Delta g$,在这个空间表现的任何事物,其分辨率不会小于坐标点的大小。因为这两个空间是互为倒易的,当 Δr 趋于无限小时,Δg 就可趋于无限大,所以测不准关系是互为倒易的两个空间变量间的普遍关系。在通常的数学函数中,函数的测量单位不受其自变量测量单位的影响,即函数空间和坐标空间是独立测量的,所以不存在测不准关系。通俗地说,函数只是在某个 x 点上定义的局部值,与 x 在空间的位置无关。而在量子力学中动量是整体量,坐标是局部量,整体和局部间是互为倒易的,要想使整体量准确,就必须有大量的局部量,对有限的局部量就总存在一个测不准关系。牛顿力学中常用质量中心的位置代表物体的位置,这样,位置(坐标)也就是一个整体量,因此这时的动量和位置就都是整体量,它们之间就不存在测不准关系。如一个飞行的炮弹,如果定义其质量中心为炮弹的位置,则完全可写出炮弹运动的方程 $p = p(x)$,这里在每个位置 x 上都有确定的动量

p，完全不受测不准关系的限制。但如果不定义质量中心为物体的整体位置，则一个物体的位置就有一个不确定范围，实际上宏观物体之所以能有一个比较确定的动量，就是因为它有较大的不确定位置，因此实际上它们之间也满足测不准关系。实际上，质量中心只是为了描述物体运动轨迹而人为选用的一个代表点，并不是宏观物体位置的真实定义，一般来说物体的位置是物体性质的发源地，是性质波的原点，可以是物体中的任何一点，在研究不同性质时，可用不同的代表点，只是权宜之计，不是位置的科学定义。

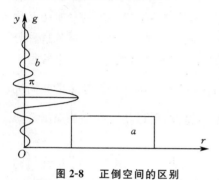

图 2-8　正倒空间的区别

图 2-8 中纵轴是倒空间坐标轴，横轴是正空间坐标轴，正空间代表坐标空间，那么倒空间又代表什么呢？在数学上一个函数的图形也可在平面上用二维坐标表示，其纵轴表示函数，横轴表示自变量。函数的值域也是一个空间，若改用函数作自变量，则函数空间就是沿横向切割的空间，所以说函数空间可以说就是倒空间（只对整体量函数）。一般来说它没有具体的物理意义，其物理意义要由定义它的函数来确定。如一个班上的学生，若用学生的编号作为坐标，则在正空间它有一个分布区域（定义域），这是固定的。但其倒空间则要由研究函数的物理性质来确定，若研究的是学生的考试成绩，可写出一个学生考试分数与学号的函数关系，即可写作：分数 $= f($ 学号 $)$，纵轴是分数，这时其相应的倒空间就是分数空间；若研究的是学生的年龄，则可写出一个学生年龄与学号的函数关系，即可写作：年龄 $= f($ 学号 $)$，纵轴是年龄，这时其倒空间就是年龄空间；再如一个物体在空间有一个分布 $f(r)$，这个分布只能表示物体的存在范围，因此其倒空间也只能是在这个范围内有定义的函数值；若研究的是物体的运动，则可写出一个速度 v 与位置 r 的函数关系 $v = f(r)$，纵轴是速度，这时的倒空间就是速度空间；如果研究的是物体对光的散射，则可写出一个散射光与位置的函数关系，这时的倒空间就是散射空间。倒空间的这种性质可由多个方面来研究同一个存在事物。按一般的习惯物体在正空间有一个存在的空间范围，可用一个形状函数 $\sigma(r)$ 限制。倒空间是性质空间，它表示的是物体的某种性质，性质一般也是用一个函数表示，定义性质函数的定义域也只能限制在 $\sigma(r)$ 范围内，不是函数本身的定义域，数学上一个函数可写作 $y = f(r)$，但实际能体现物体性质的函数是 $y = f(r)\sigma(r)$，它是有限的，因此，倒空间的函数值总有一定的不确定程度。物体的性质是多种多样的，同一个"存在"可以有多个"性质"，因此也会有多个倒空间。倒空间和正空间是由不同变量构成的空间，这里只是为了研究它们间的关系才把它们画在一个图中，在该图中，每个点要用一个谐波 $\exp(igr)$

来赋值,它反映的是 g 与 r 间的基本关系,它也是正、倒空间变量间的转换关系,不只是对坐标的赋值。

因为倒空间是整体性质的分布空间,所以它的每一个坐标点对应的不是一个点,而是正空间的一个存在状态的整体,整体量的数学描述就是波,因此正空间的一个常量,用倒空间表示就是一个单色平面波。如一个等速运动的速度,能量不变中的能量等,它们的倒空间表示都是一个平面波;同样,一个不变的坐标位置 x,在倒空间也是一个波,这就是坐标空间的一个元素会对应全部函数空间的数学意义,其物理意义是一个坐标质点可产生全部的性质,同样一个整体性质也是来自全部的坐标质点。如果这时仍用 r 和 g 做坐标轴的话,则在 r 轴上表示的是事物的存在,它是所有 g 波在 r 轴上投影的总和,而 g 轴表示事物的性质,它也是所有 r 波在 g 轴上投影的总和。图 2-8 中画出一个在 r 轴上的矩形函数分布,它在 g 轴上就是一个干涉函数的分布。

2.4.2　倒易空间与傅立叶变换

如果在图 2-8 中画一个函数图,一般它是一条曲线,曲线上的每一点都与一定的 r、g 对应。如果把 r 看作是坐标变量,则可写出一个分布函数 $y = f(r)$ 来;同样如果把 g 也看作是坐标变量,也可写出一个分布函数 $H = F(g)$ 来。表面看来似乎会有 $y = g$ 的关系,因为若把纵轴看作是 y 轴,则图中的曲线就是一般的函数曲线,但仔细分析就会知道这是不对的。因为在一般函数图中,y 轴与 r 轴是相互独立的,它们的度量单位可以分别单独确定,而在图 2-8 中 g 轴和 r 轴的度量单位则是相互关联的(互为倒数),这是因为在同一个 g 片上,各位置点上的性质波还会相互干涉,这种干涉的情况还是与 r 在 r 轴上的分布情况有关,因此,尽管在性质上 y 和 g 一致,都是表示同一种物理性质,但在定量上 y 与 g 之间必须有一个转换关系,这就是傅立叶转换关系。所以,傅立叶转换也可以说是两个空间度量单位间的转换。因为 y 是 r 点上的局部性质,g 是 r 空间的整体性质,所以,傅立叶变换也是局部变量与整体变量间的变换。

$$y = f(r) = \int F(g)\exp(-igr)\mathrm{d}g \qquad (2\text{-}13)$$

因为 g 是沿空间横向切割的,要对 g 求和,就必须对每个 g 波赋值以确定它们叠加时的对应关系,式(2-13)中的指数部分也起对应的赋值作用。因为同一个 g 波可能来自多个 r 位置点,而同一个波矢 g 的波在不同的 r 点会有不同的相位,所以必须用相差才能将对应的 g 与相应的 r 相对应,即不同 r 处的 g 波间会有一定的位相差,从数学上看,这样计入相差的求和,就是傅立叶变换。前面也已指出式(2-13)的指数相当于一个坐标平移,它把每个在 r 点的 g 波都移到坐标原点,也就是说该

相差是 r 处的 g 波相对于原点波的相差，波求和时必须计入相差，计入相差就是计入干涉，所以这样的求和也就相当于计入了干涉，否则就不是波的叠加而是一般的求和了。正是干涉才把不同位置 r 点上的局部性质波变成所有 r 点上的整体性质波。由图 2-8 可见，按这样的理解来计算就自然得到有傅立叶变换对之间的对应关系。也可以说：虽然该指数在正空间表现为一个波，但它不是实际存在的物质波，它也起着对正、倒空间之间各点的赋值作用。具体而言，$\exp(igr)$ 表示在 r 点的性质对整体性质 g 的贡献；也可以说是表示整体性质 g 中来自 r 处的部分。只有在这个意义上用谐波来合成函数才有意义。那么它的函数 $F(g)$ 是什么呢？上面说的只是 g 与 r 间的变换关系，按傅立叶变换还有：

$$F(g) = \int f(r)\exp(igr)\,dr \qquad (2\text{-}14)$$

同上讨论，可见它是在同一个 g 片中，$f(r)$ 不为零的所有 r 点上性质的总和（对 r 求和），相当于图 2-8 中同一条横线和函数相交的总点数，显见这个相交总数会与原函数定义域的大小有关，为消除定义域大小的影响，在数学关系上是用一个概率表示，即用交点的总数和整个定义域中点的总数的比值表示。也就是说这时因原坐标 r 不存在，每一个 g 值对应的是整个定义域中具有原来函数值 y 的概率值，不管这个点处在原定义域的什么位置。如果把定义域中函数值不等于 g 的点都看作是零，则可以看到倒空间表示的就是定义域整体性质为 g 的一个状态，不是其中某个坐标点上的局部性质 y，这也是 g 与 y 的区别。也正因如此，当研究占有一定空间体积的事物时，会有一个"**空间效应**"，即整体性质会受其整体空间大小影响的效应。因为函数可表示事物的某个性质，而函数的数学定义域是由函数本身决定的，只要这些点在数学函数上有意义就是在定义域内。而实际上物体的性质只能来自物体存在的范围内，所以实际物体性质函数的定义域还应受其自身体积大小的限制，为此实际物体的定义域一般常由下式来确定：

$$y = f(r)\sigma(r)$$

这里的 $\sigma(r)$ 称为形状函数，它是一个阶跃函数，定义在物体内部，$\sigma(r) = 1$；在物体以外，$\sigma(r) = 0$。这样对具体物体，式(2-14) 就变为：

$$F(g) = \int f(r)\sigma(r)\exp(igr)\,dr = \int f(r)\exp(igr)\,dr * \int \sigma(r)\exp(igr)\,dr$$

$$(2\text{-}15)$$

符号 $*$ 表示是卷积，即实际的 $F(g)$ 是 $f(r)$ 的傅立叶变换再卷积形状函数 $\sigma(r)$ 的傅立叶变换，形状函数的傅立叶变换的影响被称作**空间效应**，它使倒易点有一定的体积，显然空间效应就是物体实际占有空间对性质的影响，与物体的大小形状有关。卷积表示它对每个倒易点都有同样的影响，即每个性质波都有同样的不确定范围。同时,由于 y 是物体的局部性质,y 空间就是局部性质空间,相应的也可以说 g 空间就是物体某种整体性质的分布空间,物体的任何整体性质都是来自这个空间。

综上所述,对一个空间事物,既可用坐标点的组合来描述,也可用波的叠加来描述,前者称为正空间的方法,后者称为倒空间的方法。对同一事物这两种描述方法的函数间存在傅立叶变换关系。这里把倒空间看作函数空间,只是指倒空间的自变量是相应的函数变量,并不是函数空间本身,实际上它们是不同的,函数空间是指函数值存在的空间,每个 y 是代表正空间某一点上的函数值(是局部性质),由于函数和坐标是独立的,所以它的值域由函数自身确定,与正空间大小无固定关系;由于波会干涉,所以倒空间与正空间必须互为倒易,它的存在范围是形状函数的倒易(是整体性质)。正空间越小,则倒空间就越大,当正空间趋于零时,其倒空间会趋于无限大,这时就只能用倒空间研究问题了;反之当正空间很大时,其倒空间也将很小,这时也只能在正空间研究问题。顺便指出,既然一个事物的整体性质是用倒空间描述的,就应遵循倒空间的规律,如微观粒子的波动性就是由倒空间得到的,微观粒子的正空间很小,倒空间很大,主要表现为波动性。一个质点就只有波动性,没有粒子性,量子力学没有考虑粒子的粒子性,实际上是把微观粒子当作一个质点来考虑的,一般来说,一个有限大小的粒子都应有波粒二象性,其波动性和粒子性的比例由粒子的大小来定。

2.5 空间效应

既然用倒空间表示不能给出一个肯定的结果,为什么还要采用倒空间描述呢?这是因为研究的问题都是事物的整体性质,不是单个坐标点上的局部性质,即使研究的是某个整体的局部,它表现的也是这个局部的整体性质。整体性质是局部性质的傅立叶变换,式(2-15)不仅是函数 $f(r)$ 的傅立叶变换,而且还卷积一个形状函数 $\sigma(r)$ 的傅立叶变换,这使得每个 g 值都有一个不确定的误差(分布)范围。因为 g 表示整体性质,$\sigma(r)$ 表示物体的空间分布范围,二者卷积就表示物质的空间分布范围会对整体性质有影响,这种影响被称为**空间效应**。这种影响就使得整体性质本身就不是一个确定的量,而是有一个不确定范围,即总有一定的误差。因为这是整体性质的特征,所以,不论在正空间或是倒空间都会具有这个特点,只是正空间常认为可忽略这个误差,而在倒空间则可以给出这个误差的大小。如在图 2-4 中,若用平均值表示学校的整体成绩,人们也都知道:参与考试的学生人数越少,则平均值的误差就越大,但到底多大,正空间没有给出一个定量的结果,且认为平均值就是整体量。而若用倒空间表示,因为这时图 2-5 中的每一条竖线都会变成如图 2-6 那样有一定宽度的分布,这就给出了误差的大小,所以倒易点的大小就直接表示这个整体量不准确的程度,量子力学中称它为测不准关系。当某些整体性质与局部性质相等时,这相当于在图 2-5 中只有一条竖线,即使如此,它也会有一定的宽度,可见空间效应总是存在的。只有当物体体积足够大,空间效应的影响小得可以忽略不计时,才可以认为会有较确定的整体性质。如在力学中人们研究的是物体的整体运动速度,对宏观粒子,其整体的运动速度受体积的影响很小,会有确定的速度值,这就可以在正空间来研究。因为性质是用波矢描述的,每个坐标点上的性质都是一个波,物体的整体性质是物体中各个点上的性质波相互干涉后的结果,表示整体性质的每一个量值中,都包括物体内所有坐标点上局部性质的贡献,波叠加干涉的结果才是整体的性质波,干涉后的波不同于参与干涉的波,所以整体性质也不同于局部性质。干涉的情况和物体的空间存在状态有关,所以空间存在的状态会影响整体性质,这就是空间的影响效应。形象地说,空间效应也可以说是影响干涉程度的效应。如一个物体的整体速度,即物体整体的任一个可能的速度值,都是由物体内各个质点速度贡献的,因为每个速度都是波,所以,这种贡献就是各质点速度波相互干涉的结果,一般来说质点越多,参与干涉的波也越多,干涉也会越严重。所以,当物体存在的正空间较大时,参与干涉的波就较多,其干涉的程度也越大,反之物体较小时则干涉也越小。显然,正空间描述的只是一个在特殊情况下的近似结果,而当正空间较小时,性质波不能全都被干涉掉,这时留下的将是相干相长的性质波,波是布满整个空间的,无法用正空间的坐标点来描述,这就必须用倒空间来描述。所以究竟应用什么空间描述,是由空间效应的大小决定的。为形象地说明空间效应,下面分两种情况讨论,以便能体会到空间效应的实际意义。

2.5.1　离散分布的空间效应

为了能更好地理解空间效应,这里用宏观的离散情况来做一个形象的说明。前面说波粒二象性是空间的性质,是从其描述的空间而言。实际上人们研究某一对象都是只在一定的空间内进行的,例如要研究某个班的学习成绩,就必须先定义一下什么是一个班的成绩(即确定一个倒空间),而要表示一个班的成绩又会受到班级大小的限制(空间效应),若规定用考试的平均分数作为一个班的整体成绩,设有一个 1000 人的学校,经过一次考试,其平均分数为 70 分,就只能说全校的成绩是 70 分(尽管这个 70 分可能根本不存在,即没有一个学生的成绩是这个分数)。现在若将它分为 200 人、50 人、10 人等人数不等的小班,则会看到,对同样的考试结果,200 人一个班的平均分数会很接近 70 分,50 人一个班的平均分数就可能会偏离 70 分,而 10 人一个班的平均分数将偏离得更远,而且人数越少,偏离也越大。这样用平均分数的方法只有当人数足够多时才有意义。这种受班级大小影响的情况就是空间效应,它表明班级大小对平均(整体)成绩的影响。特别是研究历届的成绩,即研究整体成绩随时间的变化时,就必须考虑这种空间效应。这是一个局部与整体间的普遍关系,整体量由局部量确定,必然会受到局部量分布与其空间分布范围的影响。

2.5.2 连续分布的空间效应

上面的例子是对一个有限空间(人数是 $0 \sim 1000$,分数是 $0 \sim 100$)中的离散变量(最小单位是 1 个人)做的分析。但它的逻辑关系对无限空间的连续变量也同样适合。在牛顿力学中研究物体的运动就是这样,这时的空间是无限的,位置是连续的。为了说明空间效应,还用物体的运动为例来讨论。因为每个物体都占有一定的空间范围,运动又是研究位置在空间随时间的变化,在正空间,位置变量就是指空间的一个坐标点,它是一个几何点,是局部量。当物体有一定体积时,它占有的是一个空间区域,区域中的每一点都在运动,这时如何确定物体位置的变化呢?牛顿力学中常用质量中心作为物体的位置,质量中心是一个整体量,可是它不是一个实体的量,人们可以给每个质点定义一个速度,但不能给质量中心定义一个速度,它的速度在一般情况下是由其他各质点的速度共同决定的,受其他各质点速度分布的影响。只有当这些影响对质心运动小到可以忽略不计时,才可用质量中心代表物体的整体位置,才可不考虑物体占有的空间形式,才可不考虑空间效应而单独去研究运动。为说明物体体积会对运动有影响,考虑一个空间分布为 $f(r)$ 的物体,这里 r 是物体内各质点的相对位矢,因为假定它是物体内各质点的分布,所以这里可认为 $f(r)$ 既包括物体内各质点的分布,也包括了物体的形状函数 $\sigma(r)$,即 r 只限在物体内部,在物体外 $f(r)$ 恒等于零。物体运动是物体内的每个质点位置都在随着时间 t 发生变化,平动时每个质点都有同样的速度 v,因为质点的位置是用一个 δ 函数表示的,所以平动质点可写为 $\delta(r-vt)$。若假设物体内每一质点都是以同样的速度运动,即速度 v 不随各质点位置而变化,这样整个物体的运动就可表示为这两个函数的卷积,即:

$$f(r) * \delta(r-vt) = \int f(r-u)\delta(u-vt)\mathrm{d}u \tag{2-16}$$

卷积要求 $f(r)$ 中的每一个质点 r 都做 $\delta(r-vt)$ 运动。积分是对整个物体的体积进行的,v 是运动的速度,一般来说 v 也可以是 r 和 t 的函数,这里只考虑匀速平动、v 是常量的情况。从数学上看,式(2-16)是相距为 vt 的两个质点间相互作用的总和,如果这个和等于零,就表示 $f(r)$ 对 $\delta(r-vt)$ 无作用(数学上称为不相关),即物体的形状 $f(r)$(包括体积)对运动 $\delta(r-vt)$ 无影响,这时二者可单独作为一个独立的函数来研究,也只有这时才可用一个质量中心来代表物体的位置(对平动也可用其他任意点代表物体的位置)。但如果这个积分不等于零,则 $f(r)$ 的变化就会使式(2-16)的积分值也发生变化,即体积 $f(r)$ 对运动 $\delta(r-vt)$ 有影响(相关),这里把这种影响叫作空间效应,意思是物体占有的空间大小对其性质会产生影响。牛顿力学不考虑空间效应,所以只适用于式(2-16)恒等于零的情况。当空间效应不可忽视时,牛顿力学就无能为力了,这时必须用量子力学来处理。依据这个观点,也可按空间效应的大小来确定应用哪种方法来研究运动。下面再具体估算一下这个作用的大小。

空间效应是物体占有空间大小对性质的影响,占有空间是一个整体量,要估算式(2-16)的效果,还要在倒空间来讨论,按卷积定理:两个函数卷积的傅立叶变换等于各函数分别作傅立叶变换的乘积。设用 Fou 表示对函数实施傅立叶变换,则有

$$Fou[f(r) * \delta(r - vt)] = Fou[f(r)] \times Fou[\delta(r - vt)]$$
$$= Fou[f(r)] \times \exp(ikvt) \qquad (2-17)$$

这里可以看到在倒空间里物体的平动是一个速度波 $\exp(ikvt)$ 与物体空间分布的傅立叶波相互作用的结果,而物体的傅立叶展开式是和物体的大小及形状都有关的,这就说明物体的空间存在状态对运动有影响。为了与一般教科书上一致,对运动这里又改用 k 作为倒空间的倒易矢量 g。设 $F(kR)$ 是 $f(r)$ 的傅立叶变换,为更具体地显示体积效应,加入一个参数 R,是因为其变换结果与积分体积有关,对球形物体 R 相当于球的半径,能体现体积,代入式(2-17)中,就得到在倒空间一个傅立叶波的表达式,也可以说它是运动物体的波函数。

$$\psi(k,t) = F(kR)\exp(ikvt) \qquad (2-18)$$

式(2-18)表明一般物体的平动都是一个速度波作用在物体存在的傅立叶波上的结果(激活)。因作用是相互的,也可以说是物体存在的傅立叶波对速度波的限制,它将这个波函数限制在 $F(kR)$ 的有值区域内,因为速度波是不会等于零的,除非速度是零,所以在这个值域内,空间效应不会为零,应该用量子力学的方法研究。但若是在 $F(kR)$ 等于零的区域内,式(2-18)也将等于零,在这种情况下,物体的运动和物体的占有空间互不影响,这时在牛顿力学的适用范围。按倒易原理,$f(r)$ 和 $F(kR)$ 是互为倒易的,当 $f(r)$ 的分布区域较大时,$F(kR)$ 将只在很小的 kR 区域内有可观的值,对微观粒子这个有值区会很大,实际上微观粒子之所以不遵从牛顿力学,就是由于有空间效应的缘故。

式(2-18)虽然是由平动导出来的,但它有普遍的意义。式(2-18)的右边是两个函数的乘积,要使这个乘积等于零可有两种情况,一是两个函数中至少有一个等于零,另一个是有限值,这样它们的积就会是零;二是在 kR 空间中这两个函数没有重叠区域,这样它们的积也会是零。因为波动项 $\exp(ikvt)$ 在整个 k 空间是不会等于零的,所以第一种情况就只能要求 $F(kR)$ 等于零,但 $F(kR)$ 通常是在零点有极大值,随着 kR 的增大会很快下降到零,或衰减的波动趋于零,原则上 kR 也会趋于无限大,因此,在整个 k 空间两个函数都会有重叠,但当 kR 较大时其实际的量值是小

得可忽略不计的,因此人们常取 $F(kR)$ 的主极大区作为有值区,在这个区域以外就认为其值恒等于零,这就是前面已讨论过的空间效应。因此对 R 较大的物体,即使对小的 k 值,其乘积常认为会等于零。而后一种情况则是由于当整体速度特别大,即 k 值特别大时,以至于超出了 $F(kR)$ 的主值区范围(有值区),也会使乘积近似为零。所以不仅是较大的物体没有空间效应,而且当物体的整体运动速度远大于物体内各质点局部速度时,其乘积也认为是零,这时也可不考虑空间效应,也可在正空间用牛顿力学方法研究运动,这就是原子核内部能量很高的质子运动也会遵从牛顿力学的原因。

2.5.3　空间效应产生的物理原因

前面指出,波的相加会产生干涉,干涉会使物体能对外作用的波谱发生变化,因而也会使性质发生变化,这就是空间大小产生的效应。整体性质是事物内部各局部性质波相互干涉的结果,它与事物存在的空间分布情况有直接关系,一般来说物体越大则干涉就越重,当大到一定程度时,所有能被常规速度激活的性质波都能被干涉掉,这时对外表现出的整体性质就没有波动性,此后物体体积再继续增大也不会对其整体性质有影响,这时就无空间效应,就可用一个确定的量来表示某个整体性质。实际上人们总认为整体有一个确定的性质,这就有意无意地认为事物占有的空间是很大的。如研究晶体的衍射时,通常不考虑晶体的体积大小,只讨论它的衍射花样。实际上晶体的大小体现为倒易点的大小,讨论衍射时认为倒易点是一个几何点,这就是认为晶体体积是无限大的,当晶体较小时,倒易点会很大,当相邻倒易点大到可相互重叠时,就不存在确定的衍射花样,也就无法确定晶体的结构。这里倒易点的大小对衍射的影响就是衍射中的空间效应,实际上当晶粒小到一定程度时显示的就是非晶体的衍射。力学中用一个确定的速度来表示物体的运动,这无意中也假定物体的体积是较大的,实际上物体的整体速度是随着其体积的减小而越来越不确定的。当体积小到一定程度时是无法知道其准确速度的,一个几何质点可以有任何速度,且每个速度的误差范围为无限大,这样激活其任一个速度都是可以的,这就无法说明它是以什么速度运动,因而也就无法研究其运动。量子力学虽然把动量看作是倒空间的量,但它没考虑倒易点的大小,所以也不理解空间效应,也无法理解为什么对微观粒子必须用量子力学来处理。

2.6　物体间的相互作用就是其傅立叶波的作用

"作用"是大家熟知的概念,牛顿力学中用了很多"作用",但作用是什么?为什么会有作用以及如何用数学来描述作用等问题均未说明,这里指出作用就是波的相互叠加产生新波的过程,叠加的效果就是作用,作用的体现就是性质。

2.6.1 物体间的作用

既然物体的存在可用傅立叶波的叠加来表示(波包),而波又总是充满整个空间(欧氏)的,这样各物体的傅立叶波就必然会在空间里相互叠加。既然叠加,就会产生作用,所以说物体间的作用都是其傅立叶波的相互作用。这一点与正空间的表示不同,正空间的变量元素是坐标点,这些点除了用一个函数将它们联系起来以外,在空间里它们是相互独立的,不能反映各点间的相互作用。它们可以任意组合,其组合也是将一些点集合在一起,只会形成一个机械堆积和,一般不产生相互的制约,例如两个物体合在一起可形成一个较大的物体,但它们仍有与原来物体同样的性质,即相互间不会由于对方的存在而发生变化。正因为这样,在正空间研究问题时,就表现不出相互作用,必须另外再附加一个条件"作用"才能体现作用显示的性质来。实际上作用在数学上是用乘积表示的,它是一个效应对另一个效应的调制,强迫对方也按它的方式来体现。因此在用正空间表示作用时,两个函数只有在它们的定义域有重叠时才会显示有作用,如两个矩形函数的乘积,结果是只有在两个矩形的重叠区,乘积才不等于零,当两个矩形相互分开时,其乘积将恒等于零,因此只能反映两个相互接触矩形间的作用,不能说明两个分开物体间产生的作用。人们把这种作用称为粒子性作用,所以说粒子性只能反映存在,不能反映作用。可是在倒空间情况就不同,因为这里的变量是波矢,波总是充满整个空间,两个波的叠加,就是一个波对另一个波的调制,它强迫另一个波也按它的周期发生变化,这就是作用,这也是倒空间的特性,所以倒空间能够反映物体间的作用。数学上一个波是用三角函数表示的,而三角函数的"和"与"积"是可以相互转化的,"和"可化为"积";而"积"也可化为"和"。用物理语言描述就是:叠加就会产生作用,作用也可看作是叠加。因此,由于物体傅立叶波在空间的叠加,就必然会产生物体间的相互作用。所以说物体间的一切作用就是它们傅立叶波的相互作用。鉴于所有有限物体都可作傅立叶展开,所以这些结论对所有物体也都适合,包括宏观物体和微观物体。例如场就是指在物体实体存在以外的空间里也有作用力的存在,这在正空间用粒子说是无法说明的,因为既然在这些区域没有物质,又怎么会有物质的作用呢?可是若用谐波表示就好理解了,因为一个波总是只和与它相对应的那个谐波起作用,在物体以外的空间里,虽然总的合成波振幅等于零,但一个波不是与合成波起作用,而是和与它相应的波起作用,因此会有作用力存在,这就是场。场是宏观物体也具有的性质,也可以说是宏观物体波动性的表现,这表明宏观物体间的作用也是波的作用。而且波的作用又总是以周期为单位进行的,后面会证明在一个周期内物体间因作用而传递的能量是一个与作用力大小无关的常量 h,所以物体间作用量的交换也总是一份一份进行的,这就是量子效应产生的物理原因,近代物理已证明物体的辐射和吸收都是一份一份进行的,而且还把这种情况作为产生近代物理的实验基础,称为**量子现象**,可见作用都是波的作用。理论分析也指出,X 光在晶体上的衍射实质上就是入射 X 光波和晶体本身傅立叶波的相互作用(参见衍射动力学)。这些都说明任何事物间的相互作用都是它们傅立叶波的相互作用。

不仅如此,因为倒空间的自变量是波矢,所以要用它表示一个状态或状态的变化,也都是用波的叠加来实现的,也可以说是用波的作用来实现的。前面已看到物体的运动就是一个速度波在物体傅立叶波上的作用结果;物体受力的作用,也是以一个力波对物体傅立叶波的作用;后面还会说明,即使是物体接触后的碰撞也是物体内驻波的作用。因此可以这样说:物体间的一切作用都是其傅立叶波的相互作用,没有波就没有作用,所谓本征波函数就是物体对外可能有的作用波波谱的分布函数,函数中的物理量也是物体对外作用时可以进行交换的物理量。

2.6.2　物体的性质是倒空间波叠加的表现

前面指出,物体的性质是其对外作用表现的特征,而物体间的作用又都是其傅立叶波的作用。所以物体的性质就是由倒空间波的叠加来决定的。正空间物体的存在是用坐标点的集合来描述的,这样物体对外表现的性质就应是这个点集的整体性质,数学上常用函数 $y = f(r)$ 表示性质,按函数定义,这是给每个 r 点上定义一个性质 y,这是一个局部性质,整体性质是这个函数的积分,即 $\int f(r)\mathrm{d}r$,牛顿力学就是这样认识的,所用的整体量是局部量的平均值。但物体内的各质点间是相互有作用的,所以必须把每个 r 点表示为一个波,这样实际物体表现的整体性质就是 $f(r)$ 的傅立叶变换。r 的分布表示的是这个点集的分布,或者说就是物体的存在状态,按傅立叶变换,每个状态都有与这个状态相对应的整体性质波,这里再用 g 表示整体性质波的变量,这些性质就形成一个性质空间 $F(g)$,物体表现的任何整体性质都是来自于这个性质空间。公式(2-1)指出:若用分布函数 $f(r)$ 表示这个点集的分布状态,则它的傅立叶空间就是它的性质空间(倒空间)。因为 $f(r)$ 中不含时间,如果这些性质波都被激活,则它体现出的就是这个不动点集的存在状态。因为这个点集只是表示一个静止物体(不运动)的存在,所以这些波体现的就只是这个物体的空间存在,如形状、大小等(不动的空间分布)。因为这些波不含时间,所以它们是不会随时间变化的,当然也不会对外产生相应的作用,因此也不能显示相应性质,但它们也是波的叠加。要想表现出性质,必须使这些波会随时间变化,这个过程被称为激活,意即用激发的方法使这些波活动起来,即使这些不动波成为一个传播波,或者说使这些波会波动起来。注意这些波必须被激活才能体现性质,而要激活一个波可有两种方法(一个传播波的位相中有两个可随时间变化的量),一是让物体整体运动,使物体存在的整体空间位置都随时间变化,这就是用一个速度波来激活,它使物体内的每一点 r 都以这个速度运动;二是用另一个具体的性质波(含时间)来作用,它会激活物体内一个相应的位置波。物体的性质可有多种多样,用什么样的性质波来激活就会显示什么样的性质,而要在这个点集上用一些具体性质波作用,这些具体性质波也只能激活点集中固有的性质波 g,这是波作用的特征。只有被激活了的波才是物体真正能够对外作用显示性质的波,才能表现出性质来,即这些具体的性质波也必须是性质空间 $F(g)$ 中具有的一些波,就像一个物体只存在于一个有限的坐标空间一样,每一种性质波也只是性质空间的一部分。量子力学中把能构成性质的波叫作本征波,这样任何一个体现性质的波函数,就是激活的一些本征波的叠加。如果只由单个平面波来激活,它将只激活与它相对应的波,则它的性质就是单个平面波的作用性质,即它的波函数就是单个平面波;如果是同时激活多个波,则它的性质就是多个性质波的叠加,所以一般来说物体的性质都是由倒空间波的叠加决定的。

从数学上看,函数 $y = f(r)$ 给出的只是某个 r 点的局部性质 y,但它是物体的固有性质。而物体对外表现的是其整体性质,是各局部性质波叠加、干涉的结果。如果物体的存在状态发生了变化,则合成它的傅立叶波波谱也会发生变化。如果这种变化改变其原来的干涉情况,则它的整体性质也会发生明显变化,如化学变化就是这种情况,虽然这时的分子只是改变其原子的结合状态,但其表现出的性质却会与原来的完全不同,特别是有机物中的同分异构体,其成分不变,只是其原子结合的位置不同,则它表现的性质也就不相同,这是无法用平均值来解释的。反之,如果这种变化没能较大地改变其干涉情况,则它的性质也不会变化很大,特别是当粒子性的物质再相互组合时,因为没有改变其原有干涉的情况,所以其性质就不会有太大的变化,只有形状的变化,这就是物理变化。虽然也可通过实践总结出一些整体性质的宏观规律,但它的物理实质还是波的作用。如牛顿定律就是人们在实践中总结出来的,可以证明,这个定律就是一个力波对物体存在的傅立叶波作用的结果。又因为倒空间的自变量是波矢量,虽然每个波也是独立的,但每个谐波都是充满整个欧氏空间的,因此,它们的干涉就自然地建立了各坐标点间的联系,自然也就确定了物体内的物质分布 $f(r)$ 状态。牛顿定律是在实践中总结出来的,在宏观物体的运动中也证明是正确的,但对微观粒子就不正确了,就是因为没有考虑它是波的作用实质,牛顿力学研究的是整体性质,但使用的却是局部坐标。后面会看到,如果用一个力波来作用物体的傅立叶波,不仅可直接得到牛顿定律的结果,而且还能看到为什么牛顿力学只适用于宏观物体等问题。再者,在牛顿定律中虽然也引用了作用,但还是无法解释万有引力问题,而用波的叠加就可将这些问题一起解决。显然,波的作用可更本质地反映物理问题。概括地讲,物体的性质是指其整体对外表现的性质,它是物体中各质点性质的总和(总效果),是物体内各质点上的性质波相互干涉的结果,它与其他物体的作用,也是这些干涉后余下的波的作用,作用的表现就是性质,所以说物体的性质都是由倒空间波的叠加决定的。这里说的性质是很广泛的,任何表现整体的量,任何可对外体现的量,都是物体的整体性质。不仅是物理性质、化学性质,还包括物体的存在性质,如长度、大小、空间形状以及持续时间等。这里是按习惯上的概念对性质和作用做个说明,实际上,在本书中,性质和作用几乎是等效的,只是一个是名词,一个是动词而已,或者说性质就是作用的表现。

还要指出,在三维欧氏空间中,波只有两个不变的基本类型,即纵波和横波。振幅与传播方向平行的波,称为纵波;振幅与传播方向垂直的波,称为横波。不同的波会有不同的作用效果,所以表现出的物理性质也不相同,纵波表现的是质量,因为在作用时它会消耗外力,起惯性作用;横波表现的是电量,它显示的是同性相斥、异性相吸的性质。或者说只有质量的物体,其傅立叶展开为纯纵波,而只有电量的物体,其傅立叶展开为纯横波。三维空间只有纵、横两种波,所以物体的基本性质也只有质量和电量两种,物体间的基本作用也只有引力和电力两种。

最后还需指出,前面讨论的都是被激活的波,因为波要对外作用,必须与外界有实际物理量的交换,只有那些被激活的波才具有可交换的条件。所谓激活就是提供给波一定的物理量(如能量),使波成为一个具有一定物理量的传播波,这样作用时才可对外交换物理量。如一个平静的水面,它可展开成很多谐波的合成,这些波只是形成水平面的波,因为它们不具有波动的能量,所以不会产生波动,但当用另一个波源来激活时,如将一个石子投向水面,石子就会将一定的能量作用给水中的波,激起一些带有能量的水波,这样的波才能对外产生作用,这些波就是被激活的波。物体的性质可有多种,不同的性质是由于不同波的激活体现的,没有被激活的波是不能参与对外界作用的,没有对外作用也就等于是这些波对这种性质不存在,当然也不会显示出相应的性质。

2.6.3 运动时傅立叶波包不会扩散

按傅立叶变换,正空间的一个分布状态等效于由一系列波组成的波包,量子力学认为由傅立叶波组成的波包在运动时会扩散,这是一个概念性错误,笔者认为波包不会扩散,因为这里是用傅立叶波来解释物理问题,所以需要再讨论一下波包的问题。

如果认为波的叠加就会形成一个波包的话,则公式(2-1)和公式(2-2)表明不论是物体的性质 $F(g)$ 或是物体的存在 $f(x)$ 都可看作是一个波包,前者是倒空间表示性质分布的大小和形状,但它用正空间表示时就是一个波包,后者是正空间表示存在的大小和形状,但它在倒空间也是一个波包。公式(2-1)指出,如果物体的存在 $f(x)$ 不扩散的话,则它的性质 $F(g)$ 也不会扩散;同样,公式(2-2)指出:如果性质 $F(g)$ 不扩散则它的存在 $f(x)$ 也不会扩散,因此波包总不会扩散。概括地讲,因为这种变换中不含时间 t,都是不会随时间变化的,所以可以认为波包不会扩散。但一般地说,若是在存在的分布函数中包含有时间 t,这样就是一个二元函数,它应写作 $f(x,t)$,数学上对二元函数可有两种情况,一是可分离变量情况,即这时函数可写作:

$$f(x,t) = f(x)g(t)$$

因为可分离变量函数的傅立叶变换也是可分离变量的,若用 Fou 表示对函数进行傅立叶变换,则有:

$$\text{Fou}f(x,t) = \text{Fou}f(x)\text{Fou}g(t) = F(g)G(v) \tag{2-19}$$

这里 v 是频率,这里说的波包是指 $F(g)$,它并不会随时间变化,当然也不会扩散;二是不可分离变量的情况,这时变换的结果也是不可分离的,即这时只能有:

$$\text{Fou}f(x,t) = F(g,v)$$

不可分离表明各 x 点的函数随时间的变化是相互独立的,每个质点都按自己的方式独立变化,这样的物体只能是由很多质点彼此无关地堆积在一起,各质点独立运动,这样它们当然会扩散。例如一个云团就是这种情况,因为各质点的性质波之间没有相互干涉(作用),所以各个波也是相互独立的运动,速度波只激活各质点自身的速度,时间 t 只对具体的质点位置运动有效,可以说它根本就没有一个稳定整体,顶多会有一个瞬时"整体",其整体性质只是各个质点性质的统计结果,这是人们为研究这种状态性质而采用的一种数学方法,与波无关。但固体物体各质点间有较强的作用,即各运动质点的速度波会相互干涉,因为干涉必须有位相差,这个位相差只与相对位置有关,与时间无关,因此就要求物体有一个固定结构,这时速度波能激活的是这个结构整体的性质波,如式(2-19)所示,速度波激活的是波包的整体,运动只是波包整体在运动,波包自身并无变化,也不会扩散。只有这样才能把 $f(x)$ 整体看作是一个物体,一个物体就有一个物体的整体性质,波包就是物体整体的性质波包,整体运动就是波包整体在运动,它是不会因整体运动而扩散的。

量子力学中因为有德布罗意关系,认为只要是波矢为 k 的波,就一定对应于一个动量为 p 的粒子,不管这个波是否能被激活,只要有这个波就会有这个波的作用,一个粒子可展开成很多个傅立叶波合成的波包,因此就要按很多个动量 p 运动,这样波包就会扩散了。这是一个概念性的错误,因为当粒子不动时,波包中所有波的波矢都存在,但粒子的动量却是零,这时就不存在有德布罗意关系,实际上德布罗意波只是指由速度激活的那些波,虽然一个粒子可展开成很多傅立叶波的合成,但一个动量为 p 的粒子只会有一个速度,即一个速度只能激活波包中的一个波,实际上速度激活的只是傅立叶展开的常数项部分,其波矢为零,没有波动部分。它相当于一个平动的弹簧,其频率由速度确定,以速度对外作用的是动量、能量等,只有这样,其波矢才与动量间有德布罗意关系。其他那些有波动的波动项,因为不能被速度激活,所以不能说有德布罗意关系。实际上这时激活的只是速度,动量是在速度波对外作用时实际交换的物理量,对运动来讲,未被激活的波对运动不起作用,相当于这些波不存在。量子力学指出一个运动粒子是用一个平面波表示的,这就说明虽然粒子是一个波包,但一个速度只激活其中一个波,使这个波成为在空间的传播波,运动粒子的波函数指的就是这个平面波,其他那些未被激活的波仍是形成原来的波包,所以波包不会扩散,只是这时表现出来的会是一个波包在运动。实际上这点也很容易理解,因为动量是一个整体量,粒子的动量是指粒子整体对外作用时可交换的运动量,而波包中的波是用波来表示的粒子,每个波只表示粒子的一种可能性质,它不一定只是运动,认为它们都服从德布罗意关系是概念性错误。其实这一点在量子力学中也已有明确的结论,因为德布罗意关系不仅给出动量与波矢的关系,而且也给出了频率与能量的关系,一个动量为 p 的粒子也只有 $p \cdot v$ 的动能,只能激活一个波,而且即使能激活多个波,粒子也是以一定的概率按一定的速度运动,粒子不可能同时按几种速度运动,因为干涉后的速度波是整体速度波,所以这个速度也是波包整体运动的速度,这些都是量子力学的结果,所以波包不会扩散,后面还会再讨论这个问题。

应该说德布罗意关系只对由速度激活的波适用,并不是对任何波都有这个关系,速度波 $\exp(igvt)$ 的变量是时间 t,它能激活的只是波矢 g 和速度 v 的点乘积等于该频率的那个波,显见这个频率由速度确定,因为动量中也包含速度,所以以任一速度都可激活一个与动量相应的波,否则是不会被激活的,不激活也就没有运动,当然更不会扩散了,这里把由速度激活的波称为**粒子波**。

2.7　正空间与倒空间互为倒易

人们可能会奇怪,物体的体积怎么会影响它的性质呢?这是受牛顿力学的影响,只站在正空间看问题才产生的。人们习惯于将空间看作无限大,物体不论大小,都可在里面自由运动,这是把空间与物体完全分割开的观点,是错误的。实际上,物体的正空间就是物体实体存在的空间范围,它有一定的形状和大小,而人们能感知的是物体的性质,为此常定义一个性质 $y = f(r)$ 函数,这里的 r 只能在物体实体的范围内有意义,也就是“存在决定性质”,只有有物体存在的地方才会有性质;同样也可以说“性质体现存在”,只有有性质的地方才能体现有物体。因此,函数 $f(r)$ 的定义域只能限制在物体实体存在的范围以内,即只能在其正空间内。但若从数学定

义看函数 $f(r)$ 的定义域可能会超出物体存在的范围,如常数函数 $f(r) = a$ 的定义域就是无限大,为了把 r 限制在物体实体以内,常将函数再乘上一个形状因子 $\sigma(r)$,使 $\sigma(r)f(r)$ 函数的定义域只限于在物体存在的范围内。数学上把变量的变化范围称为空间,所以说正空间就是物体实体存在的空间。但这样定义的性质 y 只是各 r 点上的局部性质,它不一定能表现出来,能表现出来的是物体的整体性质,它也会有一个分布范围,用整体性质 g 做自变量的空间就是倒空间,它的存在范围是 $\sigma(r)$ 中各质点上性质 y 波相互干涉的结果,干涉后的性质才是整体性质 g,干涉的情况也就与 $\sigma(r)$ 有关。概括地说,$\sigma(r)$ 越大则干涉越重,未干涉掉的波也越少,其倒空间就越小;反之,$\sigma(r)$ 越小则干涉就越轻,其倒空间就越大,即正空间与倒空间是互为倒易的。整体性质在一定程度上(如对 $g = 0$ 的性质波)可形象地比作是局部性质的平均值,一般来说平均值是有变化范围的,相当于倒易点的大小,习惯上称为平均值的准确度。显然,正空间越大,平均值的准确度也越高,即其性质的不确定范围就越小。这就是说,正空间越大则它的倒空间就越小;反之,当倒空间很大时,则正空间也很小,它们是互为倒易的。如力学中,一个物体的速度可形象地看作是物体内部各个质点速度的平均效果,这个平均值的准确度显然与物体体积的大小有关。倒空间小表明整体速度的可变化范围小,这就要求必须在较大的体积内取平均值,即要有较大的体积 $\sigma(r)$ 才能有较准确的平均值;倒空间大,表明整体速度的可变范围大,这就是小的 $\sigma(r)$ 区域的情况。实际上,当物体体积很小时,其整体速度会有很大的波动范围,当这个波动范围大到与速度相当时,物体就不存在有确定的整体速度,牛顿力学当然也就无法应用了。理论分析还指出,因为正、倒空间的测量单位是互为倒易的,所以,由它引出的一切物理量间也都有这种倒易关系。为能定量地说明问题,这里再具体分析式(2-18)中 $F(kR)$ 的具体形式。

一般地说式(2-18)中 $F(kR)$ 的具体形式是与物体的大小及其中质点的分布情况有关的,应具体问题具体分析。为了能较具体地讨论问题,只考虑其体积的影响,这里讨论一个均匀分布球体的特殊情况,设考虑一个内部密度分布为常数 1、半径为 R 的物体,这就是假定为球形的物体,即认为在球内

$$f(r)\sigma(r) = f(r)$$

在球外

$$f(r)\sigma(r) = 0$$

这种颗粒的傅立叶变换在 X 射线小角度散射分析中早已做过详细的讨论,称为球形颗粒的形散函数 $\varphi(kR)$,其中 R 是颗粒的半径,k 是其倒易矢量(衍射),这里不再推导,其具体形式是:

$$\varphi(kR) = \frac{3}{(kR)^3}(\sin kR - kR \cos kR) \tag{2-20}$$

这里略去常数系数 n(球内质点的总数)。这就是球形物体的倒空间表达式,它是一个球形颗粒的傅立叶波波谱的分布,正是这些波的对外作用才能体现出物体是一个半径为 R 的球形,公式(2-20)只给出波的振幅,每个波出现的概率为 $\varphi(kR)\varphi^*(kR)$。这里直接利用这个结果,即认为球形物体的 $F(kR)$ 就是其形散函数 $\varphi(kR)$。与在 X 射线分析中一样,为能形象地说明问题,采用图解法,即将 $\varphi^2(kR)$ 对 kR 作图,其图形如图 2-9 所示,由图可见,在 kR 等于零时,函数有极大值 1,随着 kR 的增大,会很快下

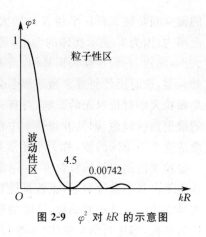

图 2-9 φ^2 对 kR 的示意图

降,大约在 $kR \cong 4.5$ 附近降到零。随着 kR 的继续增大,还会出现一系列的次极大值,逐渐波动衰减至无限远处,按公式(2-20),这些次极大的函数值,将随 $(kR)^6$ 而衰减,具体数值计算指出,其第一个次极大值约为 0.00742,它只有主极大值的千分之几,其他的次极大值就更小了,因 $\varphi^2(kR)$ 是傅立叶波出现的概率,物体的对外作用就是其傅立叶波的作用,表现为波动性,所以图中称它的有值区为**波动性区**,其他区域为粒子性区,由图可见,即使在第一个次极大值处其波动性也只有千分之几,因为总的概率是 1,即只要是超出主值区,其对外作用的表现就主要是粒子性。而且理论分析指出,这些次极大值的出现是由于假定颗粒有一个明显边界造成的,如果颗粒的边界是连续过渡到零,就可能不会有次极大值出现。例如,对一个按高斯型分布的物体,其傅立叶变换就仍是没有次极大值的高斯分布,但它们之间仍有倒易关系。所以,通常认为球形颗粒形散函数的有值区可近似认为是集中在 $kR < 4.5$ 的范围内。一般来说一个质点粒子的 R 趋于零,它是具有全部波矢的波,且对任何波矢 k 的波,其概率总是有极大值 1,即 $\varphi^2(0)$ 恒等于 1,即其波动性的概率等于 1,所以对质点粒子,只有波动性没有粒子性。随着 R 的增大将有一些 k 值较大的波矢被干涉掉,所以大 kR 处的曲线将急剧下降,干涉掉的波不能参与对外作用,只有当两个粒子接触以后影响到其干涉的情况时才会有作用,显示的是粒子性,所以 R 越大则粒子性越强。由图可见,即使在第一个次极大值处,$\varphi^2(kR)$ 的值也只有 0.00742,即这时的波动性只有 7.42‰,因此,通常认为 kR 大于 4.5 的区域将都表现为粒子性。这样就得到具有波动性时 k 和 R 间的一个倒易关系:

$$k < \frac{4.5}{R} \quad \text{或} \quad R < \frac{4.5}{k} \tag{2-21}$$

这说明球形颗粒的所有傅立叶波都可认为是集中在 $k < \dfrac{4.5}{R}$ 的区域内,即球形颗粒

的倒空间是随着颗粒半径 R 的增大而缩小的,也就是说它的波动性限制在这个小范围内。因为 R 表示物体的大小,代表物体正空间的大小;而 k 则表示其倒空间的大小,显然,它们是互为倒易的。当 R 无限大时,其倒易空间就不存在,$F(kR)$ 将处处为零,这时用任何波来激活都不会有波动性。在 X 射线分析中,式(2-21)反映的是颗粒大小对衍射光的影响,对有一定大小的颗粒,其衍射光只能集中在一个很小的散射角区域内,即其波动性集中在一个小角区域;用一定波长的 X 射线波也只能激活这个小角区的波,称为小角散射;反之,用一定的入射波长的波也只能测出在一定粒度范围内的颗粒粒度 R。用常规分析的 X 射线波长,大于一个微米的颗粒,就测不出其小角散射了,也就是说对 R 较大的颗粒,X 射线波就无法激活这种颗粒的傅立叶波而显示波动性,这时的颗粒就不会有散射,测到的只能是颗粒内部的不均匀结构,即这时颗粒整体(本身)没有波动性,但颗粒内部还可能会有表现波动性的小区域。显然,在 X 射线分析中也存在**空间效应**。在这里把式(2-21)看作 k 的值域,在倒空间物体的运动是由速度波作用的结果(速度波相当于入射 X 射线波),这个值域就是体积对运动有影响的区域。在这个值域内,物体运动的速度波能对其存在的傅立叶波产生作用,显示为波动性;但当物体的速度超出这个值域时,就不能与其傅立叶波发生作用,也就显不出波动性,而是粒子性了,所以式(2-20)也是表示波粒二象性中波动性的程度。一般来说可用式(2-21)来估计牛顿力学和量子力学的适用范围。如图 2-10 所示,可见适合牛顿力学的有两个条件,一是 R 较大,对宏观物体可用牛顿力学;二是 k 大,对高能粒子也可用牛顿力学处理。

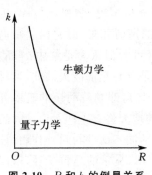

图 2-10　R 和 k 的倒易关系

在 X 射线分析中,也对一些其他典型形状颗粒的形散函数作了计算,如椭圆形、圆柱形等,其结果和公式(2-20)有所不同,但其间仍存在有倒易关系,只是其比例系数有所不同而已。若将式(2-20)中的 k 和 R 都看作矢量,不同形状的物体相当于在不同方向有不同的 R 值,则在 R 大的方向,相应的 k 就小;在 R 小的方向,相应的 k 就大。它们之间仍然保持着倒易关系。如对一个像鸡蛋形、沿 z 轴拉长的旋转椭球,它的倒空间(形散函数的值域)是一个铁饼形的沿 z 轴压扁的扁平旋转椭球。对三个轴都不相等的椭球,也有类似的结果。所以不论粒子的形状如何,倒易关系是有普遍意义的。图 2-10 粗略地表示出这种倒易关系,显然,当 R 趋于零时 k 可趋于无限大,在 X 射线分析中,这表示对于质点粒子,不论对什么样波长的波,都会在整个角区域有散射波,这里可以说是质点粒子的任何性质都是波动的;反之,当 R 较大时,衍射光将只集中在一个很小的角区内,称小角散射,这里可以说是大粒子只在性质很弱(k值很小)时才有波动性;对更大的 R,则测不出有衍射,波动性完全消失。在研究物体的运动时,它的倒空间是速度空间,这时 R 表示颗粒的大小,k 表示颗粒的速度,这样图 2-10 就可看作是牛顿力学和量子力学的分界线,在 $R < \dfrac{4.5}{k}$ 区是量子力学适用的范围,物体运动显示有波动性;大于这个区域是牛顿力学适用的范围,运动显示粒子性。虽然式(2-21)只是一个近似关系,但可看到用这个关系来估计粒子是否具有波动性是很有用的。中子是可以改变其速度的,可用它来验证这个关系是否正确,或可像小角散射一样由此测得中子体积的大小。

理论上,式(2-20)的有值区可延伸到无限大,即宏观物体也应有部分的波动性,所以,原则上任何有限的实际物体粒子都有波、粒两重性质。随着粒子体积的增大,其粒子性会越来越强,波动性就越来越弱,到一定程度后波动性将小得可忽略不计,就主要表现为粒子性了,但只要粒子体积不是无限大,也总会有一些波动性,而且正是有这些波动性,宏观物体外面才会产生场。按这样理解,因为量子力学只研究波动性,所以实际上它是把粒子当作是一个质点来处理的,因为只有质点才是完全的波动性。量子力学研究的只是波动性,而牛顿力学研究的则只是粒子性,对不同性质的研究,当然要用不同的方法。

人们可能会问,式(2-20)是对内部均匀物体计算得到的,实际上物体的内部不一定是均匀的,这样是否对倒易关系式(2-21)有影响呢?回答是不会有影响。按衍射理论,在小角区域的散射只与粒子的大小、形状有关,与粒子内部的结构无关,这也是傅立叶变换的性质。粒子内部结构的不均匀会使波散射在更大的角区域,大角区域的散射对应的是物体内部的不均匀区结构。大角相当于 k 值较大,但这时若将 R 理解为只是物体内部不均匀区的大小,只是物体内部的小区域,则仍满足上述的倒易关系。所以倒易关系是正、倒空间之间的普遍关系。对应到物体的运动上,可以这样说,在满足牛顿力学的大颗粒内部也可能存在不满足牛顿力学的小区域。对这些小区域的运动,也要用量子力学方法研究,如固体中的电子运动就要用波动性研究。又因为倒易关系是物体形状的傅立叶变换,所以当物体形状不同时,式(2-21)的比例常数也会有相应的变化,计算指出长度为 L 的一维细棒,其倒易关系就是 $kL < 2\pi$,L 是细棒的长度,这就是狄拉克的结果;对二维的圆形圆片,其倒易关系近似是 $Rg < 3.83$,R 是圆的半径,这个常数是来自一阶贝塞尔函数的第一个零点;对均匀的球体,其倒易关系近似是 $Rg < 4.45$,R 是球的半径;一般来说对一个三维物体,需要有三个倒易关系,分别由三个比例参数表示,对多维空间也应有多个倒易关系,这种倒易关系在量子力学中也称为测不准关系,实际上它是整体量与局部量间的普适关系。

2.8 倒易原理概述

倒空间是由物体的性质作自变量的空间,由于性质就是物体对外作用的表现,而又只有波才能在空间发生相互作用,所以性质总表现为波动性。波是物体整体性质的数学描述形式,其表示的就是一个波函数,波函数对内决定物体的存在状态(干涉掉的部分波),对外表示物体整体对外可能有的作用波(未干涉掉的部分波)。按以上分析,波粒二象性可有两重意义:① 物质的波粒二象性,物质的存在是粒子性的。物体总是以有限大小的颗粒存在于有限空间内,就像是人们熟知的粒子一样。因为是存在决定性质,所以物体的一切性质都是由物体的存在状态决定的,但物体的性质是其位置波对外作用的表现,物体内每个存在的质点上都有其固有的性质波。因为是性质体现存在,物体的存在状态必须要有性质波的对外作用才能体现出来。存在和性质是一个不可分割的整体,自然界不可能有"没有性质的存在";也不可能有"没有存在的性质",所以任何物质都有波(性质)、粒(存在)两重性。② 表现的波粒二象性。物质的存在都是一个有限的空间范围,其中各质点上的位置波要发生干涉,整体性质是这些干涉后的波的对外作用,因此对相干未完的波,它能够对外作用,其对外作用就表现为波动性,而对已相干掉的波,因为它只在物体内存在,在物体以外就不再有这个波,所以它不能对外作用,只有当两个物体接触以后会影响到物体内的干涉情况时才会有作用,这时的作用就表现为粒子性,所以即使是粒子性也是波作用的表现。一般情况都是部分波被干涉掉,所以都会有波粒二象性。

概括地说,用倒空间研究问题,可归结为下面几个基本要点:

(1) 倒空间就是傅立叶空间,它的一切表示都是波的叠加。波的振幅表示这个波出现的概率;波的位相表示具有这个波的物体的存在状态;波的初位相表示其距波源的距离。整个波表示的是物体整体对外的可能性质(作用),不管事物内部的具体过程。事物内部的具体结构能表现出来的就只有这些能对外作用的波,整体性质就是这些波的对外作用特征,人们也正是通过这些性质才能认识事物存在的。

(2) 物体间的作用都是波(傅立叶波)的作用,且作用波的传播速度是有限的(即每振动一个周期就移动一个波长),只要是波,就不可能以无限大的速度传播。因为只有波才能充满整个空间,所以各个事物都是以波相互联系着(哲学上说是**普遍联系**);但波会干涉,所以它们也相互作用着(即**相互制约**)。不仅对物体的存在状态要用谐波的叠加(作用)来表示,而且要改变一个状态也是用波的作用(叠加)来实现的。如用速度波来作用,就使物体由静止状态变为运动状态;用光波作用就会使物体变到衍射状态。且只有波才能作用到整体上,显示的是整体性质。

(3) 叠加后的波只是事物可能的性质波(性质空间或本征波),事物的任何性质都只能出现在这个性质空间内。因为性质是波,它必须被激活后才能产生实际的作用,体现实际的性质,实际表现出的性质都是被激活了的性质波的作用,没有被激活的波,对这种性质等于是不存在,所以性质空间的性质波并不都能真实表现出来,事物表现的具体性质是在具体条件的激活下才会体现出来的,因为性质只在对外作用时才能体现出来。如一个质点可以以任何速度运动,可表示为所有速度波的叠加,它的倒空间就是所有的速度空间,但这只是可能性,质点的具体运动是在被具体速度波激活的情况下才表现出来,因为物体的整体速度只有一个,所以实际它的波函数只是性质空间的一个点。不仅其运动性质如此,而且其静止性质,如物体存在的空间体积大小、延伸长度等也都由倒空间波的叠加来体现的。

(4) 由于物体的存在空间是一个有限的区域,所以倒易点不是一个几何点,都有一定大小,其大小由测不准关系来确定,与物体的形状、大小成反比。由于倒空间常用来研究体积较小的物体,所以倒易点的大小应是不能忽略的。也可以这样说:当倒易点很小,相邻的倒易点可以相互分开时,事物可显示为粒子性;而当倒易点大到相邻倒易点相互重叠时,就显示为波动性。

(5) 同一空间的量只能与同一空间的量发生作用,不同空间的量相互作用时必须做一个变换,变到同一个空间来,否则无法相互作用。所以波与物体的作用就只能是波与物体傅立叶波的作用;波与狭缝的作用也只能是入射粒子波与狭缝傅立叶波的作用(参见第7章狭缝衍射)。

3 倒易空间的力学
—— 量子力学

牛顿力学和量子力学都是由实践总结出来的,牛顿力学是由研究物体运动总结出来的,把物体整体看作是一个质点,研究质点的运动,当然它只适用于能用质点代表的物体;量子力学则是由研究物体间的作用总结出来的,把物体看作是一个波包,当然它也只适用于能用波表示的物体。因为它们都是从特定的实践中总结出来的,所以都只适用于特定的范围,它们研究的都是运动,但使用的方法却不相同,这说明它们是在不同的空间里研究运动。

力学是研究物体运动的科学,要运动必然要有速度,按牛顿的定义,速度是位置 r 的时间变化率 $\dfrac{dr}{dt}$,原则上 r 是空间一个几何点,但人们通常把它看作是物体整体的空间位置点。而实际的物体都是有一定空间分布的整体,它的位置是一个空间范围,要想用一个几何点来代表这个范围,必须是所研究的性质在这个范围内的每一点上都完全相同才行,或者各点上的性质差别对整体性质不产生有效的影响才可以。牛顿力学研究的正是这种情况,认为以速度 v 运动的物体内的每一个质点也都是以同一速度 v 运动的,或者即使个别质点有另外的速度,也不会对整体速度有可观的影响。这样在研究物体运动时,就可不考虑物体的形状、大小,也不考虑物体内各质点的速度差别,就用一个质点代表整个物体来研究这个质点的运动(质点力学),这实际上是把局部速度作为整体速度,只对整体速度等于局部速度的情况有效,这时的速度 $\dfrac{dr}{dt}$ 中的 r 也只能说是物体整体位置的代表点,并不真是整体位置。这个条件显然只有宏观物体适合,因为按测不准关系只有对宏观物体才可以说它有一个较确定的整体速度 $\dfrac{dr}{dt}$,这个速度也可近似地认为是物体内各质点的平均速度,如果把物体内的速度分布按傅立叶展开,则其展开的常数项就是其速度的平均值,因为常数项中不含波动部分,所以平均值是各独立性质量的整体量。但当物体体积很小时,如小到只有原子大小时,就不存在有一个确定的整体速度,因为平均速度的准确度是与参与其平均质点的多少有关的,体积越小则包含的质点也越少,误差也就越大。就平均值而言,一个粒子内各质点的速度总是围绕其平均速度波动的,所以平均值会有一个波动范围,波动范围的大小与粒子的大小成反比,对一个质点就完全不能确定其速度了,这样牛顿力学就无能为力了。当人们的研究深入到比原子还小的物体时,牛顿力学就不能应用,这时物体内不同位置的不同速度会使整体速度变得不能确定,而研究运动又必须研究其整体速度,这样就存在如何用一个数学表达式来表述和研究整体速度的问题。这只能在倒空间研究,因为倒空间的一个坐标点(一个性质)对应于全部的正空间,它不是研究单个存在质点的作用性质,而是研究一个存在状态整体的作用性质,即量子力学,所以说量子力学是在倒空间研究运动的力学。对一个整体物理量的数学描述就是一个波,它的波矢是表示某个整体性质量,波布满全部空间,波又是可以相互作用的,所以它表示的是一个状态整体能对外作用的性质波,当然也包括速度。牛顿给速度下的定义是 $v = \dfrac{\mathrm{d}r}{\mathrm{d}t}$,当物体有一定大小时,因其内部每个点 r 上都会有一个速度,这样在物体内部就有一个速度分布 $v = f(r)$,各点的速度要相互作用就必然要把它表示成一个速度波,这些波的干涉就是傅立叶变换,所以物体的整体速度应是这个速度分布的傅立叶变换,即整体速度的倒空间表示是:

$$F(k) = \int f(r)\exp(\mathrm{i}kr)\,\mathrm{d}r$$

这里为了与习惯表示形式一致,又用 k 表示整体速度(一般情况下,它是写作对外作用波的波矢量 g),通常它也有一个变化范围,是物体可能有的整体速度空间。可能速度并不是真实速度,只是整体可能有的速度空间。要研究某个速度,还需要用一个具体速度波来激活,这样才会是一个真正能起作用的速度波。这一点可以这样来理解,各点上的速度相当于噪声,整体的速度相当于信号,当信号远大于噪声时,可把信号当作一个整体性质单独处理,这就是牛顿力学的范围;而当信号淹没在噪声之中时,要想研究某个信号速度,就必须用一个相应的速度波才能把要研究的信号速度过滤出来,也就是要用一个具体速度波来激活,一个波只激活一个和它相应的那个速度波,这就是量子力学的研究方法了。牛顿力学研究的是整体问题,使用的是局部定义的速度,所以在微观领域当噪声速度和信号速度相当时,就不能适用了。

3.1 量子力学中波函数的由来

量子力学直接引用一个平面波来描述一个运动的粒子,用平面波的叠加来描述一个运动状态,称为波函数。量子力学的一切特征都可看作是由波函数而来,这就是倒空间的描述方法,因为倒空间的任一个元素在正空间表示都是一个波。这里先讨论一下其物理机理:对运动而言,如果把物体中所有速度相同点的速度用一个矢量 k 来代表,这样就可列出物体中具有 k_1 的质点分布、具有 k_2 的质点分布等,如果把不具备这个速度的质点认为是零速度,则 k_1、k_2 等的分布就都是物体的一个整体速度分布,也就是说这是按速度将分布函数展开。必须说明,这里说的速度并不一定真实存在,确切地说应当是性质,只是这里讨论运动才把它说成是速度。显然具有某种速度的质点越多,则整体以这个速度运动的概率就越大。平均速度可看作是这些速度的概率和。牛顿力学认为物体的整体速度就是其平均速度,这就没有考虑到物体是一个整体,其各点的速度要相互作用的问题。实际上这种观点是只就速度进行统计平均,没考虑物体是一个统一的整体,就如一朵云团,它可用一个平均速度描述,它各点局部的速度是相互独立的,所以云团不是一个整体,它会扩散,也没有固定的大小和形状。而量子力学认为,各质点的速度都是一个速度波,不同位置点上相同速度的速度波是要发生干涉的,干涉的情况与各质点的相对位置有关,所以干涉就能将物体内各质点固定在相应的位置上,使物体连成一个整体,干涉后的波代表的是参与相干各点全体的波,所以只有计入干涉才是把物体看作一个整体,只有干涉后的波才是整体的对外作用波。干涉就是相互作用,没有作用就没有固定的整体,所以对整体量必须用波来表示。因为只有相同波矢的波才会相干,这样每个 k 值(相同速度的质点整体)就有一个相应的整体速度波,其波矢就是 k,这样物体中有多少个速度 k,就会有多少个可能的速度波,这些波矢 k 就构成一个速度空间,即其倒空间,物体的整体速度只能是这个空间中被激活的一部分。应当说,不同的速度波只是物体的可能速度波,物体整体不可能同时以不同的速度运动,只有被激活的速度波才会体现有整体运动,因此,物体将以相应的概率按激活的速度运动,以不同速度运动就是具有不同的波动状态。显然,每一个波表示物体整体一个可能的运动状态,在这个状态中有一个统一的性质量,即波矢量,以波矢做自变量的函数就是波函数,由波矢形成的空间就是倒空间。

上述只是想说明倒空间的描述方法,实际上,由于粒子内各质点的速度分布也常是未知的,也就无法确定具有速度 k 的质点有多少,同样也无法计算它们的干涉以及如何用倒空间来描述它。因此,量子力学是用统计的方法来研究可能的速度,即按一般的逻辑关系,既然不知道某个质点的具体速度是什么,就认为质点可具有各种速度(包括大小和方向),而且以任一速度运动的概率都是相同的。因各质点的速度是发自各质点自己的位置 r 上,这些速度要靠物质间的相互作用才能作用到一起来。因为只有波才能产生作用,所以这些可能的速度都是以速度波的形式相互作用(关联)着。一般地说,倒空间的表示就是将这些可能的波叠加起来(合成)。因为是波的叠加,所以有干涉,干涉就把物体连成一个整体。因每个质点都有各种可能的速度波,物体中不同质点的那些相同速度的速度波将互相干涉,干涉的结果就是这个物体可能表现波动性的整体速度波,各个不同的整体速度将形成一个速度空间,速度也将在这个速度空间中形成一个分布函数 $B = u(k)$,这就是物体整体对外可能有的速度空间结构(相当于晶体的倒易点阵),速度空间的任一坐标点都是物体一个可能的整体速度,同样,物体的任一整体速度也都是这个空间内的一个坐标点。

这样理解可能会产生两个问题:一是虽然一个质点可以有各种速度(性质),但每一时刻也只能有一种整体速度,这样计算是否合理?二是相干波需要有相同的频率和固定的位相差,其频率可来自相同的速度 k,而位相差则是与质点的相对位置及初位相都有关的,在具体物体内部,质点的相对位置是固定的,会形成固定的位相差,但其初位相则可是任意的,既然不可能规定各质点在什么时间同时开始运动,又怎么能够干涉呢?所以说这些干涉后的波也都只是可能的整体速度波,并不是真实的速度波,并不会产生真实的波动性,但真实速度也只能出现在这个可能的速度空间内。或者说这样计算的干涉只是可能的干涉,并不一定是真的发生干涉,但只要发生干涉,就一定会是这种结果。产生这个问题的原因是这里计算的干涉都是指不运动的波,这些波都与时间无关,所以不存在初位相问题,它们在任何时候都这样干涉着,考虑到时间就是整体速度波的传播问题。对运动可以这样理解,即当物体整体以某个速度 v 运动时,它一开始运动,就迫使每个质点同时按这个速度运动,这样就给有这个速度中的每个波一个相应的初位相(起始时间),这样它们就会真的发生干涉了。这就是用速度 v 来激活一个整体速度波的物理过程,这个被激活的波才会是真实对外显示速度的速度波,它是各质点的局部速度波相互干涉的结果,它的对外作用体现为物体整体以速度 v 运动。撇开这个具体过程,是速度 v 激活了一个可能的速度波。因为干涉的结果总是留下相位相同的部分波,所以在 $B = u(k)$ 中属于同一速度 k 的各个质点的速度波都是同步运动的,函数 B 表明这些同步速度波的权重(概率值),因此,它也是表示干涉后物体中可能有的速度波的分布。速度 v 要能作用到整个物体上,就必须是一个速度波,用波谱分析的话说,就是必须用一个信息波才能将要研究的信息过滤出来。用数学表达式表示就是,可能的速度波可写作 $\sum u(k_i)\exp(-ik_ir)$。这里求和是对不同的速度求和,因为不同的波矢 k 之间是不会干涉的,所以总的可能速度是各个可能速度的代数和。再用一个具体的速度波 $\exp(ikvt)$ 作用在这些可能的速度波上,就可写作是 $\exp(ikvt)\sum u(k_i)\exp(-ik_ir)$,因为一个波只和与它相应的波起作用,对其他的波不起作用,所以作用的结果是:

$$\exp(ikvt)\sum u(k_i)\exp(-ik_ir) = \exp(ikvt)u(k)\exp(-ikr)$$
$$= B\exp[-i(kr - kvt)]$$

这样,一个粒子的运动就是一个传播的平面波。这个波表示的是等速运动粒子可以以速度对外作用的波;反之,也正是这个波的作用才能体现出粒子是以速度 v 运动的。当然,如果同时有多个速度波来激活,也会激活多个整体速度波,这时物体的速度也将是多个速度的合成速度,其对外的作用也是多个速度波的叠加,即所谓情态叠加。一般来说,波矢 k 不一定代表速度,而是一个状态的性质,所以激活的波也并不一定是速度波,用什么波来激活,激活的波就显示什么样的性质,所以在一般情况下用 g 表示波矢,它不一定是速度波矢。

因为每个质点的运动都是一个平面波,这些同步运动的速度波就会因相干相长而加强。如果物体整体以某个在 B 中存在的速度 v 运动,它激活的将是其中相应的速度波 k,这样对外作用就表现为波动性,其波动性的程度由相应的 B 值来定,B 值越大则波动性就越强,当 B 值为零时,物体就没有这个波的波动性了,再用这个波来作用(激活),它表现出的就是粒子性,所以运动物体是否表现波动性还与激活它的速度 v 有关。如对质子,用常规速度激活时它呈波动性,而当用高能量速度激活(作用)时则仍会表现为粒子性。分布函数 B 的有值区域就是倒空间的大小,也是波动区的大小,按倒易关系,这个区域和正空间是互为倒易的,物体体积越大,则分布函数 B 的有值区域就越小。量子力学就是在这个小区域内研究运动的力学,也就是说量子力学是倒空间的力学,它直接引用一个平面波来描述一个粒子的运动,实际上这个平面波就是速度 v 激活的一个整体位置波。应当说倒空间的自变量是波矢,不是速度。只是因为力学里说的倒空间就是速度空间,其波矢是由速度激活的,所以这时的波矢才相当于速度,又因为速度的量值在力学中已经做了定量的定义,所以波矢 k 和速度 v 之间还必须有一个比例系数才能使它们在定量上一致。量子力学中称 k 为动量,这就等于说是把这个比例系数看作质量,确切地说,作用时可交换的是速度,但实际交换的物理量是动量。如此理解这里说的速度和动量;也可看作是等价的,因为这里说的速度是指物体整体的速度,而质量也是整体的质量,所以速度空间也可说是动量空间。但严格地讲是不对的,因为速度可以有局部速度和整体速度之分,而质量则只是一个整体量(只是一个比例系数),没有局部的质量,人们不能说一个质点的质量是多少,只能说一个粒子的质量是多少。同样,可以在每个质点上定义一个速度,其整体速度可看作是各质点速度的平均值,但不能给每个质点上定义一个动量,即使形式上定义一个动量分布,则其整体动量也不是各质点动量的平均值。就作用的意义来讲,运动的物理体现是速度,即物体只能以速度对外作用,可对外交换的是速度,但实际速度作用时交换的物理量是动量,这是实际作用的普遍结果,牛顿定律说的就是这个结果。类似牛顿定律,也可以说,物体受到动量的作用,会产生一个速度,其速度的大小与动量成正比,与质量成反比。使用的空间不同,其处理方法和得到的结果也会不同,量子力学是一门用另一种方法研究运动的力学,不是牛顿力学在微观区域的延续。其实,宏观物体也有波动性,只是用一般的常规速度不能激活其任何整体速度波,所以才表现为粒子性。

3.2 粒子波函数的物理意义

量子力学是用一个波函数来描述粒子的运动状态,这里指出波函数是粒子用倒易空间的描述形式。因为物体间的作用都是波的作用,所以波函数也是表示运动物体可以对外作用(性质)波组成的函数。运动的表征是速度,所以研究运动的倒空间是速度空间,波矢 k 代表速度,它的波函数表示的是运动物体可以以速度对外作用。因速度的量值已在力学中做了定量的定义,所以作用中 k 的实际量值是一个与速度成比例的量。设取

$$k = uv$$

当 $v = 1$ 时,得

$$u = k$$

因为 k 是单位长度上的波数,v 是单位时间的长度,所以比例系数 u 就是在单位长度上单位时间内的波数,后面会指出对纵波而言,这个波数在物体受到外力波作用时会对力产生阻碍作用,体现物体的惯性,因此它与质量相当,这样这里的 u 可以说是由波矢 k 来定义的质量。同理,因质量也已在牛顿力学中有了定量的定义,所以 u 与牛顿力学中定义的质量之间也有一个比例系数,后面会给出这个系数就是普朗克常数 h,这样就得到波矢 k 和动量 p 间的定量对应关系

$$k = \frac{p}{h}$$

可见 h 是两个空间度量单位间的比例系数,它会使得两个空间的一切物理量间都会有这个比例系数,不仅有德布罗意关系 $p = hk$,能量间的关系 $E = h\nu$,而且也有质量间的关系 $m = hu$ 等,这里的质量 m 是牛顿力学中定义的质量。波函数形式上虽然是一个波,但它只是用来描述运动粒子的数学形式,是粒子可以以速度对外作用的波。粒子的波动性只表现在它和其他物体的作用上,笔者认为物体间的一切作用都是波的作用,以速度对外作用时可交换的物理量是动量,以加速度对外作用时可交换的物理量是力。因为波函数是粒子内各质点的波相互干涉的结果,其干涉掉的部分波就不会在整个空间存在,因此也不能再以波对外作用,即不能显示波动性,但它们仍可能在粒子内部存在,形成将粒子内各质点结合在一起的驻波,这时只有当两物体接触以后涉及其驻波要变化时才会有作用,这就是粒子性作用(碰撞);其未干涉掉的部分波可在整个空间存在,其作用会显示波动性。概括地说,倒空间给出的是粒子,具有可能对外作用的波,但这些波并不一定真正能起作用,只

有当它们被激活后才能起作用,由激活的波组成的函数才是量子力学中说的波函数,它体现出的是有一定性质的一个物理状态,用一组具体性质将能激活一组相应的波,也有一组相应的波函数。匀速运动粒子的波函数是一个平面波,就是一个被单一速度激活的波,其波矢的相应速度体现的是粒子以一定速度运动的状态,它可以以速度对外作用,它能和外界进行物理量交换的是与速度有关的物理量。后面会给出谐振运动粒子的对外作用也是一个平面波。因为作用是相互的,所以这里说的对外作用既包括粒子对外的作用,也包括外部对粒子的作用,是物体间可以相互交换物理量的部分。人们看到一个运动粒子可用一个平面波表示,就认为粒子本身是一个波,或总想找出粒子是如何波动运动的,这是徒劳的,粒子本身既不是波,也没有做波动运动,它依然是以粒子形式在运动,但它对外的作用是波,量子力学就是在研究相互作用(性质)中总结出来的。运动粒子对外界(如狭缝)的作用,就是其傅立叶波的作用,作用时必须计入波位相和波矢的变化,这才是实际表现的波动性。

3.2.1　质点粒子的波函数

既然量子力学是在倒易空间研究运动的,倒空间就是傅立叶空间,就可用傅立叶变换将一个正空间描述的运动方程变换成倒空间描述的波函数。

(1)设有一个粒子,为方便计算,把它看作是一个质点(不考虑体积的影响),在正空间位于原点的一个质点是用一个 $\delta(r)$ 函数来描述,它的傅立叶变换是一个常数 A,再反变到正空间(它在欧氏空间的表现)就可得其正、倒空间的关系为:

$$\delta(r) = \int A\exp(\mathrm{i}kr)\mathrm{d}k = A\int \exp(\mathrm{i}kr)\mathrm{d}k \tag{3-1}$$

上式的右边是倒空间的表示形式,即在正空间的一个质点 $\delta(r)$,在倒空间就是处处有相同振幅 A 的所有波的叠加,这表示质点粒子可以以相同的概率处于倒空间的任何位置,即它可体现出任何性质,且每个性质出现的概率都相等,即质点的倒空间是均匀分布的整个空间。在以速度为变量的倒空间里,解释为一个质点可在任何位置以任何速度运动;在以衍射为变量的倒空间里,表示质点粒子可向任何方向散射任何波长的波。或可以说是质点粒子可能具有对外作用的任何波动态,且每个波动态出现的概率都是相等的。倒空间的表示法就是给出这些可能的波出现的概率,这就是波函数概率解释的实际意义。因为波是可以相互作用的,所以式(3-1)可以理解为一个质点粒子可能以任何波对外作用,均匀分布在整个倒空间中,不论被什么性质波来激活,都会显示出波动性,即质点粒子只有波动性,没有粒子性,而且式(3-1)的波只是一个位置波,与时间无关,显然不能说其 k 是动量,它是对质点存在状态的波动描述,因为存在决定性质,所以质点所处的位置是一切性质波的发源地,只有有质点处,才会有性质波发出。当用具体速度激活时,k 就是动量,体现出运动的性质;当用光波激活时,k 是衍射矢量,体现衍射性质;当再有其他质点存在的位置波激活时,k 仍是位置,体现的是不同位置处两个质点间的作用力。

（2）如果质点粒子的位置在 r_0 处,则在正空间是用 $\delta(r-r_0)$ 函数表示,其傅立叶变换为 $A\exp(ikr_0)$（其波谱不变,但多了一个相因子振幅）,再变到正空间即得:

$$\delta(r-r_0) = \int A\exp(ikr_0)\exp(-ikr)\mathrm{d}k$$

$$= A\int \exp(ikr_0)\exp(-ikr)\mathrm{d}k \qquad (3\text{-}2)$$

即在正空间的一个不在原点的质点,用倒空间描述时就多一个波,这个波只是表示质点的初始位置,所以说,波 $\exp(ikr_0)$ 也是位置波。由于波的位相中 k 和 r 的等价性,既可以说它是正空间的位置 r 在倒空间的体现,也可以说是倒空间的位置 k 在正空间的体现,傅立叶变换正是利用这个关系进行两个空间的变换的。其数学意义是:定义域中的一个元素 r 对应于全部的值域,反之值域中的一个元素 k 也对应于全部定义域。式(3-2)指出用倒空间描述质点的平移就是用一个位置波对其傅立叶波作用来实现的。这个波不表示运动,这里出现的波只相当于坐标原点选取的不同,对粒子本身的性质不起作用,是傅立叶变换的相移性质,也可以说是质点粒子可处在空间任何位置,其性质都不会变化。位置波只激活它一个 r_0 的位置,这样才能体现出粒子是处在 r_0 的位置上。因为同一个平移量 r_0 会对不同的波矢产生不同的效果,即对不同的波矢会产生不同的位相差,所以这个波的物理意义就是 r_0 点的性质波相对原点性质波间的位相差。在量子力学中称它为相因子,它不影响波函数的性质,不论用什么速度来激活,也都会和在原点的质点一样显示同样的波动性。至此还没涉及速度,所以上面说的结果对任何性质都适合,不只限于运动速度。因为它们都与时间无关,所以这些波体现的都是静止粒子的存在状态,或者说式(3-1)是质点粒子存在状态的波谱,它是一个均匀分布的波谱,它的倒空间是由全部波组成的空间,用任何波都可激活它。又因为它是位置波,所以,如果空间另有一物质质点,则原点的位置波就会与 r_0 点的位置波发生干涉,这样其中必然就会有一个波被干涉掉,因为这个波自原点到达 r_0 点时,会有个位相差。由公式(3-2)可见,其中一个 $k = \dfrac{\pi}{r_0}$ 的波将会全被干涉掉,参见图 3-1,这样在它们共同的倒空间中就少了一个波,即两个质点整体的倒空间就会少掉一个元素,如果再用这个波来作用这两个质点的整体,则体现的就是粒子性。随着质点聚集的增多,就会有较多的波被干涉掉,因此,随着物体体积的增大,它的倒空间将会越来越小,即粒子性将越来越强,而且这时的倒空间也不会是均匀的,而是会因堆积的结构而变化,即会形成

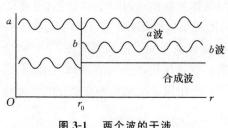

图 3-1　两个波的干涉

一个相应的波谱,这个波谱在倒空间也会占有一定的分布形状,它也可说是粒子整体性质的大小和形状,它在正空间体现的也是粒子的大小和形状,按倒易关系,物体在两个空间的大小和形状是互为倒易的。方形粒子有方形的波谱,但其面积互为倒数;圆形粒子也有圆形的波谱,但其半径互为倒数。一般说在正空间有一个什么样的物体,在倒空间就有一组相应的波谱,这些波谱中的波就是这种物体可能的对外作用波,也是体现物体存在的性质波。物体的一切性质都是这些波谱中波的作用结果,如果只用一个波就可表示某个性质,则这个性质就是一个单色平面波,如果需用多个波表示性质,则这个性质就是多个波叠加的波(情态叠加),相应的波函数也是多个波的叠加。

(3) 如果再假定在 r_0 处的质点粒子以恒定速度 v 沿 r 方向运动,则它在正空间的表示为:

$$f(r,t) = \delta[r-(r_0+vt)] \tag{3-3}$$

它的傅立叶变换为:

$$F(k,t) = \int f(r,t)\exp(ikr)\mathrm{d}r = A\exp \mathrm{i}(kr_0+kvt) \tag{3-4}$$

这就是运动质点粒子的傅立叶波的波谱,$F(k,t)$ 是其第 k 个谐波的振幅,将 $f(r,t)$ 用倒空间表示就是:

$$
\begin{aligned}
f(r,t) &= \sum_n A\exp \mathrm{i}(k_n r_0 + k_n vt)\exp(-\mathrm{i}kr) \\
&= A\exp \mathrm{i}(kr_0)\exp[-\mathrm{i}(kr-kvt)] \tag{3-5}
\end{aligned}
$$

其波矢是 k,这里 k 只有一个值,因为这里讨论的是恒定速度。如果把 $f(r,t)$ 按速度展开,即把 $f(r,t)$ 展开为 $\sum_v F(v,t)\exp(-\mathrm{i}vr)$,代入式(3-4)中,可得:

$$
\begin{aligned}
F(k,t) &= \int \sum_v F(v,t)\exp(-\mathrm{i}vr)\exp(\mathrm{i}kr)\mathrm{d}r \\
&= \sum_v F(v,t)\int \exp[-\mathrm{i}(k-v)r]\mathrm{d}r
\end{aligned}
$$

可见只有当 k 等于速度 v 时上式才会有值,所以说这里的 k 表示速度。假定这里的速度是常速 v,它就只能激活一个相应的波矢 k,这样 k 也就只有一个值,因此式(3-5)的求和中只有一项,可直接写出其结果。再把 k 理解为粒子的动量(以速度作用时能交换的物理量),就得到一个运动粒子平面波的波函数。可见并不需要将粒子本身看作波,也可得出粒子的波函数。而且式(3-5)说明,对一个运动状态的粒子,若用正空间表示,它就是式(3-5)左边的一个运动方程 $f(r,t)$,而要用倒空间表示时,它就是式(3-5)右边的一个平面波波函数,两边相等表明这两种描述是等价的,只是微观粒子的运动方程将极不准确罢了。波函数只是一个用倒空间描述粒子运动状态的方式,按傅立叶变换的性质它表示的是粒子所处状态整体的对外作用,因为这里只有一个速度值,所以这个状态的概率为1,粒子完全处于这个状态,它对外的作用就是一个传播平面波的作用。确切地说是粒子以速度对外的作用是一个平面波的作用,其运动仍是粒子的运动。式(3-5)中包括两个波,一个是上面已讲过的与位置有关的位置波 $\exp(-ikr)$,另一个是与时间有关的速度波 $\exp(ikvt)$。可见,运动粒子对外可有两种作用,一是与位置有关的势,二是与时间有关的速度。也就是说,即使是位置不变的情况,粒子也可用速度和外界发生作用。显然,粒子有了速度就多了一种对外作用的本领,人们把用速度对外作用的能力称为动能,而把用位置对外作用的能力称为势能。动能和势能是波位相中的变量,也是物体间相互作用可交换的物理量,统称能量。

由式(3-5)可见,对一个质点粒子的运动既可以在正空间用 $f(r,t)$ 来描述,也可以在倒空间来描述,二者是等价的,它们之间是傅立叶变换对的关系。人们可能会问 $f(r,t)$ 是正空间的表示式,它有确定的位置关系,而波函数只有概率意义,二者怎么能等价呢?这里说的等价只是指数学描述上的等价,因为它们是对同一事物在不同空间的描述方式,是从不同的侧面进行的描述,函数 $f(r,t)$ 只描述粒子各局部存在的空间状态,不考虑其整体对外的作用,所以可不用波,但这个状态会有一个相应的波谱 $F(k)$,它决定着粒子可能的对外作用;而波函数则是要描述其整体对外的实际作用,要研究对外作用就必须用波,当然这些波也都来自于粒子自身,体现的是粒子整体的存在状态。对质点粒子表现为全部波动空间,对任何速度,都是用一个行进的平面波表示,对质点,分布函数 $f(r,t)$ 不存在,它变成一个运动的 δ 函数。但当粒子有一定大小时,它的位置会有一个分布区域,在这个区域内的任意两个质点间必然会干涉掉一个相应的波,这样波谱 $F(k)$ 中的波就会减少一些,即随着正空间质点的增多,倒空间 $F(k)$ 将会逐渐减小,即其粒子性增多、波动性就减少。

对式(3-4)可以这样来理解,一个质点粒子可能处在空间的任何位置,以任何速度运动,但是一旦确定粒子的速度为 v,它就只能是波矢为 $k=mv$ 的传播波。mv 是粒子的动量(广义的),这就是量子力学的结果。因为倒空间的自变量是波矢量,所以描述位置就是用一个位置波作用在粒子存在的傅立叶波上;要描述运动,就是用一个速度波作用在粒子存在的傅立叶波上得到的,按傅立叶变换的性质,速度波将会滤去所有决定粒子形状的位置波,只保留 $k=mv$ 的一个波,如果将式(3-4)改写为:

$$F(k,v) = A\exp(-ikvt)\exp i(kr) \qquad (3-6)$$

就更清楚了。这就清楚地说明物体的运动速度是速度波对位置波作用的结果，或者用 X 射线中的术语说就是速度波激活了一个位置波。粒子可以没有速度，但不能不占有空间位置，所以也可以说位置波是反映存在的具体位置间的作用，是物体存在固有的、可能的性质波，一个运动速度只激活一个可能的性质波，这样式(3-5)就是一个激活了的傅立叶波，这样的波才是描述实际粒子运动的波，它体现出的是粒子以速度 v 运动，以及这个运动状态可对外的作用。由于作用是相互的，式(3-6)也表示物体的傅立叶波对速度波的作用。由于 k 是由速度激活的，所以这里的倒空间就是与速度相应的空间，这个空间中的每一点都对应一个速度，其倒空间的原点是取在速度为零处。又因对一确定的运动物体，一个速度也对应一定动量、动能，所以速度空间也可表示为动量、动能空间，量子力学中称这种情况为**表象**。如果再把式(3-5)写成波动的形式，即将其中的 k 和 kv 用相应的波长 λ 和频率 v 代替，就可直接得到波动和粒子间对应的德布罗意关系。即：

$$E = kv = v, \quad p = k = \frac{1}{\lambda} \tag{3-7}$$

显然德布罗意关系是同一个物理量在不同空间表示时的对应关系，并不是微观粒子本身特有的波粒二象性关系。或者可以说德布罗意波就是被速度激活的傅立叶波，并不说明粒子物体本身是波。在这个关系中未引入普朗克常数 h，这说明普朗克常数 h 也不是倒空间特有的普适常数，只是一个用速度作为倒空间时的比例系数。一般来说，对不同的倒空间也会有不同的比例常数，h 只是动量 p 与波矢 k 间的比例系数，当波矢 k 不是代表动量时，将会是另外的比例系数，如在相对论中就不是这个常数。比例系数是两个系统度量单位间的兑换关系，在以速度构成的倒空间中，h 也起对度量单位的缩放作用；因速度也对应能量，h 也显示为能量的单位，称为能量量子，这些后面还会进一步讨论。

3.2.2　德布罗意波的物理机理

波函数是量子力学的基本理论，这里再对它的物理机理作进一步讨论。一般来说，一个传播的平面波可写作：

$$\psi = A \exp i(kx - \omega t)$$

这里 k 是波矢，它决定着波的传播方向和波长，A 是波的振幅，因为通常是取波矢方向为实轴，所以对纵波 A 是实数，对横波 A 是纯虚数；ω 是频率，这是一个传播波，它是一个被激活的位置波，因为它会随时间变化，所以是一个"活"波。上式也可写作两个波的相互作用形式，即：

$$\psi = A \exp i(kx) \exp i(-\omega t)$$

这里前一个波只与位置有关，它是位置波，但它不随时间发生变化，因而也不会对外产生作用,所以说它是一个"死"波;后一个波只与时间 t 有关,它决定着波的传播速度。要想把位置波激活可有两种方法,一是如上式所示用一个频率为 ω 的波来作用它,使它成为一个传播波,这样波就会随时间发生变化,产生作用;二是让位置 x 随时间变化,这样也会形成一个传播波。前者是用一个外来波来(作用)激活,它要求波上各点都按频率 ω 振动,但各点的位置 x 不变,如用光波来照射一个物体可得到物体的颜色,就是光波激活了物体的一些位置波,这时只有激活波的传播,原波的位置没有变化;后者是整个波的位置都随着 x 的变化而变化,但整个波形没有变化。德布罗意波就是物体整体位置 x 随时间 t 的变化激活了物体自身的位置波,它是整个波位置的移动体现的传播波,没有在波自身上由此及彼的传播,它可在真空中传播,不需可振动的介质,因此不要求激活波的频率和位置波一致,它的频率是由波矢和速度共同决定的。因为波矢 k 是由粒子自身存在状态决定的,它只有波长,没有频率,所以实际上它的频率是由速度决定,它是由速度激活的,只要有速度(激活)它就以频率 ω 振动着,所以可被任何速度激活,未激活前它只有位置波,没有速度波。具体地说,假设这时的粒子整体是以速度 v 沿 x 方向运动,则这时粒子的位置将会变为 $x+vt$,将它代入上式的位置波中得到:

$$A \exp \mathrm{i}[k(x+vt)] = A \exp \mathrm{i}(kx+kvt) = A \exp \mathrm{i}(kx-\omega t)$$

这里的 kv 就是 ω,因为 k 的量纲是单位长度上的振动次数 $\dfrac{n}{L}$,而速度的量纲是单位时间的长度 $\dfrac{L}{t}$,所以 kv 的量纲就是单位时间的振动次数 $\dfrac{n}{t}$,这正是频率的量纲,所以,可以说 kv 就相当于一个频率。可见这个频率只是一个波矢为 k 的波在空间以速度 v 移动体现的结果,是一个波整体在空间的平移,也像介质中看到的由各质点振动产生波的传播一样,有一个相应的频率。因为这并不是波自身的传播,而是一个波整体平移产生的传播效果,其传播速度也不是波自身的传播速度,而是粒子的运动速度 v。这时粒子的波矢 k 不变,也没有介质的振动,所以这种波本身不携带能量,波也不能离开波源单独传播,只是使波源有对外作用的能力,其对外作用时可对外交换的能量仍是波源粒子自身的运动能量。这就是德布罗意波与一般波的基本区别,量子力学把这两种波的区别说成是它们振幅的意义不同,这实在是丢了西瓜,捡了芝麻,只抓住个皮毛,而且这个芝麻还不是真正的芝麻。

　　顺便指出,因为频率是单位时间振动的次数,它与时间对应,一般来说随时间的变化率就是速度,而一个波中可有两个随时间变化的部分,一是波自身的传播速度,它是波沿波矢 k 方向的传播速度,即每作用一个周期时波必须移动一个波长,因为单位时间作用的次数为频率,所以传播波传播速度为

$$c = \omega\lambda = \frac{\omega}{k}$$

k 是单位长度上的频率,是物体固有的,所以传播速度只与波的传播空间有关,即其激活的频率,又因激活波的频率与空间有关,所以对一定的空间只会有一定的传播速度,波速也与频率无关;二是波源的移动速度,即波整体的移动速度,这个速度可以因具体的运动速度而有任意值,它与传播的空间无关,这个速度结合波矢 k 会产生一个频率,这就是德布罗意波,从这个意义上来讲,也可说德布罗意波不是傅立叶波(是傅立叶展开式中没有波动部分的常数项在随时间变化)。当波源不动时,波只有一种频率,形成波自身在空间的传播速度;当波源也移动时则是两个频率的合成频率,这时传播的波会产生多普勒效应。德布罗意波的速度是波源移动的速度。且因为波自身的传播速度很快,所以通常忽略了波自身的传播速度,只用波源的移动速度,这只适用于比波传播速度小很多的低速情况,当速度很高时就需用相对论来讨论。

3.2.3 波包不会扩散

下面再讨论波包的扩散问题。在量子力学发展的初期,曾有人把粒子看作是一个波包(粒子的傅立叶波合成),由于可得出波包在运动中会扩散的结论,所以被放弃(由此认为构成波包的波不是傅立叶波)。这是概念性错误,波包不会扩散。用波包表示,就是在倒空间的表示方法,既然用倒空间表示就应当遵从倒空间的规律,在倒空间要表示粒子的运动状态是用一个相应的速度波来激活的,按波动之间的相互作用,一个波只和与它相应的波起作用,一个有固定速度的速度波,就只能激活一个相应动量的波,对波包中其他的那些波不起作用。其物理意义是:粒子匀速运动时,只用一个速度就足以描述这种运动状态了,即只有一个波的运动就足以描述粒子的整体运动了,其他那些波因为未被激活,所以仍是保持与时间无关的位置波,它们的合成仍然是原波包对应的物体形状,但其中会有一个波在运动(传播),这体现的就是一个波包在以速度 v 运动,因此不存在波包的扩散问题。早期得到波包扩散的结论,是认为波包中所有波都在运动,而不同的波又有不同的波矢 k,所以波包就扩散了,这是概念性错误。波包扩散是量子力学初期一个重要的观点,给德布罗意波披上了面纱,一直阻碍着人们对德布罗意波的认识,所以这里再多说几句,以便大家分析。笔者认为波包不会扩散,其原因可分三个方面来说明:①所谓波包就是指一个粒子的傅立叶波展开,如果展开后波包会扩散而变成不是原来的粒子,这就表明傅立叶展开本身就是错误的,这样不仅物理上不能接受,就连数学上也不会有人承认,因为傅立叶展开只受狄利克雷条件限制,与粒子是否运动无关,而且在很多实际应用中也都已证明傅立叶展开是正确的。实际上物体存在状态中根本不含时间,它的傅立叶展开中也当然不包含时间,所以是不可能扩散的。②量子力学已经承认一个粒子的运动是用一个平面波来描述的,这就表明其他的波对这个运动状态不起作用,因而在研究运动时可不考虑,就像研究一个物体的直线运动一样,虽然它是一个三维空间的物体,但只用一维就足够描述了,可不考虑其他二维的情况,上面看到速度 v 只激活一个傅立叶波就是这个原因,而一个单色平面波是不会扩散的。而且即使能激活多个速度波,按情态叠加原理,这些速度波也只会形成一个速度包(倒空间的波包),按量子力学的观点,粒子也是以相应的概率按不同的速度运动,因为每个速度波都作用在粒子整体上,同一个时间粒子整体也只会有一个速度,不会这一部分按这个速度运动,另一部分按另一个速度运动,所以也不会扩散。③量子力学中计算了德布罗意波的相速度,认为相速度就是德布罗意波的传播速度,同时又认为每个波矢 k 都是物体的动量,从而得到运动波包会扩散的结论,这是一个概念性错误。这个概念来自古典的机械波,机械波是在介质中传播的波,它是由波源激活了介质的波,并不是波源的移动波。因为机械波没有考虑波源与介质的相对运动,所以这时的相速度只是波的传播速度,确切地说是波在介质中的传播速度,这个速度不仅与频率无关,也与波矢无关。实际上,倒空间的物理量都是整体量,傅立叶展开的第一项是一个常数项,它本来就不含波,但也是一个整体量,按傅立叶变换的性质,一个常数的傅立叶变换是一个 δ 函数,即倒空间的一个常数对应于正空间的一个质点,而一个质点是具有所有波矢可对外的作用波,所以,这时任何速度都能激活一个相应的位置波。常数项相当于波矢为零的情况,它不是波(各质点间的运动没有相互作用),所以这时速度激活的也不是其波矢,而是整体位置,它相当于把一个位置波原封不动地按速度 v 移动,其形式上也是一个传播的波,所以德布罗意波的传播速度就是粒子的运动速度,不存在在一个波上由一点到另一点的传播速度。这种波的波源就是粒子自身,形式上这个移动的波就是一个波的传播,所以把这样的相速度当作一般波的传播速度是不对的。这时的波包根本就没有变化,只是其整体随速度移动而已。而且波源的运动也只会引起多普勒效应,不会影响波的传播速度,因而也不可能得出波的传播速度会随着频率变化的结果。实际上影响位相变化的通常会有两个因素,因为传播波中有两个自变量。通常一个传播的平面波可写作:

$$y = A \exp \mathrm{i}(kx - \omega t)$$

显然,引起位相变化的可有两种情况,一是 x 不变只有时间 t 发生变化形成的位相变化速度,这是波自身的传播速度 c,因为 x 不变表示波上各点的位置不变,只是波上各个质点在自己的位置上随着时间 t 发生变化(运动),这就是机械波的情况,机械波是在介质中传播的,t 的变化要求波上的每个质点都在自己的位置上变化,这样就形成整个波在向前传播,其传播速度只与传播的介质有关,只要介质不变,这个波的速度就不会变化。二是 t 不变,即波上的每一质点都不随时间变化,保持原有的波形,只是波上每一点的位置 x 都随着时间变化,这相当于是整个波的移动,这

样由于 x 移动引起的位相速度,实际上就是波整体的移动速度,也就是波源的移动速度,这就是德布罗意波,可在真空中传播,不需介质,如果激活的是某个波,则其波自身的传播速度(傅立叶波的速度)就是光速 c,但粒子速度激活的只是波源的速度 v,它使整个波都按这个速度移动,这里称它是移动速度,它可以有任何值,只与激活它的速度有关,它和波的传播合成只会产生多普勒效应,这种波被称为**粒子波**。粒子波的真正位相变化速度应是波源速度和波的传播速度两种速度的合成结果。因为傅立叶波的传播速度是光速,按狭义相对论,它和任一有限速度的合成仍是光速,因此不论粒子移动速度 v 是何值都不会影响波(自身)的传播速度,也不存在所谓"群速度"的问题。同时,因为粒子移动时不会引起空间变化,所以粒子波的波动传播速度也不会发生变化。但波源移动速度会引起频率的变化形成多普勒效应,这个效应也只与波源移动速度 v 及波传播速度 c 有关,和波自身的波矢无关,因此也不会引起波包的扩散。数学上,在傅立叶变换中不包括时间,这相当于是认为波速 u 为无限大,因此它的多普勒效应为零,所以表现出的就只有波的移动速度 v,即粒子的速度。另一方面,按倒易原理,运动粒子的倒空间是速度空间,以恒速运动的粒子在倒空间里就只是一个不动的几何点(固定的速度),这个点与时间无关,当然更不会扩散。人们把粒子看作一个波包,认为这些波都与正空间的机械波一样,并错误地把波矢都当作粒子的动量,因此就得出当粒子运动时,波包中不同的波会有不同的运动速度,这样就导致波包扩散了。波包只是用倒空间描述粒子存在状态的一个方式,波是整体量的数学表示形式,反映的是粒子整体的对外作用,当粒子运动时只需一个波运动就足以描述粒子的对外作用了,不需要再激活其他的波,因此,不存在扩散问题。其物理概念也很清楚,因为波包中的波谱描述的是粒子静止时的存在状态,它直接体现的是粒子的大小和形状(结构),因为运动时粒子的大小和形状不会变化,所以这些波与运动无关,运动粒子能对外作用的是它的速度,所以只用一个平面波就足以描述速度的对外作用了。即使波函数中包括多个速度波,粒子也是按一定的概率运动,每次只以一个速度运动,所以不会使波包扩散。总之,描述波包的波都是源自粒子本身,当粒子运动时,相当于是这些波和一个速度波形成的波包,因为速度波是随着时间变化的,所以这个波包就会按速度波的速度运动,这个速度也就是波源的运动速度,它只会产生多普勒效应,不会影响波的传播速度,波的传播速度只和传播的空间有关,和波矢及频率无关。应该说即使对机械波,也不存在群速度的问题,如海啸是由很多频率的波组成的波包,因为不同频率的波都是以同样速度运动,所以海啸可以传播上千千米也不扩散;人们说话的声波也是一个声波波包,如果波包会扩散,人们将无法听到说话的内容了;光子是一个粒子波,不同速度的光子只体现不同的频率,不同频率的光波也不会有不同的传播速度。而且多普勒效应也只与波源的运动速度有关,与构成波包各波的频率无关,因此不会产生波包的扩散问题,多普勒效应问题将在相对论一章中再做讨论。

　　量子力学认为德布罗意波是与机械波完全不同的波,作为波,它们都是相同的,即它们的波动形式、作用情况都是相同的,不同的只是激活它们的波源。波必须被激活才会有能量与外界作用,用什么样的波激活就体现什么样的性质,$h\nu$ 表示一个传播波携带的能量,只有激活的位置波才能将能量传播出去,显然波的总能量就与激活这个波的多少(振幅)有关,激活得越多则能量越大。机械波是由波源的机械运动激活的,波源必须要有足够的能量才能激活这种波,因激活的波越多则其携带的能量越大,能量越大则这个波的振幅也越大,所以机械波的能量与其振幅的平方成比例,但机械波具有的能量也只能是激活波能量的一部分,它绝对不会超过激活波的能量;而德布罗意波则是由粒子自身运动速度激活的,因为粒子的动能就是由其速度决定的,所以粒子波具有的是运动粒子的全部能量,如果只激活一个波,则这个波具有的能量就是运动粒子的全部动能,它体现的是激活波对外作用的频率,如果是激活多个波,则粒子只能将其动能按概率分给各个波,因此,德布罗意波的振幅只有概率意义。实际上振幅的平方就表示这个波的多少,只是对粒子波其最大值只能取 1 而已,这就是波函数常可归一化的物理原因,但在计算作用能的实际大小时,仍需考虑其归一化常数,即应考虑具体运动粒子的动能。

3.2.4　一般物体的波函数

　　实际的物体都是有一定大小的颗粒,是一个由很多质点组成的整体,且通常是三维的。一般在正空间可用一个分布函数 $f(r)$ 来表示(设这个分布就限制在形状函数内);这里 r 是三维位矢,反映物体中各个质点在正空间中(物体内)的相对位置分布。在数学中,这样的一个颗粒应是用分布函数 $f(r)$ 与一个 $\delta(r)$ 函数的卷积来表示它的存在状态,$f(r)$ 表示其空间的分布,$\delta(r)$ 表示给每个 r 点上分配物质性质,卷积表示给每个质点上都分配物质性质。按卷积定理,该颗粒的傅立叶变换是 $f(r)$ 和 $\delta(r)$ 分别进行傅立叶变换的乘积。按上面的讨论,当物体不动时,因为 $\delta(r)$ 函数的傅立叶变换是一个常数 A,按傅立叶变换的概率性,再乘上一个常数,是不会改变函数分布的,所以其结果仍然只是 $f(r)$ 的傅立叶变换。但可以看到[参见式(2-15)]对有限大小的颗粒,其 $f(r)$ 的变换不是常数 A,而是一个分布区域。即对有一定大小的颗粒,其倒空间也是一个有限的分布区域,按倒易关系,这个区域的大小和颗粒的大小成反比。若再假定颗粒整体是以恒定速度 v 平动运动,即假定颗粒内每个质点都是以同样速度 v 运动,这就等于说颗粒中的每一个质点都处于同样的运动状态,因而表示质点运动的 $\delta(r)$ 函数这时都应变为 $\delta(r-ut)$,其卷积为:

$$f(r) * \delta(r - vt) = \int f(r')\delta[(r - vt) - r']dr' \tag{3-8}$$

式(3-8)是在正空间对颗粒整体运动的表达式,按傅立叶变换将它变到倒空间就可得到在倒空间的表达式,两个函数卷积的傅立叶变换等于两函数各自单独傅立叶变换的乘积。前面已经指出$\delta(r - vt)$函数的傅立叶变换就是质点粒子运动的波函数式(3-4)的$\exp i(kvt)$,这样就只需讨论$f(r)$的变换了。设$F(k)$是$f(r)$的傅立叶变换,则实际运动颗粒波函数的振幅可写为:

$$\psi(k,t) = F(k)\exp i(kvt) \tag{3-9}$$

这就是式(2-18)的结果,$F(k)$相当于是形散函数。这里略去了相因子(即假定颗粒位于坐标原点)。$F(k)$是第k个波的振幅,它表示$f(r)$中波矢为k的波占有的权重,因为在同一个k波中的各质点是同步运动的,所以$F(k)$就是颗粒以这个速度运动的波动部分占有的权重。再用正空间表示就有:

$$f(r,t) = \int \psi(k,t)\exp(-ikr)dk = \int F(k)\exp i(-kr + kvt)dk$$
$$= F(k)\exp i(-kr + kvt) \tag{3-10}$$

(笔者认为速度只激活一个波)。由于未对$f(r)$做任何限制,所以式(3-10)右边可以说是一般运动物体的波函数。它还是一个平面波,好像物体中所有的质点都集中在一个几何点上的波一样,反映的是颗粒的整体运动,但它比式(3-6)多了一个对k限制的系数$F(k)$(这个系数不能忽略,因为它不是常数),即有一定大小颗粒的倒空间不是处处均匀的常数,而是受$F(k)$的限制。它将波函数限制在$F(k)$的有值区域以内。这种情况也和晶体的X射线散射一样,因为晶体中散射X射线的是电子,而计算散射点位置是原子的位置,晶体中一个原子对X射线的整体散射,可归结为一个原子散射因子,再乘上原子中所有电子都集中在一个质点上的散射。对一个原子而言,这里的$F(k)$就相当于是原子的散射因子,它是原子内各电子散射波相互干涉的结果,与原子的结构有关;对一个颗粒而言,$F(k)$就相当于一个颗粒的形散函数,是颗粒内各质点速度波相互干涉的结果,它也可以说是物体整体对速度波的限制,只有当物体以这个区域内的速度运动时,才显示有波动性。和前面的分析一样,在$F(k)$等于零的区域时,式(3-10)将恒等于零,这表示这时颗粒的大小及形状对运动不产生影响,这时波动性不存在,颗粒只表现为粒子性,所以颗粒表现波粒二象性的范围是由$F(k)$来判定的。按图2-9,$F(k)$会在整个kR空间都有值,即任何物体都会有波动性,但对一定的R,当k较大时其波动性将小得无法估计,因此,通常都认为$F(k)$有一个实际存在的范围(主值区),在这个范围以外$F(k)$恒等于零。

式(3-10)右边是两个函数的乘积,表示它们是相互作用的,其前面部分是颗粒

结构 $f(r)$ 的傅立叶变换 $F(k)$，反映物体的存在状态；后面部分 $\exp i(-kvt)$ 是物体的运动，这里它反映颗粒的运动，当然反映运动的后面部分也同样会对物体的存在有影响，这种影响就是导致颗粒在与其他物体作用时是否会显现波动性。因为 $F(k)$ 有一个可观的实际存在区域，若后部 $\exp i(-kvt)$ 中的 k 值超出这个区域（参见图 2-9），即速度想要激活的速度波在物体存在的位置波中不存在，则式(3-10) 也将会等于零。这时 $F(k)$ 对运动不产生影响，即这时物体的存在与物体的运动也近似为相互独立，互不影响，可分别单独研究，这时也可用牛顿力学的方法处理。牛顿力学就是把物体的运动和物体的存在分开并在正空间研究，如运动学就是只研究质点的运动，不考虑具体物体的形状大小，最后再在物体中找一个代表点（通常是质量中心）就算是物体的运动了。因物体间的作用都是波的作用，没有波就没有作用，所以所谓粒子性，是指物体除了接触碰撞外，对外就没有作用的性质；反之，当式(3-10) 不等于零时，就显示波动性，这时运动和物体分布的情况就不能分开单独处理，必须在倒空间中研究。这时颗粒内各个质点的空间相对坐标不存在，把整个正空间里速度相同的质点放在一个波上，研究这些波的出现概率及其对物体结构的影响，自动的包含在这些波的分布中，这就是量子力学的处理方法。按这样分析，量子力学是只研究波动性的力学，这实际上也是把粒子当作质点看，因为质点是只有波动性没有粒子性的物体，而量子力学就只研究波动性，不考虑粒子性。随着粒子体积的增大，其波动性将越来越小，粒子性越来越大。大到一定程度后就认为波动性消失，就不必再用量子力学来处理了，这就是量子力学只适用于微观粒子的物理原因。而牛顿力学则把粒子看得非常大，完全不考虑其波动性，认为在常规速度范围内其速度要激活的位置波全部会被干涉掉，这样波动性就不存在了。虽然说牛顿力学是质点力学，但其质点只是物体整体的代表点，不是真实存在的物质质点。概括地说，波粒二象性中，牛顿力学是只考虑粒子性，量子力学则只考虑波动性。两种情况要分别用两种方法来处理，这就是力学分为量子力学和牛顿力学的原因。

　　上面是为了简要起见，把粒子的性质函数 $y = f(r)$ 与粒子的形状函数 $\sigma(r)$ 合为一体讨论，即认为 $f(r)$ 的定义域就只有 $\sigma(r)$ 的大小。而数学上 $f(r)$ 的定义域是由函数本身确定的，但若用它表示物体的性质就必须将它再限制在物体存在的范围 $\sigma(r)$ 以内，所以严格地说，对性质函数应将它写成两个函数的乘积，即 $\sigma(r)f(r)$，这样它的傅立叶变换就是两函数分别变换的卷积，因此式(3-9) 中的 $F(k)$ 应是：

$$F(k) = \int \sigma(r)\exp(ikr)\,dr * \int f(r)\exp(ikr)\,dr$$

上式右边第二个变换给出物体整体可能有的位置波，即物体的倒空间分布；第一个变换给出的是各位置波波矢的不确定范围，即每个倒易点的大小。二者的卷积表明对每个可能的位置波都会有同样的不确定范围。这种情况也和 X 射线分析中的一样，晶体的大小、形状会使每个倒易点都具有同样的大小和形状，倒易点中的任一点都是一个可能的衍射，即每一个衍射也都有同样的不确定范围，这里称它是**空间效应**。

在一般情况下，粒子可能被激活的速度会有多个，这时式(3-10)中的 k 将不止一个值，这时 $F(k)$ 表示的是相应 k 值的权重，按式(3-10)，这时粒子的运动状态将是各可能 k 波的概率叠加，这就是量子力学中的情态叠加原理。粒子是一个整体，不可能这部分按 k_1 运动，另一部分按 k_2 运动，于是粒子整体将以一定的概率按相应的 k 值运动，按每个 k 值运动的概率为 $F(k)F^*(k)$。这就是波函数的概率意义。

3.2.5　变速运动的情况

前面对波函数的推导是在匀速度 v 的情况下得到的，所以它只是等速运动的结果。运动是速度波激活了物体位置波的体现，形式上这是一个行进的传播波，它有一个波矢 k，k 由固定的速度决定。按这样讨论，当物体做变速运动时，它的速度在经常变化，这时在正空间一个质点的运动可写为：

$$f(r,t) = \delta\{r - [r_0 + v(t)t]\}$$

这时的速度 $v(t)$ 会是时间的函数(一般是位置和时间的函数)，参照式(3-3)，若将速度函数按时间做级数展开，则可得到其各级加速度的表达式

$$v(t) = v_0 + at + \cdots$$

这都是牛顿力学的内容，a 称为加速度。将它再变到倒易空间时，这些量将都会出现在波的位相部分，即：

$$\begin{aligned}
\text{Fou} f(r,t) &= \int \delta\{r - [r_0 + v(t)t]\} \exp i(kr) dr \\
&= \exp i[kr_0 + k(v_0 + at + \cdots)t] \\
&= \exp i(kr_0 + kv_0 t) \exp i(kat^2) \exp i(ka't^3) \exp i(k\cdots) \quad (3-11)
\end{aligned}$$

也就是说要想使物体产生各级加速度，需要用相应加速波的作用(激活)来实现。因为加速度是与力相当的，所以在倒空间就是要用力波作用来实现，即加速度的对外作用量是力。

通常人们把速度变化的原因称为力，按性质讲常可把力分为两种，一种是纯粹的外力，它与时间有关，有一定的作用时间，其最终的结果是使速度发生变化，从而使其动能改变，这就是力作用的效果，也是物体对作用能的吸收；还有一种是场力，只与粒子所处的空间位置有关，只要粒子处于这个位置，这个力就会无限期地一直作用下去，因为这种力只与位置有关，所以物体运动在不同位置会受到不同的作用力，如果物体运动后又会回到它原来的位置，若它能将吸收的能量再释放出去，则

这种运动就会周期地重复下去。因此，将速度也分解为只与时间有关的 $v(t)$ 以及只与位置有关的 $v(r)$ 两部分，即将上式中的 $v(t)$ 写作

$$v(r,t) = v(r) + v(t)$$

如果再定义动能为 $kv(t) = E(t)$，势能为 $kv(r) = V(r)$，则可把波函数式(3-9)的波函数表示为：

$$\psi(r,t) = F(k)\exp i\{kr - [E(t) + V(r)]t\} \qquad (3\text{-}12)$$

一般来说一个速度波的位相都包括 kr 和 kvt 两部分，对于运动质点，其波函数是 $\exp i(kr - kvt)$，对一个有限大小的物体就多了一个形散函数 $F(k)$。即物体可能有的每一个波都是物体自身的形散函数和一个质点波函数的乘积，总的波函数是所有这些波的叠加，一般可写作：

$$\psi(r,t) = \sum_k F(k)\exp i(kr - kvt) \qquad (3\text{-}13)$$

但这里说的这个质点并不是真实的质点，只是一个代表点，即把物体性质看作集中在一个点上的质点，即倒空间的点，是物体性质波的原点，它可以是物体存在范围中任何一点。如果用这个点代表物体的整体位置，则这个点就可相当于牛顿力学中用质量中心来表示物体位置的质点，牛顿力学中表示运动状态的运动方程中的各物理量就都会出现在这个波的位相中。和牛顿力学一样，在一般情况下方程中的变量都还可能是其他变量的函数，在有加速度的情况下，速度也会是时间的函数 $v(t)$，如果这个速度的变化与 r 无关(只有 vt 发生变化)，则必然是外力引起的，这时物体和外界会有能量交换，其交换的结果就是使速度(能量)发生变化；如果这个速度的变化只是来自 r，若变化后又回到原来的 r 处，则就整体看来波的位相没有变化，因此物体对外也没有能量交换，仍会继续原来的运动。原子中的电子就是这样，因为它与外场间没有能量交换，所以会以这个能量长期运动下去，这就是**定态**。

前面指出速度 v 会激活一个波，现在速度在变化，因而它将时而激活这个波，时而又激活那个波，即可能会激活一系列波，这些波在倒空间会有一个分布，形成一个函数，这就是在有力的情况下的波函数，它会随位置和时间而变化。所以说，波函数是倒空间的一个函数，它对内决定着粒子的存在状态，对外反映这个状态的对外作用。当然，虽然可以由具体的外力和场力来求出可能激活的波函数，但在量子力学中是用薛定谔方程来求解其波函数的，它是量子力学的基本方程。下面说明这里说的速度波也满足薛定谔方程，即它就是薛定谔方程的解。不同的是薛定谔方程只能解出在具体势场内的波动解，只能得出在势场内的运动情况，即只能解出在势场内的束缚态，无法说明势场和粒子间的全部作用。而倒空间给出的是物体间的全部作用，它直接用势场的傅立叶波和粒子的位置波相互作用，反映的是势场对粒子的全面作用，用经典的话说就是粒子在势场上的散射，当散射为零时，表明粒子不

能被散射出势场,这样,粒子就会停留在势场内形成束缚态。显然,用波的作用比求解薛定谔方程要更全面些,后面(第9章)会看到它更简洁,物理意义也更明确。

3.2.6 薛定谔方程的推导

下面用倒空间的性质波导出薛定谔方程。设一个质点粒子受一外力 F 作用,则在正空间的运动方程是:

$$f(r,t) = \delta[r - (v_0 + at)t] = \delta\left[r - \left(v_0 + \frac{Ft}{m}\right)t\right]$$

这里是按牛顿力学用 $\frac{F}{m}$ 代替 a,其傅立叶变换是:

$$F(k,t) = A\exp i\left[k\left(v_0 + \frac{Ft}{m}\right)t\right]$$

这是其第 k 个波的振幅,也是它加速后的速度波,再加上其位置波,则其第 k 个波就可表示为:

$$\Psi(k,t) = A\exp i\left[kr - k\left(v_0 + \frac{Ft}{m}\right)t\right] \tag{3-14}$$

考虑到力 F 可以是时间和位置的函数,所以将力看作是 $F(r,t)$,将式(3-14)对时间求微分得:

$$d\Psi/dt = A\exp i\left[kr - k\left(v_0 + \frac{Ft}{m}\right)t\right]\frac{d\left[-ik\left(v_0 + \frac{Ft}{m}\right)t\right]}{dt}$$

$$= -i\Psi\left[kv_0 + k\left(\frac{dF}{dt} \times \frac{t^2}{m} + \frac{2tF}{m}\right)\right] \tag{3-15}$$

如果把力分为两种,一是作用一段时间的常力,二是随位置变化的场力,即将力写作 $F = F_1 + F_2$。则:

(1)当只有第一种常力的情况时,力不随时间变化,所以有

$$\frac{dF}{dt} = 0$$

于是式(3-15)变为

$$\frac{d\Psi}{dt} = -i\Psi\left(kv_0 + k\frac{2tF}{m}\right) = -i\Psi(E_0 + \Delta E) = -i\Psi E \tag{3-16}$$

对速度激活的波,k 是动量,所以 kv_0 是动能 E_0;因 tF 是力乘以作用的时间,等于冲量,所以它是动量的增量 Δp,这样 $k\frac{2tF}{m}$ 就是动能的增量 ΔE,所以将作用后的总能量表示为 E。当力 F 为零时,ΔE 为零或作用时间 t 为零,动能 $E = E_0$ 不变,这就是动能守恒定理。也可看到动能的变化是由于力作用的结果,而且这个变化是在 t 时

间内力作用的总效果 $k\dfrac{2tF}{m}$。当力会随时间变化时,就是积分效果,这时可将时间分为很多小段,在每个小段中认为力是不变的,也可得到各段上动能的变化,即这时的动能也是随时间变化的,在这段时间内,它的总能量变化也可表示为 ΔE。当作用力是势场的力时,这变化的动能将变化为势能 U,若再引进势能 $U(r)$,则总能量可写作

$$E_0 + \Delta E = E_0 + U = E$$

这时式(3-16)就是总能量守恒的不变式,解方程式(3-16)可得:

$$\frac{\mathrm{d}\boldsymbol{\Psi}}{\boldsymbol{\Psi}} = -\,\mathrm{i}E\mathrm{d}t$$

两边积分得:

$$\ln\boldsymbol{\Psi} = -\,\mathrm{i}Et + c$$

即得波函数的时间部分是:

$$\boldsymbol{\Psi}(k,t) = B\exp\mathrm{i}(-\,Et)$$

这里 B 是积分常数,即对一个能量为常数的粒子,它的波函数在时间上是一个能量波,这些和量子力学中的结果一致,是表示性质的波动方式。这里 E 是常数,波表示的是它可以以能量 E 对外的作用。

(2)当有第二种情况的场力时,将式(3-14)对位置求导两次,因为这里都是矢量,所以用分量计算,为简化,这里只求对 x 分量的导数:

$$\frac{\mathrm{d}^2\boldsymbol{\Psi}}{\mathrm{d}x^2} = \frac{\mathrm{id}}{\mathrm{d}x}\left\{A\exp\mathrm{i}\left[k_x x - k_x\left(v_0 + \frac{F_x t}{m}\right)t\right]\frac{\mathrm{d}\left[k_x x - k_x\left(v_0 + \dfrac{F_x t}{m}\right)t\right]}{\mathrm{d}x}\right\}$$

$$= \frac{\mathrm{id}}{\mathrm{d}x}\left\{A\exp\mathrm{i}\left[k_x x - k_x\left(v_0 + \frac{F_x t}{m}\right)t\right]\left[k_x - k_x\left(\frac{t^2\,\mathrm{d}F_x}{m\,\mathrm{d}x}\right)\right]\right\}$$

$$= \frac{\mathrm{id}}{\mathrm{d}x}\left\{A\exp\mathrm{i}\left[k_x x - k_x\left(v_0 + \frac{F_x t}{m}\right)t\right](k_x - 2k_x)\right\}$$

$$= \frac{\mathrm{id}}{\mathrm{d}x}\left\{A\exp\mathrm{i}\left[k_x x - k_x\left(v_0 + \frac{F_x t}{m}\right)t\right](-k_x)\right\}$$

$$= -\,k_x^{\,2}\boldsymbol{\Psi}$$

同样,对 y、z 有:

$$\frac{\mathrm{d}^2\boldsymbol{\Psi}}{\mathrm{d}y^2} = -\,k_y^2\boldsymbol{\Psi}\ ;\qquad \frac{\mathrm{d}^2\boldsymbol{\Psi}}{\mathrm{d}z^2} = -\,k_z^2\boldsymbol{\Psi}$$

三式相加得:

$$\frac{\mathrm{d}^2\boldsymbol{\Psi}}{\mathrm{d}x^2} + \frac{\mathrm{d}^2\boldsymbol{\Psi}}{\mathrm{d}y^2} + \frac{\mathrm{d}^2\boldsymbol{\Psi}}{\mathrm{d}z^2} = -\,(k_x^{\,2} + k_y^{\,2} + k_z^{\,2})\boldsymbol{\Psi}$$

$$= -\,k^2\boldsymbol{\Psi} = -\,2mE\boldsymbol{\Psi} \tag{3-17}$$

这里是将力化为加速度 a，加速度 a 产生的位移 x 为 $\frac{1}{2}at^2$，即得

$$k_x \frac{t^2 \mathrm{d}\dfrac{F_x}{m}}{\mathrm{d}x} = k_x \frac{\mathrm{d}t^2 a}{\mathrm{d}x} = 2k_x$$

比较式(3-16)和式(3-17)，可得：

$$\mathrm{i}2m \frac{\mathrm{d}\Psi}{\mathrm{d}t} = -(k_x^{\ 2} + k_y^{\ 2} + k_z^{\ 2})\Psi = -\left(\frac{\mathrm{d}^2}{\mathrm{d}x^2} + \frac{\mathrm{d}^2}{\mathrm{d}y^2} + \frac{\mathrm{d}^2}{\mathrm{d}z^2}\right)\Psi$$

$$= -\bigtriangledown^2 \Psi \tag{3-18}$$

由于倒空间对坐标是独立的，对它的一切处理都要用一个作用波来实现，而物理量又都出现在波的位相中，所以要想求得一个物理量就要用微分运算来实现，如果用一个符号来代表这种运算，符号称为算符，则就可将这种运算看作是一个算符作用在波函数上的结果，因为物理量都出现在波的位相中，这样由式(3-16)就可以得到能量的微分算符是 $\dfrac{\mathrm{i}\mathrm{d}}{\mathrm{d}t}$；由式(3-17)可得到动量的微分算符是 $-\mathrm{i}\bigtriangledown$。这里 $\bigtriangledown$ 是数学上的劈形算符，它等于 $\dfrac{\mathrm{i}\mathrm{d}}{\mathrm{d}x} + \dfrac{\mathrm{j}\mathrm{d}}{\mathrm{d}y} + \dfrac{\mathrm{k}\mathrm{d}}{\mathrm{d}z}$。按照这种对应关系，在力场中正空间的能量守恒定理

$$E = E_0 + U(r) = \frac{p^2}{2m} + U(r)$$

将它变为在倒空间就是薛定谔方程：

$$\mathrm{i}\frac{\mathrm{d}\Psi}{\mathrm{d}t} = -\bigtriangledown^2 \frac{\Psi}{2m} + U(r)\Psi \tag{3-19}$$

与量子力学中常用的薛定谔方程不同的是，这里少了一个常数参量 h，这是因为这里直接把波矢 k 当作动量 p，实际上由于两个空间的度量单位不同，k 和 p 间还有一个比例系数，即 $k = \dfrac{p}{h}$。这点后面还要讨论。由此可见，薛定谔方程就是用倒空间表示的能量守恒定理，笔者认为二级微分的存在，就反映各坐标点间有相互作用，而作用都是波的作用，所以它是波满足的方程，因为波是表示整体的量，所以它能得到整体性质的波动解，也可以说它就是作用波满足的方程。量子力学中不承认其波是傅立叶波，但又说其波满足薛定谔方程，这里看到其实这本身就是矛盾的。

3.2.7　波函数的概率意义

前面用傅立叶变换逐步导出了运动粒子的波函数，为了说明波函数的物理意义，这里再讨论一下它的概率解释，目的是说明波函数只是一个用倒空间的表示方法。

人们会奇怪为什么这样一表示就把一个粒子变成一个波了呢?这些波体现的物理意义是什么呢?在 2.4 节曾指出波动项 $\exp(igr)$ 是对空间位置的赋值函数(在 r 处的 g 波),因为波函数是波的叠加,因此就要对每个波片 g 的出现位置赋值(为一般的讨论,这里又用 g 代替 k 作倒空间变量,它不一定是速度),形式上这个赋值函数是一个波,因此它在数学运算上就表现为波的性质(作用),实际上它也显示空间的位置。前面指出坐标的平移是用一个相因子表示的,就是因为这个相因子也包含粒子的初始位置。因为同一个坐标位置 r 对不同的波矢会产生不同的相移,也就是说同一个位置对不同的波会有不同的作用效果,因此位相因子就表示在 r 位置处的 g 波情况。因为 g 表示的是整体性质,所以它的位相因子表示在 r 点的性质对整体性质 g 波的贡献,因为 g 波的系数表示 g 波出现的概率,所以 g 波的位相因子就是在 r 点出现 g 波的部分。这样如果再对所有的位置求和,即包括物体内具有性质 g 的全部质点位置求和,就是物体整体能表现性质 g 的程度。因为傅立叶波的系数只有权重意义,系数的平方才是这个波出现的概率,所以 g 波的强度,即振幅的平方才是物体整体具有性质 g 的概率;同样,如果对所有的 g 波求和,即对由 r 位置发出的所有 g 波求和,得到物体整体处于 r 位置的权重。也就是说不考虑具体的 g 值大小,把来自同一 r 点的性质 g 放在一个波上,这时的 r 是这个波的波矢,其振幅的平方就是物体处于 r 位置的概率。

就这个意义来讲,位置在性质空间也是一个整体量,它是全体性质波 g 的发源地。这就是量子力学的统计性,它不是对多个粒子进行统计,而是对它可能出现的性质进行统计,或者说对全体在 r 点的性质 g 进行统计。由于物体内任一 r 点都可产生全部性质 g,每个 g 都相当于物体中所有质点都集中在空间一点时的性质波,所以用 g 作自变量求出的位置是物体的整体位置,是指物体内任一点出现在 r 处的概率,不能认为是粒子质量中心出现的概率(有人这样强调)。

对单个粒子而言,就表示在某个位置 r 处出现粒子的概率。这样玻尔的概率解释就容易了。就数学意义来讲,波函数表示的不是单个粒子出现的概率,而是定义域中所有质点组成的一个状态出现的概率。因为在倒空间表示中,相对分布的坐标 r 不存在,每个 g 值都包括所有的坐标点,即包括原定义域中所有具有相同 g 值的 r 点。如果原定义域 $f(r)$ 中只有一个粒子,且粒子内各个质点都有相同的速度,则式(3-10)就是这个粒子整体的运动状态,即粒子以这种状态运动的概率为 1;若 $f(r)$ 中虽只有一个粒子,但粒子内各个质点的可能速度不相同,则波函数就表示这个粒子中速度 v 出现的概率,不同 g 值的系数显示不同速度 v 出现的概率。由于粒子只能以整体速度运动,所以这时粒子将按一定的概率以相应的速度运动;如果 $f(r)$ 中包含多个粒子,这些粒子又各有不同的速度,或这些粒子内部也有不同的速度,在倒空间这些粒子将按速度呈现一个概率分布,波函数将给出各速度波出现的概率。

但这时还不能说粒子就具有波动性,这些都只是对状态的数学描述,粒子的波动性是在粒子与其他物体相互作用时才表现出来的。因为性质只有在对外作用时才能表现出来,作用都是波的作用,如运动的粒子流只有当它与狭缝作用时才会出现衍射现象,显示波动性,而它在进入狭缝以前仍是粒子性的流动;电子在云雾室中的径迹就是粒子性,显示的是粒子运动的轨迹,但它对外的作用是波动性。显然并不是波函数将粒子表示成一个波,而是粒子与其他物体的作用是波的作用,因为只有波才能产生作用,所以只有用波函数表示才能反映出物体间的作用。作用是普遍存在的,所以波动性也是普遍存在的,只是在常规的速度(激活波)范围内宏观运动物体的波动性弱得几乎不能发现罢了。

如果用位置 r 作波矢,则 r 波前的系数表示的也是整个粒子出现在 r 点的概率,这里的 r 是粒子整体在空间的位置,与粒子内部各质点的相对位置无关,所以它不是指粒子内的哪个点。鉴于有些书上说这个概率是指粒子质量中心的概率,笔者认为这是错误的,所以再强调一下。实际上若用质量中心表示粒子的位置,则粒子的位置也就是一个整体量,整体量和整体量间不存在测不准关系,这样,量子力学也就没有必要了。但由于量子力学是把粒子当作一个质点处理,其质量中心和质点位置实际上也无法区分,所以这种解释也算说得过去,在一定范围内还显现不出错误的结果。值得注意的是,这里都用 r 表示粒子的位置,实际上在波位相中的 r 是空间坐标,它布满整个空间(欧氏);而函数 $f(r)$ 中的 r 则只限于物体内部,它在傅立叶变换后就不存在了,波动部分是变换时另外加上去的。

3.2.8 整体量与局部量是相对的

为更好地理解物理量,这里再对整体量与局部量的关系进行概述。一般来说,物体的整体性质是由其内部各部分的局部性质决定的,各部分的局部性质又是由其局部内更小部分的局部性质决定的,这样层层缩小,直到一个质点,一个质点可具有任何性质。性质是用波表示的,每一个层次都有每一个层次的一组性质波,由这些波组成的空间就是相应层次的倒空间,质点具有全部的性质波,它占有全部的倒空间,所以在正空间的一个质点就是所有性质波的叠加,它的波谱是所有波等概率的出现,质点的性质就是这些波的对外作用。

现在如果在距质点 r 处另有一个物质质点,则这两个质点的性质波必然会相互干涉,其结果也必然会有一个波长为 $2r$ 的波被干涉掉(参见图 3-1),这个被干涉掉的波在两个质点以外的空间就不存在了,但在两个质点以内仍存在,这个波被激活后会在两个质点间来回传播形成一个驻波。这个驻波就将这两个质点紧紧地固定在相距为 r 的位置上,使它们成为一个整体,这个整体的对外作用就少了这个波,如果再用一个能激活这个波的波来作用,则显示的是粒子性作用。而那些没有被干涉掉的波,仍会在整个空间存在,可以对外作用,显示为波动性,这才是两个质点整体可对外的作用波,即是两个质点的整体性质波,所以说整体量来自干涉。

干涉的情况与粒子内各质点的相对分布有关。一般来说,当有 n 个质点结合在一起时,将会有 $\frac{n!}{2}$ 个波被干涉掉,所以,物体越大则干涉掉的波也越多,形成的驻波也越多,这些驻波在物体内形成驻波网,这个驻波网就将物体连成整体,使物体总是以整体对外作用,显示其整体的性质,其量就是整体量。因为被干涉掉的波在物体以外不存在,因此就不能对外作用显示出性质,只有当作用很强涉及物体内部的驻波时才会有作用,这只有当两物体接触以后才有可能发生,所以这时的作用显示出的是粒子性,因为驻波是局部的,所以粒子性作用显示的是局部驻波网的性质。显然,物体体积越大,被干涉掉的波越多,其粒子性就越强,这就是宏观粒子多表现为粒子性的原因。反之,小范围的整体性质波也会再结合成较大范围的整体性质波,这样层层扩大,最后才形成整个物体对外的整体性质波。

因为整体性质是其内部各部分局部性质波的干涉结果,所以每一层次的整体性质也都是其内部的次一层次各部分整体性质波干涉的结果。每一层次的性质波就显示这一层次的性质,因此,性质也是分层次的。电子、质子和中子各有自己的对外作用波,这些波在原子内干涉后就形成原子的性质波,原子再形成分子后又有分子的性质波。干涉是所有波都有的性质,没有波就没有干涉,粒子性不会干涉,所以如果某个层次是粒子性的话,则由它再合成更大的物体时也仍保持粒子性。也就是说,更大范围的整体性质的变化,是那些未干涉掉的性质波再干涉的结果,所以,一些基本性质可以一直保持下来。如人们常说的物质的性质,实际上都是指其分子的性质,这种性质一直保持到由它做成的各种器物上,如一个铜碗,仍保持其分子是铜的性质。因干涉才会改变其对外作用的波谱,改变其合成整体的性质,所以由铜做成器物的性质是由其铜分子的性质波再干涉后体现的。牛顿力学只研究粒子性,所以只适用于宏观物体;量子力学只研究波动性,所以只适用于微观物体。应当说由于质点具有全部的波,所以任何时候干涉总是存在的,这里说的波都被干涉掉是指相对于激活它的波而言的,任何物体的倒空间都会延伸到无限大,所以总会有部分波动性,宏观物体如果用波长很长的波来激活的话也会具有波动性。

因为物体对外表现的都是其整体性质,所以力学研究的只能是物体的整体速度,整体速度由一系列速度组成,各自按一定的概率出现。如地球的运动速度就有地球绕太阳的速度、地球和月球的相对速度、地球内板块的运动速度,此外火山喷发、人造卫星发射等,理论上讲甚至一列火车的开动等都会影响地球的整体速度,所以描述它的运动应当是很多速度的叠加。如果能知道各种速度的分布函数,就可求出这些速度的概率叠加,这种叠加就相当于是量子力学的情态叠加,各情态按一定的概率叠加。后面会指出宏观物体相应于这些速度的速度波都已被干涉掉,所以这时的概率叠加就只是一个平均值,这就是牛顿用的方法;又因为一种速度相当于一种运动状态,牛顿力学是把各个运动状态分开研究,只研究单个情态的运动状态。如研究地球绕太阳的运动,就不考虑其他的速度,这时认为绕日状态的概率是1,且其绕日的速度也是一个平均速度。更主要的是牛顿力学不考虑这个运动状态的对外作用,所以只能给出运动物体某个情态在一定时间内的存在状态,即只给出这个情态的运动方程,所以说牛顿力学研究的实际上是局部运动。而量子力学研究的是事物整体对外表现的性质,是事物的对外作用,因为只有波才能作用,所以它只研究具有波动性的整体性质,这就是要用波来描述的原因。因为一个运动状态对外的表现可能有粒子性和波动性两种,当有波动性时,就需要把这个运动状态用波表示,单一的谐波表示一个最简单的波动状态,对一般的波动状态需要用波的叠加来表示,这样,量子力学的表示就不能是单个运动状态的叠加,而是波的叠加了。又因为牛顿力学的运动方程只是一个可能的整体运动状态方程,只给出这个运动状态的空间轨迹,所以它给出的只是这个作用波的位相部分,只能表明形成这个波的存在状态,不反映这个运动状态的对外作用。波的作用就是其位相的变化,量子力学中的一个波就是表示其位相中那个状态的对外作用。如对一个等速运动的物体,牛顿力学给出的是 $r = r_0 + vt$ 运动方程;而量子力学给出的则是一个平面波,即:

$$\Psi = \exp i[k(r - r_0 + vt)]$$

因为只有一个速度,所以这个速度出现的概率总是1。这样由运动方程 $r = r_0 + vt$ 给出的一个匀速运动状态用波动表示就是一个单色平面波了,这个波就是牛顿力学描述的运动状态能以速度对外作用的作用波。

3.3　空间效应的影响

人们习惯于认为物体的存在范围与物体的运动是无关的,这是因为习惯于牛顿力学而产生的结论。牛顿力学只研究物体的单个运动状态,而不考虑这个运动状态的对外作用,所以总认为物体的存在范围不会影响物体的运动。可是物体都是一个占有一定空间范围的整体,它表现出来的性质都是其整体性质,如物体的运动、物体间的相互作用等,都是以整体出现的。严格地讲,客观存在的只有物质,没有物体。物体是指将一些物质质点连接在一起的一个整体,因为各物质质点间有作用才会将它们积聚并固定在一起,而且这种积聚体对外的表现会具有独特的、与构成它的物质不同的性质,人们才能把这个具有独特性质(不同于局部性质的和)的整体称为物体。所以,一般来说每个物体都有每个物体的特有性质,每种性质就对应一组相应的性质波。一个有一定体积的物体在正空间可用一个分布函数 $y = f(r)$ 来表示，习惯认为这个分布是物质在空间的存在状态，表示的是物体内各个物质质点的相对位置分布，但因为存在必须由性质来体现，人们能感知的是性质，所以实际上 $f(r)$ 是表示物体的某种性质 y 在空间的分布，它由物质质点位置的相对分布决定，但不是物质质点的位置分布。各点的性质 y 也只能定义在物体存在的范围内，为了使 $f(r)$ 的定义域只限制在存在的范围内，通常把它乘上一个形状函数 $\sigma(r)$，即写作 $f(r)\sigma(r)$。性质都是用波表示的，在 $\sigma(r)$ 范围内各质点的性质波要相互叠加、干涉，其干涉的情况当然会与 $\sigma(r)$ 的大小、形状有关，正是这种干涉才把各质点连接在一起形成一个物体，所以物体的各种整体性质都会受它空间存在状态的影响。如一个物体的速度，是指物体整体的运动速度，而物体内的每个质点都有自己的速度，这些速度在物体存在的范围 $\sigma(r)$ 内相互影响（干涉），最后才形成一个能对外体现的整体速度 v。为了能形象地理解整体速度 v，下面仍以速度为例讨论 $\sigma(r)$ 对整体量的影响。

3.3.1　空间效应对整体性质的影响

为了能进一步理解整体速度 v，暂且把 v 形象地理解为就是物体内各质点速度的平均值，即令：

$$v = \bar{y} = \frac{1}{V}\int f(r)\,\mathrm{d}r \tag{3-20}$$

按前面对平均值的讨论，要想使这个平均值有一个确定的速度 v，必须使速度分布 $f(r)$ 等于常数 v，即物体内每个质点上的速度都是 v，这显然是不对的。因此，在一般的情况下不存在一个能表示整体速度的平均值，平均值是一个不确定的变量，且其误差范围是与积分体积 V 成反比的。这是一个特殊的量，它不是标量，不是矢量，也不是一般的随机量，而是一个随着体积 V 的变化而有一个误差范围（不确定关系）的不确定量。为了突出讨论这一部分内容，在此将分布函数也分为两部分，即令：

$$f(r) = f'(r) + B$$

即将速度分布函数中与位置无关的常数 B 分离出来，代入式（3-20）中得：

$$v = \bar{y} = \frac{1}{V}\int f(r)\,\mathrm{d}r = \frac{1}{V}\int f'(r)\,\mathrm{d}r + B \tag{3-21}$$

即将整体速度分为两部分，一部分是与位置无关的常量 B，另一部分则是与位置有关的变量。显然，式（3-21）右边的积分就是该变量部分的平均值，如果认为物体的速度就是平均速度 B，这就表示认为变量部分的平均值恒等于零，这就是牛顿力学研究的范围。如果把它变到倒空间来，则得到：

$$\mathrm{Fou}\, f(r) = \int f(r)\exp\mathrm{i}(kr)\,\mathrm{d}r = \int [f'(r) + B]\exp\mathrm{i}(kr)\,\mathrm{d}r$$

$$= F(k) + B\delta(k) \tag{3-22}$$

变换直接得到的是倒易矢量 k，它表示物体可能有的整体速度分布。$\delta(k)$ 只在原点有值，如果取平均速度 B 作为倒空间的坐标原点，即可将它写为 $\delta(k-B)$。如果再把积分区域限制在物体的体积 $\sigma(r)$ 内，即将 $f(r)$ 再乘以 $\sigma(r)$。则式(3-22)就变为：

$$\text{Fou}[f(r)\sigma(r)] = \int [f(r)\sigma(r)] \exp \mathrm{i}(kr)\mathrm{d}r$$

$$= [F(k) + B\delta(k)] * \varphi(k) \tag{3-23}$$

这里的 $\varphi(k) = \int \sigma(r) \exp \mathrm{i}(kr)\mathrm{d}r$ 是物体形状函数 $\sigma(r)$ 的傅立叶变换。星号"$*$"表示卷积，它使其每个 k 值都受这个函数的限制，这个限制就是物体占有空间范围引起的，这里称它为空间效应，式中用 $\varphi(k)$ 表示，卷积就表示物体占有的空间对每个 k 值都有同样的影响。如果取平均速度作为整体速度，这就要求 $F(k)$ 等于零，这样就得到在倒空间表示一个以平均速度 B 运动的物体的速度波的振幅，即：

$$B\delta(B-k) * \varphi(k) = B\varphi(B)$$

因为 $B\varphi(B)$ 是傅立叶波的振幅，显然，当 B 在 $\varphi(k)$ 的有值区域内时乘积才有值，这时表现的是波动性，而当 B 在 $\varphi(k)$ 有值区域以外时乘积（振幅）等于零，这时表现的是粒子性。

其物理原因是：因为傅立叶变换是波干涉的结果，所以得到的倒易矢量 k 只对应倒易点的极大位置，由于空间效应，倒易点会有一定的体积，所以 k 也有一个变化范围。因为 k 对应速度，所以空间效应的影响就是使每个速度都有一个不确定范围。对于微观粒子，这个不确定范围很大，会扩大到整个常规运动的速度区域，以致按常规速度运动的物体就不能直接确定它的速度，这时要找出物体的速度，就必须按傅立叶变换的滤波性，用一个速度波将所要的物体速度过滤出来，这就表现为波动性。又因 $\varphi(k)$ 有值的区域总是由 $k=0$ 开始向外延伸的（参见图 2-9），当物体体积较大时 $\varphi(k)$ 将限制在很小的速度范围内，即只有当速度 v 很小时，大物体才会有波动性。后面会具体看到，对电子和核子这类粒子，在常温下就表现为波动性，对最小的氢原子则必须在较低温度下才有波动性，而要看到一个颗粒的波动性，则必须是其运动速度非常非常小才行，而这样小的速度所显示的波动性，通常也难以体现出来。因此，当体积大到一定程度时就认为它没有波动性，这时它会显示出一个较确定的整体速度 v，也只有这时才能说物体整体以什么速度运动，才能按牛顿力学处理问题。

此外，由定义来看，速度是位置的时间变化率，对体积大的物体虽然它的位置无法确定，但其整体速度是可较准确确定的，即宏观物体有一个可把握的整体速度，这样就可以不考虑体积的影响，只研究运动，再适当地选定一个代表点作为物体的空间位置,就可用来研究物体的运动了。但也正因如此,它只适用于物体体积对运动无影响的情况,这就是牛顿力学的方法,它完全不考虑体积影响,只研究运动;当体积很小时,物体位置虽可有一个较准确的表示,但速度则不能确定,速度不确定,就无法来研究运动,这时必须考虑体积的影响。总结以上可见,在研究任何一个事物的性质时,如果整体范围不够大,都会受到整体大小的影响,即空间效应,当这种效应影响到整体性质时就必须用量子力学的方法来研究了。

因为笛卡尔坐标的各坐标点是相互独立的,将坐标点堆积在一起形成一个分布集合,并不能表明它们会集体一致地运动,即当其中一个质点运动时,并未包括要求其他质点也会做同样运动的因素,因此,要表示整体运动就必须是各质点间有相互作用,即要求各个质点都是做协同的速度运动,这样就出现物体的空间存在对运动影响的空间效应了。式(3-9)是两个函数的乘积,所以作用是相互的。$\varphi(k)$ 对 $\exp i(kr - kvt)$ 的作用表示物体的空间存在对性质的作用,即空间效应;$\exp i(kr - kvt)$ 对 $\varphi(k)$ 的作用,形式上就是一个波对物体的作用,它给出粒子可能被激活的波动状态,显示粒子波动性的不确定程度。

当然,上面讨论的都是由于干涉引起的,如果各质点的性质波间不会发生干涉,则各质点也将是独立的,各自可单独运动,就像气体一样不会形成一个固定的物体,这就是另一种问题了。因为干涉要求有固定的位相差,这就要求各质点间必须有一个固定的相对位移,这个任务是由被干涉掉的波来完成的,它把各质点连在一起形成一个有一定相对位置分布的物体,当物体与外界发生作用时,因为这些波被干涉掉,所以它不参与对外作用。如果它们被激活,因为其能量不能传到物体外面去,所以只会在驻波上来回传播,这就是物体的结合能,但如果有些作用能涉及物体内部,影响到它的干涉(驻波)条件时,这些波也会参与作用,碰撞作用就是这样,这就是粒子性,所以说粒子性是由干涉掉的波对外作用产生的,作用时会有能量变化。

3.3.2　空间效应是普遍存在的

一般来说,事物的整体性质都是由其内部各个质点局部性质共同作用的结果,各个质点又处在各自的相对位置上,不同位置上质点的相同性质是会相互影响的,这就产生空间存在状态对性质的影响。因此,空间效应是普遍存在的,不仅力学中有,任何整体性质都是如此。总之,可以这样说,实际存在的都只是各个个体,也只有个体才具有性质,它是个体存在所固有的。而整体是个体的一个集合,当然它的性质也是各个个体性质的集合。因各个个体不可能集中到空间一个几何点上,它们只能分布在一定的空间范围内,这就存在空间分布范围对这个性质集合的影响,即空间效应。可以说任何有一定存在范围的事物,都会有空间效应,即事物的空间分布状态对其整体性质的影响,这样就存在对这类问题如何进行数学描述和处理的问题。如一个微观的物体粒子,它本身没有一个确定的整体速度,又如何来研究它的运动性质呢?这就要在倒空间研究,在倒空间是以函数变量(对运动就是速度)作自变量,函数变量与坐标变量是两个空间的变量,函数变量和坐标位置无普遍关系。如研究粒子的运动,必须知道它的速度,而微观粒子的速度不是一个确定的量值,而是一个有变化的范围,这是粒子内部各处的质点有不同的速度造成的,倒空间把粒子内所有速度相同的质点合并在一起作为一个"波片",这个合成的波片就与各质点的位置分布有关,即有空间效应。这是倒空间的特征,也是量子力学的特征,所以说量子力学是用倒空间研究运动的力学。

这里强调的是空间效应,粒子体积越小,则其速度的不确定范围就越大,对微观粒子就无法确定粒子整体是什么速度。但若由于某种原因,使粒子的整体速度特别大,即如果式(3-21)中的 B 特别大,以致超出其内部各质点速度的可能变化范围时,这时粒子内各点速度的差别就显得不重要了,能表现出来的仍只是粒子的整体速度,这时也可不考虑其波动性,或确切地说,对这种速度而言其波动性小得可以忽略不计,这时也可按牛顿力学的办法处理。实验指出在原子核内,能量很高的质子又会服从牛顿力学的规律就是这个原因。相应的对宏观物体,若物体的速度非常小,小到与它内部各局部速度的波动范围相当时,也会显出波动性,也需要用量子力学方法来处理,这就是式(2-21)表示的物理意义。形象地说,如果把粒子内部各质点速度的波动比作噪声,把粒子的整体速度比作信号,则牛顿力学相当于只研究信号,不考虑噪声,这只有当信号比噪声大很多时才正确;而量子力学则是在噪声中求信号,它必须用波来作用,才能把信号过滤出来,它们是两种完全不同的研究方法,分别适用于不同条件下的运动,所以也可说量子力学是在噪声中求信号的方法。

这里用运动为例来讨论空间效应,显然这时的空间效应只是体积对整体速度的影响,因为空间效应直接影响的是倒易矢量 g,不一定是速度。因此空间效应是有普遍意义的,凡是表示整体性质的物理量,都会受到整体大小的影响,即都有空间效应。如一个班学生的整体学习成绩,只有当班上的人数多到一定程度、各学生成绩是相互独立时才可用一个较确定的平均分数值来表示,平均值是一个整体量,受体积大小的影响,这是整体与局部间的普遍效应。

3.4 转动运动

上面的讨论是对平动而言,一般说运动可有平动和转动两种,下面再讨论转动运动的情况。

3.4.1　质点的转动运动

转动的特征是有一个固定的转动轴，或是有一个固定的转动中心。一个质点可以绕任何轴、以任何角速度转动，匀速转动有一个固定的角速度 ω，这和平动时的速度一样，只有一个运动变量。同样，在正空间的一个质点是用 $\delta(r)$ 表示，它在倒空间就是一个均匀地布满整个空间的常数 A，用数学表示就是所有波的叠加，即有：

$$\delta(r) = \int A\exp(\mathrm{i}kr)\mathrm{d}k = A\int \exp(\mathrm{i}kr)\mathrm{d}k$$

与平动不同的是，讨论转动是以角速度 ω 为倒空间，因为这时只能给各个质点定义一个角速度，所以这里的 k 不是动量而应是动量矩 L（或角动量）。按一般情况讨论，这里取转动轴为 z 轴，且取 z 轴通过坐标原点 O，并取质点的初始位置在 (r_0, θ_0) 处。设质点是以恒定角速度 ω 绕 z 轴转动，则它在正空间可表示为：

$$f(\theta, t) = \delta[\theta - (\theta_0 + \omega t)] \tag{3-24}$$

上式与 r_0 无关，适用于任何 r 点，即任何 r 处的角速度都是相同的，r_0 的作用自动包括在角速度中，它与 θ_0 共同组成一个相因子，反映粒子的初始位置。因为这里只有 θ 发生变化，所以它的傅立叶变换为：

$$F(k, t) = \int f(\theta, t)\exp(\mathrm{i}k\theta)\mathrm{d}\theta = A\exp\mathrm{i}(k\theta_0 + k\omega t) \tag{3-25}$$

式（3-25）应是转动粒子的傅立叶波中第 k 支谐波的振幅，再乘以波动部分，就是它在正空间的表达式，于是得到 $f(\theta, t)$ 用倒空间的表达式为：

$$f(\theta, t) = A\exp\mathrm{i}(k\theta_0)\exp[-\mathrm{i}(k\theta + k\omega t)] \tag{3-26}$$

这也是一个传播的平面波。可以看到只要把这里的 θ 对应于平动时的位置 r，再把 ω 对应于平动时的速度 v，则这个公式在形式上与平动的式（3-5）完全一样，但这里是用角速度 ω 来激活的角动量 L，所以这里的 k 为 L。设取转动轴为 z 轴，如图 3-2 所示，则有

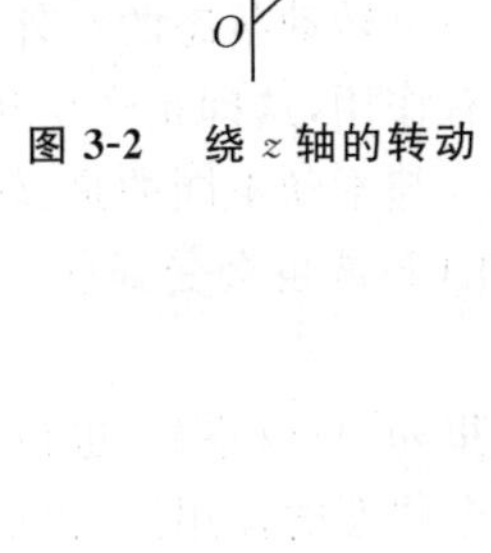

$$r = a + z$$

a 是 r 点到 z 轴的距离。按矢量关系有：

$$L = a \times mv, \qquad v = \omega \times a$$

图 3-2　绕 z 轴的转动

展开这个"×"乘积，可得：

$$k = L = a \times mv = a \times m(\omega \times a)$$
$$= m\omega(a \cdot a) - a(m\omega \cdot a)$$
$$= m\omega(a \cdot a) - 0$$
$$= m\omega(a \cdot a)$$

即角动量 L 的方向与角速度 ω 的方向一致,都是沿着 z 轴方向,这样式(3-26)就是一个沿 z 轴方向传播的平面波。由于这里质点运动的方向是沿 θ 方向,它与 z 轴垂直,所以说这个波相当于横波(其波矢与运动方向垂直),相应的平动质点的波相当于纵波(其波矢与运动方向平行)。当有一个沿波矢方向的外力波对纵波作用时,就会产生一个加速度,加速度的大小与作用力成正比,与质量 m 成反比。而当沿波矢方向的外力波对横波作用时,虽然这个力的方向与角速度 ω 的方向一致,也不会产生角加速度,即单纯的外力波不可能激活角动量的变化,用倒易理论来说,力波的波矢量与角动量的波矢量是不同的波矢量,它们不能相互作用,所以没有能量交换。至于运动粒子受力时也会沿着力的方向产生加速运动,那是运动粒子自身的事,粒子的质量只对这个加速度有阻碍作用,与整个转动的运动状态无关,所以说横波没有"质量"。一般来说,一个指数形式的波包括正弦、余弦两个波动项,即:

$$\exp(\mathrm{i}gr) = \cos(gr) + \mathrm{i}\sin(gr)$$

一般余弦波是纵波,而正弦波是横波,因为它的振幅在 i 方向,与波矢 g 垂直。如果作用的外力波也有垂直于波矢方向的分量,即若力波也有虚部的话,因为两个虚部的乘积会变成实量,所以它也会与正弦波起作用,产生实际的效果,也会使这时的转动运动沿力的作用方向拉长,引起转动能量的变化。如图 3-3 所示。将 L 代入式(3-26),则得到转动质点的波函数为:

$$\psi(L,t) = A\exp\mathrm{i}(L\theta_0)\exp[-\mathrm{i}(L\theta + L\omega t)] \tag{3-27}$$

图 3-3　虚力波的作用

这里因 L 和 ω 的方向一致,所以也将点乘积去掉。$L\omega = amv\omega = ma^2\omega^2$ 是转动质点可与外界交换的转动能量,ma^2 是质点的转动惯量。因为 L 只在 z 方向,所以转动波矢 L 只有 $\pm z$ 两个方向,这些结果也和 X 射线分析中的一样,在正空间的一个结晶学面,其倒空间就是垂直这个面的一条线。因为一个转动会有一个转动平面,一个平面的倒空间就是垂直这个面的一条线,这里取 xy 面为质点的运动平面,所以它的倒空间就只能是 z 轴的一条直线了,即一个转动状态的对外作用,只有 $\pm z$ 两个方向,如绕核转动的电子就只在 $\pm z$ 方向有作用,这即是产生化学键的原因。

与平动不同的是:转动的自变量 θ 是一个以 2π 为周期的变量,所以由角速度激活的 L 波也会受到这个周期条件的限制。按周期关系,一般有

$$\exp\mathrm{i}(\theta + 2m'\pi) = \exp\mathrm{i}\theta$$

这里 m' 只取整数,也包括零,这样得到 $\exp\mathrm{i}(L\theta)$ 和 $\exp\mathrm{i}(L\theta + 2Lm'\pi)$ 实际上是同一个状态的作用波。再由指数函数的周期性,可知这里的 Lm' 也必须是整数,即要求 L 也必须是整数,如当 m' 等于 1 时,L 就只能是可正可负的整数,也包括零,量子

力学中把这个整数称为量子数。这就是可用量子数表示转动态的原因,也是可表示电子在原子中运动状态的数学原因,量子力学中把表示能量的量子数称为主量子数,把表示角动量的量子数称为角量子数。

3.4.2　粒子的转动运动

与平动时一样,由于粒子中各质点转动波的相互干涉,也存在有空间效应。由于空间效应与粒子的大小、形状都有关,因此应具体问题具体分析。为能一般讨论,这里也考虑一个球形粒子,即认为其正空间分布 $f(r)$ 是球对称的,其转动在正空间的表示是 $f(r) * \delta[\theta - (\theta_0 + \omega t)]$,即它的每个质点都是做同样的角速度 ω 转动,其用倒空间的波表示为:

$$\psi(L, t) = F(L)\exp[-\mathrm{i}(L\theta - L\omega t)] \tag{3-28}$$

这里 $F(L)$ 是 L 波的振幅。前面已指出,对于球形粒子:

$$F(g) = N\frac{3}{(gR)^3}[\sin(gR) - gR\cos(gR)]$$

这是球形粒子的形散函数,表示球形粒子具有波动性的范围,其中 R 是球的半径,g 是波矢,对于平动,g 是粒子的动量,这里是转动,所以这里应是 $g = L$,要求 LR 小于 4.5 时才有波动性。因为 L 中包括转动半径 r,所以只有当 r 也很小时才有波动性。一般而言,设粒子绕轴的转动半径为 a,粒子内某个质点的相对位矢为 r',则这个质点绕轴的转动

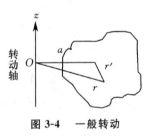

图 3-4　一般转动

半径为 $r = r' + a$,如图 3-4 所示。显然粒子绕轴 z 的转动可分解为粒子整体绕轴 z 的转动和粒子绕自身轴的转动两部分,前者的波函数可由式(3-27)表示,这里只讨论粒子绕自身轴的自转情况。

对于自转,因为绕轴转动是一个柱体对称的情况,应当用柱坐标表示。为方便计算,并保持 θ 的独立性,这里考虑一个半径为 R、高为 $2H$ 的圆柱形粒子,因为这时要求有一个固定转轴 z,这里取 z 通过柱轴中心。研究其转动,其波函数也是一个形散函数与一个平面波的乘积,但这时的倒空间是角动量 L 空间。这里考虑一个分布为 $f(r, \theta, z)$ 的圆柱状粒子,如图 3-5 所示,设粒子以恒定角速度 ω 绕其中心轴 z 转动,这样粒子内的每一个质点都有同样的角速度 ω(这是粒子绕自身轴转动的角速度),即在粒子内各质点的 ω 是一个常量,设粒子内质点是均匀分布的,再把分布函数 $f(r, \theta, z)$ 看作是限制在形状函数 $\sigma(r, \theta, z)$ 内。若再取粒子的柱轴为坐标系的 z 轴,则在正空间粒子的转动运动表示为:

$$f(r, \theta, z) * \delta[\theta - (\theta_0 + \omega t)] = \sigma(r, \theta, z) * \delta[\theta - (\theta_0 + \omega t)]$$

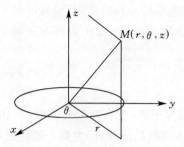

图 3-5 柱坐标和直角坐标的关系

这表示柱体中的每个质点都是以恒定角速度 ω 绕 z 轴转动,按卷积原理,其傅立叶变换是二者单独傅立叶变换的乘积。

这两个函数单独的变换都已被人们计算过,这里再简要重述一下柱坐标系的傅立叶变换。设直角坐标的坐标变量用 x、y、z 表示;相应的柱坐标变量用 r、θ、z 表示。对应直角坐标系的傅立叶空间坐标用 g_r、g_θ、g_z 表示;相应柱坐标的傅立叶空间坐标用 ρ、α、ξ 表示。则它们之间有以下的转换关系:

$$x = r\cos\theta \qquad\qquad r = \sqrt{x^2 + y^2}$$

$$y = r\sin\theta \qquad\qquad \theta = \arctan\frac{y}{x}$$

$$z = z \qquad\qquad z = z$$

$$g_r = \rho\cos\alpha \qquad\qquad \rho = \sqrt{g_x^2 + g_y^2}$$

$$g_\theta = \rho\sin\alpha \qquad\qquad \alpha = \arctan\frac{g_y}{g_x}$$

$$g_z = \xi \qquad\qquad \xi = g_z$$

这样,直角坐标系中的指数转换因子 $\exp[\mathrm{i}(g_r x + g_\theta y + g_z z)]$ 在柱坐标系中就变为:

$$\exp\{\mathrm{i}[r\rho(\cos\alpha\cos\theta + \sin\alpha\sin\theta) + \xi z]\}$$
$$= \exp\{\mathrm{i}[\rho r\cos(\alpha - \theta)] + \xi z\}$$
$$= \exp(\mathrm{i}g_z z)\sum i^m J_m(\rho r)\exp im(\alpha - \theta) \qquad (3\text{-}29)$$

这里 $J_m(\rho r)$ 是 m 阶的贝塞尔函数,并利用了贝塞尔函数母函数的关系式。

$$\exp\{\mathrm{i}[\rho r\cos(\alpha - \theta)]\} = \sum i^m J_m(\rho r)\exp im(\alpha - \theta)$$

对圆柱体积分的体积元 $\mathrm{d}x\mathrm{d}y\mathrm{d}z$ 变为 $r\mathrm{d}r\mathrm{d}\theta\mathrm{d}z$,在柱坐标中的积分限是

$$0 < r < \infty;0 < \theta < 2\pi;0 < z < \infty$$

因为形状函数 $\sigma(r,\theta,z)$ 是一个内部密度为 1、半径为 R、高为 $2H$ 的圆柱体,所以这里的积分限为

$$0 < r < R;0 < \theta < 2\pi;-H < z < H$$

于是柱体形状函数的傅立叶变换为:

$$F(\rho,\alpha,\xi) = \int \exp(\mathrm{i}\xi z)\sum i^m J_m(\rho r)\exp im(\alpha - \theta)r\mathrm{d}r\mathrm{d}\theta\mathrm{d}z$$

$$= \iint \exp(i\xi z) \sum i^m J_m(\rho r) \exp im(\alpha) \left[\int \exp(-im\theta)d\theta\right] r\,dr\,dz$$

上式后面方括弧中对 θ 的积分,只有当 $m=0$ 时才有值,所以这里应取 m 等于零。于是得:

$$F(\rho,\alpha,\xi) = \iint \exp(i\xi z) J_0(\rho r) r\,dr\,dz = \int_{-H}^{H} \exp(i\xi z)dz \int_0^R J_0(\rho r) r\,dr$$

$$= \frac{1}{i\xi}[\exp(i\xi H) - \exp(-i\xi H)]\frac{1}{\rho^2}\int_0^R J_0(\rho r)\rho r\,d(\rho r)$$

利用贝塞尔函数的性质, $\int J_0(x)x\,dx = xJ_1(x)$。则得上式中对 r 的积分为:

$$\frac{1}{\rho^2}\int_0^R J_0(\rho r)\rho r\,d(\rho r) = \frac{1}{\rho^2}[\rho R J_1(\rho R)] = \frac{R}{\rho}J_1(\rho R) \tag{3-30}$$

式(3-30)是傅立叶波的振幅,于是对一个绕柱轴 z 转动的柱体粒子,其波函数为:

$$\Psi(\xi,\rho) = \frac{2}{\xi}\sin(\xi H)\frac{R}{\rho}J_1(\rho R)\exp[-i(L\theta + L\omega t)] \tag{3-31}$$

这里决定波动区大小的有两个因子,略去柱体体积,分别满足两个倒易关系,即会有两个测不准关系:

$$\xi H < \pi \quad \text{和} \quad \rho R < 3.8 \quad [3.8 近似是 J_1(x) 的第一个零点] \tag{3-32}$$

式(3-31)就是柱体粒子倒易点的形状,它由两个分量组成,一个是高度,一个是半径。这说明倒易点的形状也是一个圆柱体,但它与粒子的形状是互为倒易的,一般来说在三维空间中,倒易点形状是由三个变量确定的。对球对称物体可只用一个变量表示其大小,而对圆柱体则必须有两个变量。这里讨论的角动量 L 是沿转动轴 z 方向,在一般情况下,转轴方向不一定与柱体的轴一致,这时 L 的方向应由 H 和 R 共同决定,所以其波动区的大小也要由 ξ 和 ρ 共同决定。按倒易关系,对沿柱轴转动的细棒,L 的波动范围只受 ξ 的限制,只用第一个不等式即可决定,细棒越短则波动性的范围越大;对一个绕垂直轴转动的圆盘,L 的波动情况只受 ρ 的限制,R 越小则波动性的范围越大。在一般情况下,两个不等式都起作用。显然,不同形状的粒子,其倒易点的形状也是不同的,对非球形的粒子,其不同方向上会有不同的线度,因为形散函数的变量是波矢与距离的点乘积,因此只有与波矢平行的线度才对波动区有限制,一般来说,线度大的方向,其倒易点在相应方向就小,反之亦然。

以上情况虽只对自旋进行讨论,但因空间效应只与粒子的大小有关,所以也可用来估计一般的情况。对绕原子核转动的电子,它既有电子的自转,又有绕原子核的公转,可结合质点的转动和粒子自身的转动来处理。一般来说,质点绕轴的转动和粒子的自转是可相互独立的,但它们处在同一个转动的状态中,这就是自旋和轨道可相互耦合的原因。按这个理论,绕核转动电子的对外作用就是一个波矢为 L 的平面波,由于转动运动的周期必须是 2π,所以这个转动轨道的长度应是其波长的整数倍 n。又因为电子是在原子内运动,要与原子的势场发生作用,波的作用总是以周期为单位进行的,可以证明一个周期的作用能总是 h,所以电子轨道运动的能量应是 nh,n 是一个不等于零的整数,量子力学中称 n 为主量子数,它表示原子内处于运动状态电子的总能量。

因为任何运动都可化为平动和转动的组合,平动和转动又都可用一个指数形式的波表示,所以任何运动状态都可表示为平面波的叠加,这就是情态叠加原理的物理基础。倒空间的自变量是波矢,每个波矢都对应一个情态,因此,情态的叠加就可表示任何运动状态,显示的是这种状态的性质。

4   波函数表示的内容

前面已经指出,在用倒易空间表示时,其函数变量并不是原来自变量对应的函数变量,而是原定义域内某些相同性质点上的整体性质量。这些性质指的是什么?倒空间与坐标轴是平行切割的,而与一个轴平行的平面方向会有无限多个,凡是法线与坐标轴垂直的平面都是与坐标轴平行的平面。从物理上讲,物体的存在是可用空间坐标描述的,而与坐标垂直的物理量就只能是物体的某种性质,所以倒空间可以说就是性质空间,因而物体的性质也是多种多样的,每一种性质变量都与坐标轴垂直。形象地说,不同性质可认为是沿不同的方向与坐标轴垂直的。用任一种性质变量都可做出一个倒空间,这可以说是广义的表象理论。如 X 射线分析中的倒空间是衍射空间,是由物体的衍射性质构成的空间,也可说是衍射表象;力学中的倒空间是速度空间,也可说是速度表象。至于量子力学中说的动量、能量、角动量等表象都只是与速度有关的一些性质,其核心仍是速度,当然也可用它们做倒空间,或可说它们都是速度表象中的一些亚表象。因为性质有局部和整体之分,局部性质是局部的,发自确定的局部位置,可用一个函数来定义,而整体性质是由各局部性质共同决定的,遍布整个空间,需用波来描述,所以波函数是用整体性质作为自变量来描述物体状态的。因为一种整体性质对应一种存在状态,而一种存在状态又可有多个性质,所以,一种存在状态可在不同的倒空间描述,因为运动的基本性质是速度,所以量子力学用的是以整体速度为变量的倒空间。

4.1   在两个空间里函数与自变量的关系

在正空间描述一个事物的性质 y,通常是用函数 $y = f(r)$ 来表示,这里 y 是函数,其变化范围称为值域;r 是自变量,其变化范围称为定义域。一般是用一个坐标轴表示自变量 r 的变化,再用数轴给它赋值,就可以应用了,这是笛卡尔的办法。所以说笛卡尔只是对坐标轴的分割,这里 y 对于 r 是独立的,y 轴和 r 轴相互垂直,如果这时值域中的元素和定义域中的元素有一一对应关系,即对每一个 r 值会只有个单一的 y 值与函数 $f(r)$ 相对应(其物理意义是各 r 点间没有相互作用)。因为 y 和 r 是相互独立的,所以对 y 值可以用任何单位表示,即对 y 轴也可以独立地赋值,因为对一个 y 值可依函数性质确定唯一的一个 r 值,一般它可依函数的性质而定,y

轴的度量单位可不受 r 轴度量单位的影响,因此也可把同一函数关系反过来写成一个反函数,即 $r = F(y)$,这是数学中的常用结果。

如果不是一一对应关系,即值域中的一个元素会对应整个定义域(即对整体的物理量),那么对一个 y 值就可能会对应很多个 r 点,这时单有性质 y 就不知道是哪一个 r 点上的性质,实际上它是多个 r 点的整体性质。因 y 和 r 并不是同一个空间的变量,如果把这个函数图看作一个整体,现在再垂直 y 轴进行切割,则这种切割就会是平行 r 轴的切割,这样就得到一个以 y 为自变量的倒易空间。因原有函数是 $y = f(r)$,这就要求 y 与 r 有关,所以作为倒空间的切割中也包括对原正空间的切割,它切下来的是包括所有原定义域坐标点的一个谐波片,片上的各点虽然有相同的性质 y,但它们可是包括定义域中很多个不同的 r 点,这些 r 点间的距离还必须用对 r 轴的切割来度量,即这些波片上的干涉情况需由 r 轴的切割来确定,且这样就不存有单个 r 点上的性质 y,每一个性质为 y 的点都对应定义域中一个分布状态,在这个分布状态中的任一 r 点都有相同的性质 y,这时的性质就应是这个分布状态的**整体性质**,这里用 g 表示。

能表示整体的量就是波,因此要表示这种性质的 y 就必须用一个波 $\exp(igr)$ 来表示,这里 g 是波矢,它代表原性质 y,但它涵盖所有 r 点上的性质 y(一般来说它不是动量 k)。因为同一波片上的各 r 点都有相同的性质 y,这些相同 y 值的性质波会相互干涉,干涉就会导致两个结果:

(1)干涉后的波就不能区分它是哪个 r 点上的性质波,因干涉把物体连成一个整体,所以干涉后的波是物体整体的性质波 g,又因干涉的情况与这些 r 点的坐标分布有关,所以也可说这个性质波是物体一个状态的性质波。

(2)干涉必须有一定位相差,这就与这个波中各 r 点的相对位置有关,这样就必须用在 r 轴上的度量单位来计算干涉,因此,若两个轴用独立的度量单位来标注和度量,就无法确定它们之间函数 $y = f(r)$ 的定量关系了(即无法确定 y 是哪个 r 的函数)。

因为这种函数空间的每一个元素 g 都对应全部定义域的元素 r,而能表示全部空间的变量就是波,所以 g 在 r 空间的表示就是一个波 $\exp(igr)$,也可说 g 与 r 空间的一个波是一一对应关系,一个波矢 g 对应的是 r 空间的一个分布状态,因此它的反函数就是以波矢 g 为自变量的波函数。

为保持该波是一个确定的波,必须使波的位相变量是一个无量纲的量,否则这个波将会因度量单位的不同而变化,即会因度量单位不同而有不同的周期和频率,所以 g 和 r 在单位和量纲上都必须是互为倒数的关系。若用 Δr 表示谐波片上对 r 的度量单位,用 Δg 表示谐波片的厚度,要使这两种切割的结果在整个空间上一致,就必须使波片的厚度 Δg 和 Δr 成反比,比例系数可取作1,即应当有 $\Delta r \Delta g = 1$ 的倒易关系。因此,虽然倒空间就是函数空间,但它的度量单位(按傅立叶变换)必须是正空间度量单位的倒数。这可说是正、倒空间之间定量关系的一般准则。这一点可形象地理解为,倒空间不是一个独立的空间,它表示的是正空间各质点性质波干涉的结果,显然 Δr 越小,则参与干涉的点就越少,Δg 就越大,二者成反比关系。这里把比例系数取为 1 只是表明其数学关系,实际上它应是一个常数,这个常数的大小应由具体的性质来定。这种情况就像局部和整体一样,如果把 r 看作是正空间的局部,则 y 就是这局部的性质,而其倒空间是指这个局部分布的整体性质,整体由局部确定,它只能来自局部,没有局部就没有整体,但整体不等于局部。由于人们都习惯用数轴来标定正空间的度量单位 Δr,因此,在用不同的性质作为倒空间时,应有不同的比例常数,即 $\Delta r \Delta g$ 应等于不同的常数。

应当说明,倒空间也是一个空间,可以像正空间一样在倒空间里定义函数,如果用 g 表示倒空间的自变量,也同样可写出一个函数 $H = F(g)$,意思是在每一个 g 点上定义一个 H,因为 g 的倒空间就是坐标空间(正空间),所以 H 对应 r。正如前面已指出的那样,这时 r 是波矢,每个波都是在同一 r 点的一个 g 片上,所以这个函数 H 表示的是整体性质 g 来自 r 点的概率,它是原函数中发自 r 点上所有性质波 g 的相干结果(在倒空间的相干)。在三维空间来看,每个 g 都是充满整个正空间的一个片,这些片的组合方式只能是叠加,H 的一般形式可写作:

$$H = \sum_r F(g)\exp(igr)$$

这些波都是来自 r 点的性质波,从而也体现出在 r 点上有物质。前面指出,$\exp(igr)$ 表示对每个 g 片的赋值,表示 r 处的一个 g 波,形式上它是一个波。这样 $F(g)$ 就表示这个 g 波在求和中的权重,所以说对一个具体事物,$F(g)$ 也就相当于空间中具有相同 g 值的总数目,但 g 的具体物理意义要依其原函数表示的性质来决定。在 X 射线分析中,其倒空间是衍射空间,g 是衍射矢量;而在量子力学中,其倒空间是速度空间,g 是速度。为便于理解这些,下面用一个宏观、通俗的例子来形象地说明。

4.1.1　波函数是整体性质的分布函数

为形象地说明问题,这里再次以一个学习班的学习成绩为例,设班上有 n 个学生,用编号 $1 \sim n$ 表示每个学生的坐标位置 x,n 的大小相当于是定义域。现经过一次考试,考试分数是性质,它的范围相当于值域,考试体现的结果是成绩,所以成绩是函数 y,因一般考试只能得到具体学生的具体成绩,所以考试的成绩是局部量。现在要表示这个学习班的整体成绩,通常可有两种方法,一种是写出学生的考试分数对其编号的函数,如图 4-1 所示,这就是通常在正空间的函数表示方法。它以编号为自变量,对每个编号都有一个确定的分数值,显示的是各个学生的考试成绩,

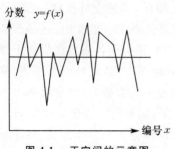

图 4-1　正空间的示意图

这是局部成绩,它相当于在每个坐标点 x(编号)上定义一个性质 y(成绩),一般可表示为函数关系 $y = f(x)$,即分数 $y = f$(编号 x)。由图 4-1 可见它突出的是局部量,每个学生都有其具体成绩,而整体量则是隐含在这个函数中,要经过分析才能看到。如何分析要由各人去体会,通常是取它的平均值,但可看到,这只在 n 很大时才会有一个较确定的平均值,当 n 很小时平均值会有很大的误差。另一种是用倒空间来表示,因为表示成绩的是分数,这时就要用分数作自变量,因此这时的波矢 g 代表分数。因这时的分数表示学习班的整体成绩,对整体成绩相于于每个分数点上的函数值就不可能是学生的编号 n,因为考得某个分数的并不只是单个学生,而可能有多个学生,因这时值域中的一个点对应的是全部的定义域,无法用哪个学生的编号来对应这个分数,即这时每一个分数值对应的是多个学生编号的一个整体,即这个分数值是对应多个编号的一个分数 g 波。因分数只有正值,所以可用全班考取这个分数的学生总人数作函数,这样编号 n 就不存在了,即定义域中的坐标就不存在了,单个学生的成绩也看不到了,这时的成绩不是局部点上的性质 y,而是全班整体考得这个分数的总人数,是整体成绩 g 按分数的分布。如图 4-2 所示,它是一个整体成绩的分布曲线,由此可以看到这两个图具有以下几个特点:

(1)图 4-1 是一个无规则的波动曲线,其波动情况与 n 的大小无关,不论 n 有多么大,它总是无规则地振动着,这是独立的局部性质的特点,它不存在有空间效应。但可以看到它有一个近似的平均值,其准确度与 n 的大小有关,n 越小,这个平均值的误差就越大,当其误差值和平均值大小相当时,这种表示就无意义了。因为各个学生的考试成绩是相互独立的,所以可以用平均值近似表示整体量。

(2)图 4-1 中对应于每个编号都有一个固定的分数值,而且在一次考试中也是一个确定的值。这个值是学生固有的考试成绩,但它不能代表全班的整体成绩。虽然全班的成绩可用一个平均分数来判定,但这个平均分数的准确度是会随 n 而变的,当 n 较小时,是很不准确的。即它实际突出的是局部成绩,不是整体成绩,单从图上看不到整体成绩。

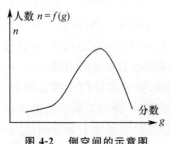

图 4-2　倒空间的示意图

(3)图 4-2 是用分数作横坐标,它的纵坐标是考取相应分数的学生人数。这里没有编号,看不到具体学生的成绩,它突出的是整体成绩,给出的是整体成绩在分数空间的分布,它的误差表现为曲线会有一定的宽度，即有一个误差范围，随着 n 的增大它会越来越窄，趋于一个固定的分布曲线。虽然各学生的成绩是相互独立的，但每个学生成绩都会影响整体成绩，即都会对整体成绩有"作用"。

（4）虽然图 4-2 中看不到具体学生的成绩，但它可给出一个统计的结果，反映出全班的整体成绩，而且 n 越大这个分布就越固定，因此可作为一个固定函数来处理。当 n 很小时曲线上的每一点都会是一个区域，即曲线会有一定的宽度，但它的走势不变，即它突出体现的是整体成绩分布。

这里，x 是正空间的自变量，定义域是 $0 \sim n$；g 是倒空间变量，值域是 $0 \sim 100$ 分。图 4-2 中的曲线就是这个班整体成绩的分布曲线，它是用考试分数激活的一个倒空间，体现的是整体成绩在分数空间的分布。

这里用学生人数作函数，不是用概率，是因为规定了全班有一个固定总人数，一般来说它只有概率意义，只是这里将概率乘上了全班总人数罢了。不论哪种方法，都存在和 n 大小有关的问题，这就是空间效应，即定义域的大小对整体性质的影响。但可看到正空间表示的是单个学生的局部成绩，即局部位置点上的性质，对局部研究有用，但不是整体成绩，而事物对外表现的是其整体性质，即要用全班的整体成绩，所以研究整体性质应用倒空间。若用倒空间（分数空间）表示，就把每个学生的成绩看作一个性质波，相同成绩的波有相同的波矢，它们干涉的结果就是全班的整体成绩波（全班的对外作用），所以倒空间表示的是一个班的整体成绩，它也可表示成一个分布函数，但这个函数必须要有足够多的人数才会是一个确定函数。一般情况下曲线总有一个分布宽度，即倒空间表示的每个成绩在正空间（学生编号）看都是波动的，其波动范围满足测不准关系。

显然，表示一个班的成绩的这两种方法各有各的特征。但因物体的性质有对内、对外两种，通常要突出一个班内部各学生成绩的分布时，用第一种方法好；但要突出班级的对外作用时，则用第二种方法好。一般来说，当学生人数多到一定程度时，平均分数会有一个较确定的值，受学生总人数的影响很小，也可以在正空间用平均分数表示一个班的整体成绩，这时是把一个班当作一个整体，不考虑班内各成绩的分布情况，也不考虑班级的大小，这就是粒子性的表示。如全国高考中各省的成绩，可用这个平均分数来衡量。但当参加的学生人数很少时，就不能这样评定了，如若某个省只有 10 个人参加高考，他们的平均成绩就不能用来说明这个省的教育问题。这时通常是用考得某个分数学生人数来表示，如其中 90 分以上的有多少人，70 分以上的有多少人，不及格的有多少人等，这种说法显然有一个不确定范围。还应指出，这里用平均值当作整体成绩来讨论，是因为每个学生的考试是相互独立的，即考得的相同分数之间没有相互干涉，如果有干涉则只能在干涉以后再平均，若考试时规定两两学生可以互相讨论，则这时的平均值就会是另一个样子了。

4.1.2　表示一个存在状态的对外作用

设物体在空间的分布为 $y = f(r)$，这里没有具体说明是什么分布，所以不能说 y 就是速度，一般地说它是性质，但若是研究物体的运动，因为所用的变量是质点的速度，所以这时的 $f(r)$ 实际上是指物体内各质点速度的空间分布，即认为每个 r 点都有它自己的运动速度 v，这时的 y 才表示速度。可写作速度 $v = f(r)$；这是正空间的表示法，显然这个分布是指各局部点上的速度分布。而倒空间的自变量是整体速度 k，即 $f(r)$ 中所有速度相同的 r 点在速度空间就只是一个坐标点 k，所以倒空间研究的是一个分布状态，波函数中的每一个波都是一个状态整体的性质波。因这些性质波都已被激活，可对外作用，所以波函数是表示一个存在状态的对外作用，人们也正是通过这种作用才感知物体的存在。

作用表现的是性质，因为作用是相互的，所以作用的表现中既有物体整体的性质，也有激活波的性质，如用红光来激活一幅彩色图画，它显示图画的特征也只限于红色；再如狭缝衍射，产生的虽是狭缝的衍射花样，但衍射出去的是激活的光波。波函数就是激活波按一定概率的叠加，这些激活波的对外作用就是物体能表现的整体性质。显然，如果只有一个波被激活，则它的性质波就是一个单色平面波；如果有多个波被激活，则它的性质波就是多个波的叠加。而如果物体中所有能被激活的波全部被干涉掉，则这种状态就不会有波的对外作用，这时的作用就只显示粒子性，没有波动性。德布罗意波是由速度激活的波，因为在一个时刻粒子的整体速度只有一个，所以只激活一个波，它的波函数就是一个单色平面波，这个波的波矢既是粒子自身固有的波矢，也是激活波的波矢，二者缺一不可；对宏观物体，因用常规速度激活的波都已经被干涉掉了，所以在常规速度下宏观物体显示的都是粒子性，没有波动性，即它的波函数为零，即宏观物体没有以常规速度对外作用的波函数，它的对外作用总显示为粒子性。

一个分布状态会有一个相应的波包，波包中的波是这个分布状态的倒空间结构，在正空间它是一个波谱，正是这些不同的波谱才体现出不同的存在状态，但这些波必须被激活才能对外作用，而能被激活的波只能是其倒空间的一部分。就像晶体对 X 射线的衍射一样，一个晶体有一个晶体的倒空间（倒易点阵），但能产生的衍射花样是与激活它的 X 射线有关的，一定的 X 射线波只激活倒空间中一部分倒易点，结构分析用的 X 射线也只能是有一定波长范围的 X 射线。如果入射的 X 射线波长太长，就可能一个倒易点也不能激活，这时 X 射线和晶体的作用就像 X 射线光子和晶体发生碰撞一样是粒子性的，不会产生有衍射的波动性。在三维空间波有纵波和横波之分，对运动而言一个传播的平面纵波表示一个等速的平动状态，可以以速度对外作用，其波矢和速度方向一致，而横波则表示转动状态的对外作用，其波矢和速度方向垂直,所以平动的作用是纵波,转动的作用是横波。

4.1.3　物体的位置

按定义,速度是位置的时间变化率,但什么是物体的位置呢?实际上对物体来讲,位置也有局部和整体之分。物体的位置是指其整体的位置,在牛顿力学中把物体看作是一个质点,又不考虑物体的空间分布对运动的影响,所以如何定义物体整体的位置对运动并不重要,选一个代表点就可以了,通常把 $f(r)$ 的定义域看成是几何点,必要时规定用质量中心的位置来代表物体整体的位置;而在量子力学中则根本不考虑质点的位置,它把整体中速度相同的各位置点都归并到一起,用一个波来表示,研究这个波的对外作用,把位置的分布化为波的分布,因此对位置 r 而言,就归到波里了。

显然,什么是物体的整体位置,不论是牛顿力学还是量子力学都没给出一个科学的定义。如若将波函数中的 r 理解为粒子的位置,则当粒子有一定体积时,它会有一个空间分布范围,其位置 r 也应有一个范围。而按照波函数的概率解释,在不同 r 处粒子会有不同的出现概率,这样就会得到粒子的不同部位出现概率不同的怪现象。

产生这种问题的原因就是把粒子自身各质点的位置分布(局部位置)和粒子在空间的整体位置混在一起造成的。从形式上看,速度分布 $H = F(v)$ 也是一个一般的函数,如果把速度空间看作正空间,则速度的倒空间就是不考虑具体的速度,把同一位置 r 处的所有可能速度点放在一个波上,这个波的系数是某个速度来自这个 r 点的概率。如果把粒子看作一个整体,其系数就是粒子整体位置 r' 在 r 点出现的概率,这里说的粒子位置 r' 是把粒子看作一个整体,它对应的是粒子存在的整个空间。所以不论粒子内的哪个 r 点在 r' 处都应算是粒子在 r' 处,因此用 r' 作自变量的波函数正确的概率理解应是:在 r' 处发现粒子的概率,这里指的是粒子整体出现在 r' 处的概率(并不是它的质量中心)。

为了说明这点,再具体地按速度分布重述一遍,在速度分布 $v = f(r)$ 中,$f(r)$ 中的 r 是在定义域内的相对坐标位置,在定义域以外 r 就没有意义了,因此它与对外的作用无关,求整体速度时需对整个定义域积分,因此这时的 r 已被积分运算积掉了,即积分后的结果中不含 r,只有具有速度 k 的权重,即 r 的作用都包含在权重里。因为 k 是波矢量,所以还需给它加上波动部分,这个加入部分中的位置 r' 是粒子整体速度波在空间(欧氏)的位置变量,是波要求的结果,它包含整个欧氏空间内的位置,可以存在于物体以外,对其他物体发生作用。所以这个 r' 代表的是粒子整体在空间的位置变量,不论粒子内哪个质点 r 出现在 r' 处都表示粒子整体在 r' 处。因为倒空间表示的是定义域的整体,所以确切地说是定义域整体在 r' 处出现的概率。

　　这里要多加说明,有些书上强调 r' 是指粒子质量中心的位置,似乎这样会更精确些。这是错误的。因为当质量中心确定后,粒子的空间分布并不确定,这样它究竟反映的是什么样状态的粒子呢?而且质量中心也是一个整体量,若定义用它做粒子的空间位置,则位置和动量间就不存在测不准关系了。当然在研究单个粒子时也还勉强说得过去(量子力学实际上是把粒子当作质点处理的),而当研究粒子群时就不能只研究粒子群质量中心的运动了。产生这种问题的原因,还是用正空间的观点来认识倒空间的表示所造成的。

　　再强调指出,人们也都注意到整体量和局部量的不同,通常用一个平均值表示整体性质,用质量中心表示整体位置,应当说这两个量都只是在一定条件下的近似值,只能在一定范围近似适用。整体量和局部量之间的真正关系是傅立叶变换关系。牛顿力学研究宏观物体,质心比较固定;量子力学则把粒子当作质点,质心就是粒子位置,这样用质量中心表示粒子的位置在表示方法上似乎也算说得过去,但在概念上是错误的。

4.2　粒子存在状态的整体描述

　　波粒二象性是空间的普遍特性,不是微观粒子独有的。一般说来,描述局部变量可以用粒子性的坐标点,而描述整体变量应该用波动性的波。因为任何局部都可用一个特定的位置坐标表示,而整体则无法用确定的位置表示,它涵盖全部的位置,所以只能用波表示。正空间是物体存在的空间,也可以说是物体的"存在";倒空间则是物体的性质空间,它的每个坐标点都是物体的一个可能的整体性质,也可以说是物体的性质空间,是物体可能的对外作用。因为物体只能存在于有限的空间内,显示的是粒子,不可能存在一个无限大的物体。概括地说,存在显示的是粒子性,而性质则是布满整个空间,只有波才布满整个空间,性质显示的是波动性。

　　因为整体性质是物体整体的性质,它不是来自物体内某个局部的位置点上,而是指整个存在状态的整体,不同的存在状态就会有不同的整体性质。倒空间的描述方式就是把物体可能的整体性质按其可能程度叠加在一起,所以,倒空间描述的是粒子具有某些可能性质对应的存在状态[参见式(2-2)],倒空间的每个具体位置点 g 都对应着正空间一个相应的存在状态,这个存在状态只与粒子自身内部各质点的相对位置(即存在状态)分布有关,与粒子整体在欧氏空间存在的具体位置无关。式(2-2)左边的 $f(x)$ 只表明空间的一个分布状态,不管这个分布是速度分布、电荷分布或是其他什么物理量的分布,只要它们是处于这个分布状态,就都可按式(2-2)展开,式中的这一系列波就只对应这个分布状态,与这个分布状态整体在空间的具体位置无关,也与这个分布状态要体现什么性质无关。

因为性质会体现存在,而性质就是波的作用特征,所以这些波的对外作用体现的就是这个存在状态的性质,而且不论这个分布状态在空间的任何位置都会体现有同样的性质。或者更确切地说,因为物体对外的作用都是波的作用,所以在研究粒子的对外作用时必须用波来描述。一个波描述的不是粒子内各质点的具体空间位置,而是粒子整体的某个存在状态。因为波必须被激活才能对外作用,用什么波来激活就体现什么样的性质,所以可用不同的性质来研究同样的分布状态。波是粒子整体某个可能性质的定量表示,也是粒子可能的对外作用。就这个意义来讲,也可说粒子中的 r 点就是粒子性质的集中点、发源地,不论什么样的性质都是由它发出。所以,实际上 $f(r)$ 表示的也是某个性质在空间的分布状态,不是指抽象的物质存在,没有性质也就显现不出物质存在,可以说是"性质体现存在",人们正是感知到某处的性质才能说某处有物质。

一种性质就体现出一种存在状态,所以对一种具体的性质,$f(r)$ 也是确定的。但它的傅立叶展开 $F(g)$ 却可以有不同的物理意义(不同性质),因为倒空间的自变量是物体的某个整体性质,用什么性质波来激活就会显示什么性质,所以 g 的物理意义要由激活它的性质波来定,如用速度激活就是运动的性质,用光来激活就是衍射的性质等。但不管是什么性质,它们也只能在激活了 $F(g)$ 中的波以后才能产生实际作用,也才能体现出相应的性质来。如果不能被激活,则这个波对这种性质就等于不存在,因为未激活的波中不含时间 t,而作用必须有一个过程,作用过程是用时间计量的,或者也可说未被激活的波不会对外作用,没有作用也就等于不存在。如果把 g 也看作是某个空间变量,则 $F(g)$ 也会在这个空间形成一个空间分布[和 $f(r)$ 在正空间一样],它就是性质空间(倒空间)的分布,这个空间是整体性质存在的空间,不同的性质波只会激活这个空间的一部分波,从而表现出相应的性质,就像不同物体只能占据坐标空间的一部分一样,能表现出的只能是已占据空间的物体。

就这个意义来讲,在倒空间里的性质也是粒子性,但它在坐标空间则是波动性的。如果把 $f(r)$ 看作是物体在坐标空间的存在状态,则 $F(g)$ 就是物体在性质空间的存在状态。因为性质可有多种,所以即使对有相同波谱的性质波,其波矢代表的实际意义也会不相同,度量这些性质量用的计量单位也会不同,所以用不同倒空间的度量单位间会有不同的比例常数。具体地说,物体的存在只能激活波中的位置 r(只能使 r 位置变得有意义),而波矢 g 代表什么性质要看用什么波来激活而定。后面会指出:一维的方势阱、狭缝衍射的缝和矩形物体的长度等,其波谱都是矩形函数的傅立叶变换,即它们有相同的波谱,但其波矢代表的意义是不一样的。如用光波来激活,可产生光的衍射,这时的 g 是散射光波的波矢;若用速度来激活,则 g 是动量，它显示粒子的运动状态；若要研究物体的运动，因为物体的整体速度是物体内各质点速度的合成，这时 $f(r)$ 就表示物体中速度的分布状态，它的傅立叶变换 $F(g)$ 是表示物体速度波的分布状态，这时的 g 就是 k，尽管这时物体并不一定发生运动，但它具备了这种运动的可能性。一旦有一个相应的速度波来激活的话，它就会以相应的速度运动，可见傅立叶波表示的只是物体可具有某个性质的存在状态。

应当说整体量应是既包括位置的整体，又包括时间的整体，所以这里说的存在状态应当也包括运动等状态。平动是一种存在状态，转动也是一种存在状态，并不是指物体的实际运动轨迹。倒空间描述的都是整体的状态，不是具体的轨迹，实际上轨迹只是局部才有的，它是运动物体在局部时间内走过的具体路径，这些都是在空间描述事物的特征。此外，由于波是充满整个空间的，它必然会与其他物体的波发生作用，因此，波函数描述的也是存在状态的对外作用。牛顿力学不用波函数，所以牛顿力学只能研究某个具体的运动，或者说它只研究波函数中与单个波对应的那个状态，并且不研究这个状态的对外作用，只在需要的时候再外加上一个作用的效果（如万有引力）就可以了。而用倒空间就能把物体和物体的作用、物体和物体的性质连成一个整体，这才是应该研究的真实的物理问题。

应当说不论是物体的存在，或是物体的性质都是存在于人们生存的这个三维欧氏空间的量，从数学上来讲也无法确定哪个是存在空间，哪个是性质空间。按傅立叶反变换，物体存在的一个 r 位置点，也可理解为是某些性质在空间的发源地。这时 r 也是一个波矢量，它可发出所有的性质波，它是由所有性质波叠加、干涉的结果，X 射线衍射分析就是用物体的衍射性质波来确定物体内各存在质点的位置分布的。因此若只把 r 理解为粒子的质心位置，就不能得到存在状态整体的真实信息，也就无法对事物有一个统一的理解。只有用波函数才能表示事物整体存在的真正状态。或者也可说是事物的各存在之间、存在和性质之间都是由波联系着，否则就只有局部没有整体了。

4.3　波函数中的物理量

前面指出波函数是用倒空间的表示法，它的自变量是一个波矢量，一个粒子的状态用一个波函数来表示，作为一个波，它有振幅、位相和初位相三部分。前面已指出其振幅是可以归一化的，即可给它乘上一个任意常数，就是说它的绝对值大小并不重要，只有它的相对分布才对状态有影响，因此只改变振幅大小不会改变运动状态。同样，初位相相当于坐标的平移，是量子力学中的相因子，在波动中除了计算相互干涉外，对单个波初位相常可不予考虑，它的变化只相当于倒空间坐标的移动，不会改变波的性质，也不会改变物体的状态。所以，决定物体状态的就只能是波的位相。

在牛顿力学中性质是作为一个参量出现的，它的定量表示就是一个物理量，一个存在状态就表现为有相应的物理量，状态的变化就表现在这些物理量的变化上。因此当用波来表示时，这些物理量就必然出现在波的位相中，因为位相决定物体的状态，前面看到粒子的动量 p 和能量 E 都出现在波的位相上。而一个状态就是指物体在时空中的整体存在，因此在一个波的位相中必然包括决定存在的时空变量和决定性质的物理变量。在量子力学中物理量也可以是一个变量，因此，从数学上来讲，两种变量都可作为描述空间的自变量。

一般地说，时空变量是构成物体的存在空间，而物理变量则构成物体的性质空间。对一个具体的状态，不论是在存在空间或是在性质空间，既可用一个数学函数来描述（正空间），也可用一系列波的叠加来描述（倒空间）。具体地说，用函数表示的是局部的描述，它表示的是某个坐标位置点上的函数值，这一点容易理解，因为通常人们对函数就是这样理解的。用波的叠加是对整体的描述，因为波是充满整个空间的，当用波来描述存在时，它表示的是物体整体在正空间的存在状态；当用它来描述性质时，它表述的是某个整体性质在倒空间的存在状态。一个状态不可能没有存在，也不可能没有性质，当用时空量作变量时，物理量是作为决定状态物理性质的参量出现的，这里说的物理量就是指这些参量；而当用物理量作变量时，时空量也是作为表示物体存在的参量出现的，这时的坐标量也可看作是"物理量"。

由于倒空间是物体某种性质分布的空间，它的每一个坐标点都表示一个特定性质，又因性质是充满整个欧氏空间的，所以倒空间的每个坐标点都对应整个正空间的一个波。同样道理，正空间的一个坐标点也对应倒空间的一个波。前面曾指出，如果知道了物体的某种性质就可得出它的波函数，这是因为这种性质激活了这个性质波。如果知道了一个波函数如何来求它的性质呢？因为波函数中本来就同时包含存在和性质两种变量，因此只要对波函数做相应的数学运算，从中计算出其性质变量就可以了，因为表示性质的变量就是相应的物理量。不同的物理量在波函数中存在的形式不同，因此，求出它所用的计算方法也不相同。物理上常用一个数学符号表示一种运算方法，称为算符，计算什么样的物理量，就称是什么样的算符，每种算符表示一种数学运算方式，每一种运算都能得到相应的物理量，这样似乎就可以用不同的算符求出不同的物理量了。可是一个抽象的数学运算，是对各种空间都适合的，因此用算符求出的物理量对不同的倒空间也会有不同的物理意义。量子力学中给出的都是以时空量（存在）表示倒空间的结果，或者说是以坐标为变量的波函数，即

$$\Psi(r) = \int F(g)\exp(-igr)dg$$

这是波函数的特点。要求出一个波,就要用一个相应的波作用在可能的波函数上来激活它;要求出一个物理量,就要用一个相应的算符作用在波函数上来求得它。

4.3.1 算符方程

一般来说,实际的物体都是有一定大小的整体,即它的空间存在是一个空间范围,它的每个实际的物质质点都只能分布在这个范围内,常用分布函数 $f(r)$ 来表示,若把它用波的叠加(波包)表示就是一个波函数 $\int F(g)\exp(-igr)dg$,这里 g 表示整体性质,每个 g 对应函数 $f(r)$ 中具有性质 g 的一个分布状态,具体的 g 值是对该性质的定量表示,$F(g)$ 是表示出现具体性质 g 的权重,全部可能的 g 值构成一个性质空间,物体能表现的任何性质都只能是这个性质空间的一部分,即都是其中一些 g 值的线性组合。因为性质是作用的表现,作用又是相互的,因此物体要能表现哪种性质,就必须用哪种性质波来激活(作用),而能够被激活的波也只能是其性质空间中的波,若只激活单一的一个波,则只表现确定的单一性质,若能同时激活多个波,则表现出的是多个性质波的叠加,是多个性质的综合表现。如单用红光照射一幅图画,将只能激活画中的红光波,只能看到画中的红色部分;若用白光照射,就可激活各种颜色,看到的就是由各种颜色叠加的彩色图画;若用速度波 $\exp[i(kr - kvt)]$[参见式(3-13)] 来激活,这里 k 是动量,把它作用到物体的波函数上即得:

$$\exp[i(kr - kvt)]\int F(g)\exp(-igr)dg = \int F(g)\exp[-i(g-k)r]\exp(-ikvt)dg$$

$$(4-1)$$

上式只有当 g 等于 k 时才不等于零,即只有当性质空间是动量空间时才有一个实际的波,可以说是动量 k 激活了性质空间(这里又说 k 是动量,因为对整体量,动量和速度是等价的)一个性质波 g,其波函数为式(3-13),即:

$$\psi(r,t) = F(k)\exp i(kr - kvt)$$

这是动量为 k 的单色平面波波函数。如果要想在这个函数中求出其物理量 k,必须将上式对 r 进行微分运算,因为物理量是出现在波的位相中,只有用微分运算才能将其从位相中提出来,即:

$$\frac{d\psi(r,t)}{dr} = F(k)\exp i(kr - kvt)ik = ik\psi(r,t) \tag{4-2}$$

对一个传播波,其位置变化率是波的波矢,时间变化率是波的频率,在以坐标为变量的函数中,波矢和频率都是相应的物理量,所以将一个波对位置微分得到的就是波矢量,对运动而言,这里的波矢是 k,如果再把 k 表示为经典力学中的动量 p,即令

$$k = \frac{p}{h}$$

比较式(4-2)两边,得到物理量 p 对波函数的作用就相当于一个算符 $\frac{-ihd}{dr}$ 的作用。

这里看到,微分算符作用的结果直接得到的是波矢 k,一般来说对位置微分的算符是波矢算符,只有当波矢为动量时,才能说这个算符是动量算符,但在定量上还必须有一个比例系数 h。下面把这个关系再重述一下,由上推导可见,只要用算符 $\frac{-ihd}{dr}$ 作用在一个波函数上,就可求得相应的物理量 p,但要能做到这点,必须是被作用的波函数就是具有动量 p 的波函数。因为一个波函数的系数表示的是这个波出现的概率,而算符作用的结果是得到相应的物理量,所以,如果用算符作用后得到的是一个常数乘上这个波函数的话,就表示得到的是一个相应物理量乘上概率为 1 的波函数,这样,该波函数就是具有这个物理量的波函数(该波出现的概率为1),这个物理量的量值就是相应的常数值,量子力学上称这个波函数为相应算符的本征波函数,相应的常数称为该本征函数的本征值,即它就是在这个状态中该物理量固有的具体物理量值。这里看到,因为倒空间就是性质空间,性质空间的一个坐标点就是相应性质的物理量,因此,本征函数就是用正空间来描述的一个倒易矢量,物理量就是倒空间的一个坐标点。注意这里的微分是对坐标进行的,与时间无关,只要物体的空间分布 $f(r)$ 一确定就会有这个波,即它是存在本身固有的,所以说它是本征的。但这个算符只是波矢 k 的算符,运算的结果是波矢,量子力学中说它是动量算符,是因为这时的波是被速度激活的,所以德布罗意关系也不是对任何波都成立的,它只对由速度激活了的波适用。

同样,如果将式(3-13)对时间做微分运算,则得:

$$\frac{d\psi(r,t)}{dt} = F(k)\exp i(kr - kvt)ik = i(kv)\psi(r,t) \tag{4-3}$$

同上讨论,若取 k 为动量,则 (kv) 就是粒子的能量,显然,对不同的物理量要用不同的算符,这里能量算符是 $\frac{-ihd}{dt}$,而在通常的量子力学中则是用动量的平方来表示的,写作:

$$\frac{p^2}{2m} = \frac{-h^2}{2m}(p_x^2 + p_y^2 + p_z^2)$$

因为动量算符作用一次得到的是一个动量,如果再作用一次又会得到一个动量,这样动量的平方就是能量了。如果研究一下关于薛定谔方程的推导过程,就会看到这两个算符(对匀速运动)是等效的。之所以如此是因为 (kv) 是激活波的频率,它本身就相当于能量,而被激活的波矢又是动量,从而又可得到动能,一个自由运动的粒子,也只有动能一种能量,所以可用两种运算方法得到它。

原则上任一个在坐标空间的波函数都可写作:

$$\psi(r) = \int F(g)\exp(-igr)dg$$

因为是波,如果要想求其中的物理量 g,可对它进行微分运算,即:

$$\frac{d\psi(r)}{dr} = \int \frac{dF(g)}{dr}\exp(-igr)dg + \int F(g)\frac{d[\exp(-igr)]}{dr}dg + \int F(g)\exp(-igr)d\frac{dg}{dr}$$

这里写出了三个微分项,因为它有三个可变的部分,对单一个波,g 只是一个数值,这时其第一和第三项微分都是零,于是可得:

$$\frac{d\psi(r)}{dr} = \int F(g)\frac{d[\exp(-igr)]}{dr}dg = -ig\int F(g)\exp(-igr)dg = -ig\psi(r)$$

即若把一个波函数进行一次微分运算,其结果会等于一个数值乘上这个波函数,量子力学中称这样的波函数为本征波函数,相应的数值称为这个本征波函数的本征值,这就是上面对平动粒子讨论的结果。一般地说,如果我们能找到一种微分运算使第一项中的 $\frac{dF(g)}{dr}$ 等于零即可,因为第三项是一个更高级的无限小,在微分运算中通常是不考虑的。但在一般情况中微分一次得到的应是:

$$\frac{d\psi(r)}{dr} = \int -igF(g)\exp(-igr)dg$$

只有当 g 是常数时才能提到积分号外面,所以微分运算得到的并不一定是本征函数。因为在坐标空间只有波矢是不变的量,对单一的谐波,$\frac{dF(g)}{dr}$ 总是等于零,所以每一个倒易矢量就相应有一个本征波。总之,如果要求出一个波函数中的物理量,就需要对这个波函数进行数学运算,即用算符来作用这个波函数,不同的物理量会有不同的作用算符。但因为波函数可用不同的表象来描述,因此同一个算符在不同的倒空间也会给出不同的物理量。因为要想从一个函数中运算出一个物理量来,就要求所求的物理量必须包含在这个波函数中。波函数是倒空间的描述方式,而任何一种性质都可以用来作为倒空间,因此,同一种运算对不同的性质波会得到不同的物理量,对位置的微分得到的只是一个波矢量。量子力学中把算符和物理量等同起来,认为什么样的物理量就会有什么样的算符,这实际上只是对动量(速度)空间,因为与速度有关的物理量会有多个不同形式,所以这些物理量的算符也应有相应的形式,但它们的基本运算还是相同的微分运算,这样也就可以说不同的算符对应不同的物理量。如果用同样的微分算符作用在 X 射线衍射的干涉函数上,得到的只能是衍射矢量,不会是动量。力学研究的是运动,量子力学研究的只是以速度对外作用的倒空间,其波矢就是速度,其他物理量也都是与速度有关的量,所以,只要有

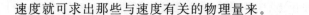

速度就可求出那些与速度有关的物理量来。

4.3.2　算符的基本意义

算符是一种数学运算符号,一个波函数中包括时空变量和性质变量,而且性质多种多样。因为存在决定性质,所以一个存在状态可确定多种性质,在量子力学中通常用的是坐标空间的波函数,即用坐标作为变量的波函数,这时描述性质的物理量是作为参数出现在波函数中,求出这些参数就等于求出相应的物理量,而每一种物理量都和相应的变量一起构成波的一部分位相,将波函数对相应的变量微分就可得到相应的物理量,这时可以说一个算符相应于一个物理量,但究竟是什么性质的物理量,还要看是什么性质的波函数。因为同一个存在状态会有多种性质,在不同的性质空间里,波矢量代表的性质也不相同,如在速度空间里波矢量代表速度;而在衍射空间里,波矢量则是衍射矢量。这些都使得所用的算符必须满足一定的条件,即算符必须能计算出位相中相应性质的物理量。量子力学中结合物理实际已对算符的性质作了讨论,这里不再赘述。

同一种性质空间会有多个物理量。例如在速度空间里就会有动量、能量等物理量。不仅如此,因为波函数中必须有坐标变量,因此还会有坐标变量和性质变量结合的物理量,如角动量等。又因为力学的倒空间是速度空间,动量、能量和角动量都是速度的不同表现形式,它们与速度的关系在牛顿力学中已有明确的定义,这些定义也和波动性无关,所以这些物理量的算符就可以按牛顿力学中的关系来改造,只需将其中的速度用速度算符代替即可。这里结合倒易原理对算符的意义再作一些说明。

(1) 按倒易原理,波是随它的位相变化的,而波的位相是由正、倒两个空间的变量共同决定的。一般来说,若把正空间的变量当作坐标,则倒空间的变量就是相应的物理量;反之,若把倒空间的变量当作坐标,则正空间的变量也是相应的物理量。由于这些变量都出现在波的位相中,因此必须用微分运算才能将它们提取出来。求什么物理量,就要对该物理量相应的坐标变量微分,算符只是表示这种运算符号,它本身没有实际物理意义,只有当它作用到具体的波函数上时才有实际意义。有用的算符是它作用后能求出波函数中的物理量,这个条件的数学表示形式就称为算符方程,设用 $F(s)$ 表示算符,则算符方程可写为:

$$F(s)\psi(r,t) = g\psi(r,t) \tag{4-4}$$

这里 g 是 r 空间的波矢量,是倒空间的性质变量,也是相应的物理量,即只要运算满足这个方程,就可求出这个物理量来。这里 g 和坐标 r 共同组成一个位相变量 $g \cdot r$,这表示 r 的变化量是以 g 为单位度量的。若将波对 r 微分就会得到式(4-4),即 r 的变化率(单位)就是物理量 g。形式上好像是一个物理量对应一个算符,实际上是用一种计算方法计算出波变量的变化率,因为这个变化率就是相应的物理量,所以说这个算符是某个物理量的算符,也可以说在同一个倒空间里一个物理量会有一个相应的算符,当一个物理量有多重形式时,也会有多个相应算符。如能量 E,它既可以表示为动能 $E = \dfrac{mv^2}{2}$,也可和时间一起单独组成位相。其物理意义是:若同种物理量在正空间有一种表现形式,就可用一种运算方式求出;若有多种表现形式,就可用多种运算方式求出。而在倒空间里,每个物理量都是一个倒易点,因为物理量就是性质变量,性质空间就是倒空间,在这个空间里的每一个倒易矢量都是一个本征波矢量,它在波上的物理量(波矢量)是一个常量,所以算符方程要求运算后得到的应是一个常量。

(2)因为对波的微分是对指数的运算,对指数的运算仍保持原来的指数形式,所以算符作用的结果仍保持为原来的波函数,其物理意义是:这种运算只是求出相应的物理量,不改变原有的状态,不会使原波函数发生变化,所以还可对它再进行运算,数学上连续实施运算的算符用乘积表示。设第一次的算符为 $F(s)$,第二次的算符为 $G(s)$,则两次运算的算符为

$$H(s) = G(s)F(s)$$

一般来说,乘积的次序是不可对易的,因为对一般的函数,这种运算有可能将函数改变。但对本征波函数这种运算不会改变,所以它是可对易的。

(3)同一个波函数中既包含时空变量也包含性质变量,两种变量属于不同空间的变量,一般来说,对同一个空间的两种运算,得到的结果若仍是这个空间的物理量,则其乘积算符是可对易的;反之,若第二次运算得到的是另一个空间的物理量,则乘积算符就是不可对易的,因为两个空间的度量单位也不一样,因此还会引出一个度量单位间换算的比例系数。如动量算符就是对坐标的运算得到的,这里必须再乘上比例系数 h 才会是动量的实际量值。

(4)一般来说,一个传播波包括坐标和时间两个变量,所以只有对坐标和对时间两种微分运算。对坐标的微分算符得到的是波矢量,至于这个波矢量是什么物理量,还应看这个波是由什么性质激活而定,只有用速度激活的波矢量,才可说它是动量。同样,对时间的微分算符得到的是频率,只有对用速度激活的波,其频率对应的才是能量(动能)。

4.4　波函数和本征函数的关系

为了更好地说明波函数和本征函数的关系,这里用坐标空间和性质空间平行地进行对比讨论。笛卡尔把空间分割成坐标点,这些点均匀地分布在无限大的范围

内,如果给每个坐标点赋值,则这个值就是该坐标点在空间位置的定量描述,用这些点的分布 $f(r)$ 描述一个物体在空间存在的结构,这里 r 是物体内各质点坐标的位矢,f 是物体内各质点的分布,这里笼统地称它为坐标空间的方法,该空间也叫正空间。傅立叶把空间分割成谐波片,这些谐波片在另一空间是一些坐标点,它也均匀地分布在无限大的范围内,如果给每个谐波片赋值,则这个值就是这些谐波片在这个空间位置的定量描述,因为谐波片表示的是物体的性质,所以这里把该空间称为性质空间,也叫倒空间。用这些谐波片的分布 $F(g)$ 描述一个物体可能具有的性质,这里 g 是倒空间坐标点的位矢,F 是物体可能性质波的分布。两个空间的关系就是大家所熟知的傅立叶变换关系。

可是任何物体都是有限的,它只能存在于空间的有限范围内,只有无限大的物体才会占据无限大的坐标空间,所以实际物体的存在空间都只是坐标空间的一小部分。因为存在决定性质,所以实际物体能决定的性质也只是性质空间的一部分,按空间效应,物体的存在空间越小则它实有的性质空间就越大,只有对无限小的质点,其性质才会充满整个性质空间。如果用 $f(r)$ 表示正空间的函数,用 $F(g)$ 表示倒空间的函数,则这时的 r 就是坐标空间的位置矢量,g 则是性质空间的位置矢量,坐标空间的任何位置都可用 r 来表示,性质空间的任何位置也都可用 g 来表示,由于实际物体的有限性,表示物体实际存在的只是 r 有限的一小部分空间,这部分空间被称为正空间,能显示性质的也只是有限部分 g 空间的值,这些 g 值就构成一个具体物体的性质空间,它是物体可能有的性质空间,这部分空间被称为倒空间,正空间和倒空间是互为倒易的。按傅立叶变换关系,一个 g 值用正空间表示就是一个波 $\exp(igr)$,人们生活在欧氏空间中,与正空间一致,所以就把倒空间的一个坐标点(任一个 g 值)表示为一个波,确切地说它在欧氏空间是一个 g 波,所以说具体物体性质空间的每个 g 都是一个本征波,因为它是物体存在状态所固有的,由本征波组成的函数就是本征函数。因为只有被激活的波才能对外作用,所以本征函数中的波必须被激活后才会对外作用,显示出相应的性质,人们能研究的性质也只能是这些激活波表现的性质,所以笔者认为波函数就是指这些被激活的本征波的叠加,因为物体的任何性质都来自于被激活的本征波,由被激活的本征波合成的函数就是具体物体表现出性质的波函数,所以波函数只是倒空间的一部分波,即本征函数的一部分,物体的任何波函数都可写成被激活的本征函数的线性组合,因而物体的任何性质也都是部分本征函数的线性叠加,量子力学中称波函数的这种性质为本征函数的**完备性**,这里给出其完备性的物理原因。激活的波必须再加一个时间变量,所以实际的算符至少有两个,即对坐标的微分和对时间的微分。

5 几个典型粒子的波动范围
—— 倒易原理的应用

前面反复讨论了倒易原理和波函数表示的内容,可以看到用波函数表示具有普遍的意义,凡是有相互作用的整体都应用这种方法进行研究,它的一些基本特征,不只是微观粒子才有,也是量子力学的特征。为能证明这点,下面再按倒空间的结果来计算几个具体的实际问题,以说明量子力学的物理实质。

5.1 波粒二象性是空间的特性

波粒二象性是量子力学的基本观点,也是人们争论的焦点。长期以来,微观粒子究竟是粒子还是波,一直存在着争议。若说它是粒子,可是它与其他物体的作用却是波的作用,如它与狭缝的作用可具有波动特有的衍射现象。若说它是波,可是它的行为却是粒子的行为。如电子在云雾室中的径迹就是单个粒子走过的轨道,而且即使是在衍射花样上,粒子也是一颗一颗粒子性地散落在接收屏上,表现为单个粒子的轰击。因此,尽管量子力学已经发展得相当完善,但对它的基本观点仍存在争议。前面已经说明波粒二象性是空间的性质,粒子的空间存在表现为粒子内的各质点在空间的相对坐标位置分布,是以粒子性表现;而粒子对外表现的物理性质是各坐标点上局部性质的整体体现,性质是充满整个空间的,需要用波来描述,整体性质是局部性质波的干涉结果,是以波动性表现的。或者这样说,正空间是物体存在的空间,倒空间是物体性质的空间,物体的存在是粒子性,可以在正空间用粒子性坐标描述;物体的性质在倒空间也可用坐标点描述,但它在欧氏空间(正空间)是一个波,人们都是在欧氏空间研究问题,所以就说用波函数来描述性质。物体的存在和性质是一个统一的整体,波粒二象性是由不同空间对同一物体的描述,所以波粒二象性是空间的性质,是任何可在空间描述的事物都具有的。确切地说,粒子性是用对坐标轴纵向切割来描述的,而波动性是用对坐标轴横向切割来描述的。如一个平动的粒子,它在正空间的存在是一个运动的粒子,可用坐标表示的运动方程来表示;而运动粒子的对外作用就是一个平面波的作用,这自然就表现为波粒二象性了。不过对于宏观物体,粒子性很强,而对微观物体则波动性很强,以致人们误认为宏观物体只有粒子性,微观物体只有波动性而已。

　　物体的存在和物体的性质是一个统一的整体,不可能有"没有存在的性质",任何性质都是来自实际存在的物质;也不可能有"没有性质的存在",任何存在的物质都要对外作用才能显示出它的存在,对外作用表现出的就是性质,存在是要通过性质才能体现出来的,没有性质的存在就等于是没有这个存在,而性质又只能来自存在,二者是紧密相连、缺一不可的整体。但在客观表现上,存在总表现为有限范围的粒子性,而性质则表现为在全部空间的波动性。人们只能通过性质去认识存在,因此往往误认为有什么样的性质就有什么样的存在,既然有波动性就一定有波的存在,这样就产生微观粒子会是一个物质波的说法,这是把存在和性质混为一谈的理解。而且用波表现的性质又有局部性质和整体性质之分,局部性质是各个局部固有的性质,整体性质则是物体整体体现的性质,物体对外的作用,是物体整体的对外作用,它表现的性质是物体内各质点局部性质波相互干涉的结果。若相互干涉的结果仍是一个波,因为波可在整个空间对外作用,这时就表现为波动性;若相干相消时,波就在空间消失,没有波就没有波的对外作用,这时就表现为粒子性。因此物体的性质会在一些条件下显示波动性,在另一些条件下又显示粒子性,在一般情况下是既有粒子性,又有波动性,这才是真实的波粒二象性。

　　空间是用来描述事物的,物体的这种两重性质,自然要用两种方式来描述,牛顿力学是用粒子性研究运动的存在,而量子力学则是用波动性来研究运动的对外作用。前面指出对空间纵向切割可描述存在,横向切割可描述性质,两种分割就有两种变量,分别属于两个空间,且这两个空间也是紧密相连、缺一不可的。所以说,波粒二象性是空间的特性,不是微观粒子自身的特性,也没有必要去追究微观粒子究竟是波还是粒子。一般来说,正空间的一个粒子,在倒空间就是一个波;同样,正空间的一个波,在倒空间也是一个粒子。所谓声子,就是正空间的声波在倒空间的表现,即在正空间存在的是声波,但它的对外作用就像一个有确定能量的粒子(声子)一样。之所以如此,是因为一切作用都是波的作用,粒子性只是因它们对外的作用波被干涉掉,不能用波对外作用,所以才表现为粒子性,这时只有当有其他外来作用要试图进入它的内部、破坏原来的干涉情况时,这些被干涉掉的波才会以波对外产生作用,所以这种作用只有当两物体相互接触后才能发生,物理上称这种作用为粒子性作用,可见即使是粒子性,其作用归根结底仍是波的作用。所以说一切作用都是波的作用,或者说只有波才能产生作用,波粒二象性是波作用的两种表现形式,它们都是指性质,并不是物体本身的存在形式,只是物体对外作用的表现。概括地说,当人们说粒子性时,是指它的"存在",是其各种性质波的发源地;当人们说波动性时,是指这个存在的对外作用,因为只有波才能相互作用。

5.1.1 粒子的波动性

前面指出由于空间的波粒二象性,微观粒子的运动要用一个波函数来描述[式(3-5)]。因为运动的基本标志是速度,而微观粒子的整体速度是不能确定的,既然不能确定,当然就无法按牛顿力学来研究运动。既然没有确定的速度,就只能研究它以某种速度运动的概率有多大来估计一个统计的运动规律。因为速度是位置的时间变化率,原则上位置是用空间的一个几何点表示,这只对质点有效,所以粒子内的每个质点都可能会有一个速度,粒子的整体速度是由其内部各质点的速度共同决定的,整体速度才是物体对外表现的速度。为了研究某个速度,人们丢开质点在粒子内的具体位置,把不论在什么位置上,只要其速度相同的位置点都集中在一个波上,这个波的波矢是物体内速度相同的各质点的分布状态的共同速度,但波是涵盖全部空间的。因为波可以对外作用,这个波的对外作用就是物体整体的对外作用,用波来研究物体的对外作用,就是倒空间的方法。因为速度是一种性质,要用速度波描述,这样不同位置的速度波将会相互干涉,干涉后的速度波就形成物体可能有的整体速度波 v。如果这个波没有被完全干涉掉,则它还会是一个波,因此就可以对外作用,当粒子以这个速度 v 运动时,其对外作用就显示为波动性,这是一个由速度激活的波,它对外的作用就体现为速度。物体所有可能的整体速度波构成一个速度空间,其所有运动速度就只能出现在这个空间中,这就是傅立叶的处理方法,这个空间的每个坐标点都表示一个整体速度。一般来说,它是物体内各质点上的性质波干涉的结果,每一个波都涵盖所有的坐标点,即一个波片,而每个波片又有它相应的物理量,对运动来讲,这个物理量就是速度,波的振幅表示这个速度波出现的概率,概率越大,粒子可能以这种波的对外作用就越强。具体数学上的处理方法是:设物体(粒子)在空间有一个分布 $f(r)$,虽然不知道 $f(r)$ 中各个质点的具体速度,但因各质点的速度也只能来自 $f(r)$ 中的各 r 点上,如果将 $f(r)$ 按速度做傅立叶展开,即丢开位置 r 将它展开成按速度的分布,则展开中的每个波矢就是物体内速度相同点共有的整体速度,再加上它的波动部分,这样对每个谐波而言就有一个确定的速度波,当这个波被激活后,就体现物体是以该速度运动,这时物体的对外作用就是这个波的作用,表现为波动性。应当指出这时的物体还是以粒子性存在的,并不是波,只是用速度激活其倒空间的一个点,使这个波成为一个传播波而已。确切地说,是粒子的一个被速度激活的傅立叶波在向前传播,其传播速度就是粒子的运动速度,它体现的仍只是一个运动着的物体(或粒子),人们能看到的仍是一个物体在以速度 v 运动,只有当这个物体和其他物体相互作用时才显示出其波动性(指性质),因为物体间的一切作用都是波的作用,这样,运动物体对外的作用就是这个速度波和其他物体傅立叶波的作用,显示为波动的作用效果。例如,运动的电子在云雾室中显示的仍是粒子性的运动轨迹,但当运动电子穿过一个狭缝时,就与狭缝的傅立叶波发生作用,就会产生像光波一样的衍射,这就是电子的速度波与狭缝的傅立叶波相互作用的结果。因为粒子本身就是一个粒子,所以到达显示屏上表现的还是单颗粒子的撞击,但它们与狭缝的作用却是波的作用,只有当大量粒子落在屏上时,才会形成一个只有波动才有的干涉条纹,显示波动的特征,这就是粒子的波动性。

人们会说,物体的性质是其自身固有的,不会因采用的描述方式不同而不同,当然也不会因为用波函数描述,就把粒子变成一个波了。这种说法无疑是正确的,所以说是粒子的运动"显示"波动性,意思就是说粒子还是粒子,只是粒子的对外作用是波的作用。如用波表示平动的式(3-5):

$$\psi = A\exp \mathrm{i}(kr_0)\exp[-\mathrm{i}(kr - kvt)] = A\exp \mathrm{i}(kr_0)\exp[-\mathrm{i}k(r + vt)]$$

形式上是一个平面波,而实际上因为其中指数部分就是位置和速度,所以粒子还是由一个位置到另一个位置以粒子的形式运动,就像在正空间中一样,其运动方程是 $s = r + vt$,显示为粒子在空间的运动。但因作用都是波的作用,这个运动状态整体的对外作用就是这个波的作用,把它用倒空间表示就是式(3-5),式(3-5)指出它就是一个以速度 v 运动的粒子,但它要以波矢 k 对外作用,它可以对外交换的物理量是 k,在没有对外作用时它就是一个运动的粒子。云雾室中的电子就是这样运动的,它也有明显的运动轨迹;电子枪中发射出的电子也是这样运动的,但它们穿过狭缝的衍射是因为与狭缝的傅立叶波相互作用造成的。所以可以这样说,若只描述粒子的运动,则既可用粒子性描述,也可以用波动性描述,但要描述粒子与其他物体的作用,则必须用波动性描述,因为粒子性不能反映物体间的作用,作用都是波的作用。既然是用波描述,就是在倒空间描述,倒空间的量也只与倒空间的量发生作用,所以运动电子与狭缝的作用就是电子的速度波与狭缝傅立叶波的作用,并不是粒子波直接与狭缝的碰撞作用,也不是狭缝处各速度波的相互干涉。量子力学不承认狭缝也可用波描述,而且光在狭缝上的衍射也是只把光当作波得到的,所以就说粒子也是波。

物体间的作用都是其傅立叶波的相互作用,粒子之所以表现出波动性,就是由于作用是波的作用造成的,人们能感知的就是作用。为形象地说明这点,这里考虑一个具体的衍射问题:设有一束等速运动的粒子流,在倒空间它们是由速度激活的一个平面波,可是它的行为还是运动粒子,表现为等速运动的粒子流。但当它们运动到狭缝处时,狭缝就会给粒子流一个作用,可以证明这个作用将会激活粒子沿着一个与狭缝垂直方向的力波,于是粒子将会按一定的概率偏离出去。因为这个作用是狭缝傅立叶波的作用,所以偏离后会形成狭缝结构特有的衍射花样,因此,不同的狭缝结构也会有不同的衍射花样,这就和 X 射线在晶体上的衍射一样,衍射花样是由晶体的结构决定的,不同的结构会有不同的衍射花样.经过狭缝后,粒子不再受狭缝的作用,粒子仍是以一个运动着的粒子向显示屏飞去,于是在显示屏上看到单颗粒子的衍射现象.同样,光的狭缝衍射也是光波与狭缝傅立叶波作用的结果.狭缝问题后面还要详细讨论,到时会看到用傅立叶波的作用和在狭缝上用惠更斯原理的解释能得出同样的结果,但作用要更本质些(参见第 7 章狭缝衍射).

前面说运动粒子的波函数是以速度为变量得到的,它的每支谐波都是所有相同速度质点同步运动的速度波,这里说的"所有"是指在原定义域中的所有的质点,如果这个定义域中只有一个粒子,它就是指粒子内部速度为 k 的那一部分,因为波是要干涉的,干涉的结果给出其波动的程度,波函数就给出这个波的波动程度,即这个波出现的概率.当粒子完全做平动运动时,其中每个质点都有相同的速度,这时只有一个速度波.如果粒子中各质点有几个不同的速度,则式(3-5)将是几个平面波的叠加,粒子将会以一定的概率按各种速度运动,分别显示出相应的波动性质.可见正空间的粒子在倒空间描述就是波,其物理意义也很明确,因为一个存在的粒子必然要对外产生作用才能显示它的存在,而作用也必定是波的作用,倒空间反映的就是作用(性质),所以就是波.

5.1.2 波的粒子性

所谓波的粒子性,实际上是指一个波的对外作用和粒子的作用是相同的,尽管运动粒子是用一个谐波表示,但它对外的作用仍表现为一个动量为 k 的粒子,这是因为所谓粒子性也是波作用的结果.为了能更详细地了解 k 波的作用情况,考虑两个传播波的作用,设粒子 1 的波函数为:

$$\psi_1 = A\exp[-\mathrm{i}(k_1 r + k_1 v_1 t)]$$

设粒子 2 的波函数为:

$$\psi_2 = A\exp[-\mathrm{i}(k_2 r + k_2 v_2 t)]$$

这里略去了相因子,则两个波的作用为 $\psi_1\psi_2$

$$\begin{aligned}\psi_1\psi_2 &= A\exp[-\mathrm{i}(k_1 r + k_1 v_1 t)]A\exp[-\mathrm{i}(k_2 r + k_2 v_2 t)]\\ &= A^2\exp\{-\mathrm{i}[(k_1 + k_2)r - (k_1 v_1 + k_2 v_2)t]\}\end{aligned} \tag{5-1}$$

这还是一个行进的平面波,但这时的动量是 $(k_1 + k_2)$,能量是 $(k_1 v_1 + k_2 v_2)$,这时的波是两个粒子的整体波.这就是粒子碰撞的动量守恒定理和能量守恒定理.由于宏观物体有一个确定的动量 k,而且是以粒子性存在的,所以人们多认为这种性质就是粒子性.这里看到波的作用结果和粒子的碰撞结果相同,显示为波的粒子性.实际上这也正说明动量守恒定理和能量守恒定理本身也都是波作用的结果,即宏观颗粒间的作用也同样是波的作用.由式(5-1)还可看到,波矢会受到位置波的作用,因为物体外面没有物质,所以当一个波被干涉掉时,这个波就在物体外面消失,因此它就不能再对外作用,但当有物体试图进入这一物体内部(位置波存在处)时仍会有作用,这种情况只能发生在两物体相互接触以后,物理上称这种作用为粒子性作用。牛顿并未指出"作用"的实质,也没有给"作用"下一个确切的定义,只是把这个作用结果用在运动上,因为宏观物体多只表现粒子性,人们才觉得它是粒子特有的性质。因为作用也可说是物理量的交换,运动物体能用来交换的就只是速度和加速度,所以能交换的物理量就只是动量、能量和力。这里没有给波做什么限制,只是指出它能对外产生作用,如果把式(5-1)看作正空间的波,因为这时这种粒子性是出现在波的位相中的,若将式(5-1)再做傅立叶变换变到正空间,就可看到正空间的波动性在倒空间就是粒子性。应当指出:因为倒空间描述的是整体对外的作用,所以这里的粒子性也是指波的整体对外的作用是粒子性,并不是说在波的内部也真的会存在什么粒子。声子的引入使人们总想在声波中找出声子来,这是徒劳的,因为声子是声波整体对外的作用效果,是声波对外作用的整体体现,只有在研究声波的对外作用时才可能看到声子的作用,在声波内是找不到声子的。同样理由,也不可能在原子内部找出代表原子的粒子来,原子都是质子、中子和电子按一定方式结合在一起的整体,它们整体的对外作用就是一个原子的性质。这里没有考虑波的干涉,因为这里的两个波有不同的波矢,如果它们有相同的波矢,则干涉就将它们连成一个整体,其结果也是同样的。干涉的效果就是将参与干涉的各部分连成一个整体,因为若一个波已被干涉掉,这个整体就不会再以这个波对外作用,对这个波而言,其作用就是粒子性的,所以干涉的程度显示的也就是粒子性的程度。

这里用谐波之间的相互作用得到波的粒子性,这都是因为空间有波粒二象性造成的,波粒二象性是空间的性质。在人们生活的这个欧氏空间里,要描述一个物体及其存在状态,既可在正空间用一个分布函数来描述(粒子性),它只描述物体的存在状态,是物体内各局部质点的相对位置分布,也可在倒空间用一些谐波的叠加来描述(波动性),它是用物体的性质来描述的,是物体整体对外作用能体现的性质。二者都可用来描述物体的状态,但要显示物体间的作用,则必须用倒易空间描述,因为对外作用都是其整体的作用,而只有波才能体现整体作用。

为了进一步地了解波的作用和粒子作用的关系,这里再从理论上进行分析。考虑一个具体的传播波,即:

$$\psi = A\exp[-i(kr + \omega t)] \tag{5-2}$$

这里 k 是波矢量, r 是波在空间(欧氏)的位置变量, ω 是波的振动频率, t 是时间变量。通常这只是一个周期函数,要使它能表示一个具体的物理过程,就必须使这些量都具有实际物理意义,对在介质中传播的机械波而言,它的每个空间点 r 上都有介质的物质存在,这样就使 kr 有实际意义, ω 是介质中各质点的振动频率,频率和波矢之间由波速联系着，这个速度就是在介质中波的传播速度。而德布罗意波是在真空中传播的，它的每个空间点 r 上没有物质，也不存在介质的振动，因此对德布罗意波而言，可认为 ω 等于零（没振动），不存在介质的振动频率。但波矢是存在的，它是由空间位置 r 决定的，只要空间某个位置 r 上有物质就会有这个可作用的波，当然，没有物质也不会有这个波。但它不会传播，是由物体的存在状态确定的（物体存在的傅立叶波）。但当物体有一个运动速度 v 时，波上的任一点也都会有运动速度 v，于是这时的位置变量 r 会变为 $r+vt$，即波上的各点都会以速度 v 运动，这就引入了时间，使其变为一个传播波，如果计入这两个条件，即令 $\omega = 0$，取 $r = r + vt$，代入式(5-2)，即得：

$$\psi = A\exp[-ik(r+vt)] = A\exp[-i(kr+kvt)]$$
$$= A\exp[-i(kr+\omega t)] \tag{5-3}$$

这就是频率为 kv 的传播波，就是德布罗意波，但这里的频率不是空间的振动频率，而是由速度激活的波的频率，是一个以速度 v 运动着的、不振动、波矢为 k 的波，这个波的对外作用，就像一个频率为 ω 的机械波一样，只是这时的 ω 不是介质的振动频率，而是一个波矢为 k 的波以速度 v 运动时在空间显示的频率

$$\omega = kv$$

所以说，一个以速度 v 运动的粒子的对外作用，就和一个频率为 kv 的波一样；同样，一个以频率 ω 振动的波的对外作用，也和一个动量为 k、速度为 v 的粒子一样。形象地说，机械波是介质质点的振动（其只有频率，没有平移），其宏观表现为一个传播的波，这时各介质质点并没有传播，而是将它们的振动能（物理量）传播出去；而德布罗意波则是一个波整体的平动运动（它只有平移，波上各质点没有振动），它也相当于空间一个传播波，实际上它并不是波自身的传播，而是因粒子的运动推动着它的性质波也跟着移动而已。

量子力学中只看到它们都是波，就把它们混为一谈，总想找出粒子是怎么振动的，这是没有弄清这两种波的区别造成的。实际上，它们的主要区别是：机械波是一个单纯的波，它一旦被激活就与波源无关，可单独向外传播，其传播速度只与介质的性质有关，与波的频率无关；而德布罗意波的频率则是两个变量积的合成变量，二者缺一不可，表观上看其频率是由两个量决定，但实际上因为波矢 k 也是由速度 v 激活的，k 也可表示速度，所以确切地说是由速度的平方确定的，这就是频率表示为动能的原因。因为 v 是粒子自身的速度，所以这个波不能离开波源（粒子），因为离开波源就没有速度，不论 v 等于零或是 k 等于零都不会有这个波，所以这种波和波源是不能分开的，波携带的能量就是波源（粒子）的能量，对自由运动的粒子就只有动能，因此，这种波的对外作用也就是波源（粒子）以动能的对外作用，这也可以说是具体的波粒二象性，即是以粒子的运动状态存在，以波来对外作用。

5.1.3 德布罗意关系的物理意义

既然同一事物可用两个空间来描述,那么同一个物理量在两个空间也应有两种表现形式,分别适应于两个空间。德布罗意关系就是同一物理量在不同空间表示时的对应关系,在一般教科书中都把它说成是微观粒子具有波粒二象性的依据,因为它能把粒子的动量 p 和能量 E 分别与波的波矢 k 和频率 ω 联系起来。其具体形式写作:

$$p = hk , \qquad E = h\omega \qquad\qquad (5\text{-}4)$$

式中 h 是普朗克常数。乍看起来这似乎是波粒之间的等价关系,好像一定动量 p 的粒子就等于是波矢为 k 的波(若不考虑它对外的作用,它还是一个有一定动量的粒子)。但仔细分析就知道,这正是空间的二象性造成的。因为对同一事物既可以在正空间描述,也可以在倒空间描述。这样描述同一状态的各物理量在不同空间中就会有不同的表现形式。就像给一个物体照相一样,用透镜成像,得到的是一个真像,而用全息成像,则得到的是一个全息像,全息像和真像是完全不同的一组干涉条纹。但却不能说物体本身具有真像和干涉条纹二象性,它们是以不同的形式来体现事物的。

前面看到对一个等速运动粒子用倒空间描述时是一个平面波,如式(3-5),式中 k 是粒子的动量,因为它是由速度激活的,速度和动量之间只差一个比例系数,这可归结为度量单位间的转换,因 kv 就是粒子的动能,若把式(3-3)写成波动的形式,则就自然得到德布罗意关系式:

$$p = k , \qquad E = \omega \qquad\qquad (5\text{-}5)$$

这个关系就是同一物理量在两个空间的对应关系,即正空间的动量在倒空间表示就是波矢,正空间的动能就是倒空间表示的频率,与式(5-4)比较,这里只少了一个常数 h,笔者认为 h 只是一个比例系数,是由两空间度量单位的不同造成的。后面会证明 h 就是这里定义的动量和牛顿力学中定义的动量在定量上的比例系数。量子力学认为这个关系是微观粒子特有的,是波粒二象性的定量体现,这里看到它是同一个物理量在用两种变量描述时的对应关系,是一般的对应关系,并不是微观粒子独有的,在普朗克常数不存在的情况下,同样也有这种对应关系。不仅如此,原则上任何物理量都会有两个空间的对应关系,这里不出现常数 h,说明 h 并不是正、倒两空间之间普遍存在的常数,只是在以速度作为倒空间,又用牛顿力学定义的力学物理量时才有的比例常数,正因如此,德布罗意关系也只是动量和以速度为倒空间的波矢间的对应关系,不是一般的波粒二象间的关系。原则上说对不同的倒空间应会有不同的比例常数,这就像人民币和外币兑换一样,对不同国家的货币有不同的兑换比。由于正空间的单位已经在经典物理学中作了定义,再把它变到另一个空间就有一个空间度量单位间的换算系数,对速度空间而言这个系数就是 h,对其他空间将会是其他的比例系数。理论上因为是两个空间度量单位的变换,所以不仅动量、能量间有这个关系,而且其一切物理量间都有这种关系,后面会看到,两个空间定义的质量间也有这种关系。

5.2　量子力学与牛顿力学的关系

力学是研究运动的科学,运动又发生在空间中,由于空间效应的存在,使得这种研究变得比较复杂。一个有一定空间分布 $f(x)$ 的物体,其内部各质点的速度分布通常是不知道的,牛顿用宏观速度来表示物体的整体速度,这既符合人们的习惯认知,也满足了研究的需要,应该说是很成功的。但实际上牛顿定义的速度 $\dfrac{\mathrm{d}r}{\mathrm{d}t}$ 只是局部点 r 上的速度,而物体对外表现的是其整体速度,整体速度是随着物体体积的减小而越来越不准确的,当体积小到一定程度时,就不能用局部速度代替整体速度,这时牛顿力学就无法适用,要用量子力学,两种速度就需用两种方法来处理,所以量子力学和牛顿力学是用不同的方法来研究运动的力学,分别适用于不同的情况。人们只能依据具体的情况来判定应采用哪种方法,不能期望在一种方法中找出它们之间的过渡关系,除非同时采用两种表示方法。

5.2.1　牛顿力学和量子力学的物理基础

力学是研究运动的,要运动就必须有速度,当物体有一个较确定的整体速度时,可单独研究其运动的规律,这就是牛顿力学的方法。它只研究单个运动的规律,不考虑整个运动状态的对外作用。如地球的绕日运动,就说它有一定的运动轨迹(指单次绕日运动),但若研究这个运动状态的对外作用,就不能只考虑单次运动的轨迹了;再如运动学就是只研究运动,不考虑物体存在的空间大小,用一个质点来代表物体就可以研究运动了。所以牛顿力学只研究有确定速度的运动,也可以说牛顿力学给出的只是有确定速度的运动规律,即认为局部速度就是整体速度的运动规律。当物体的整体速度不能确定时,就无法单独研究运动,因为这时的运动状态还与物体整体在空间的存在状态有关,必须具体问题具体分析。

研究运动必须有速度,当速度不能确定时,就只能先将这个存在状态按位置的分布函数转变为按速度的分布函数,再研究各个速度的运动规律。具体地说,就是抛开物体内部各质点的具体位置,把其中速度相同的质点集合在一起,研究这个集合的运动。其数学处理方法就是将物体中按位置的速度分布:

$$v = v(r)$$

变换成按速度的分布：

$$H = F(v)$$

再把每个速度表示为一个速度波，用这些速度波的合成作为整体速度，因为速度波的波矢是速度，相同波矢的波会干涉，干涉后的速度波才是整体速度波。这就是量子力学的方法，量子力学就是不考虑粒子内具体质点的位置，把速度相同的质点合并在一个速度波上，研究这个波的对外作用和其出现概率，因此，量子力学中的一个波，并不表示是粒子的波动，而是粒子内部具有这个速度各质点的一个存在的分布状态，这个状态可一致运动，所以量子力学不是研究具体粒子的运动，而是研究一个状态的整体运动及其对外作用。因为一个波可以包含多个质点，但它们都具有相同的速度状态，即速度波的波矢 k，当这个速度被激活后，它们也有相同的振动频率，但这个波并不像机械波一样，波上的每一点都有振动，而是只在有物质质点的点上才会有运动，因为这些点是在不同的位置上，所以它们之间必然会因为有位相差而产生干涉，其干涉的结果就形成一个能表示这个分布状态整体运动的速度波，物体所有速度波的波矢就构成物体这种分布状态的倒空间，不同的速度就是倒空间的不同坐标点。这些点在倒空间也有一个分布状态，即也会形成一个"性质结构"，物体的性质只能来自这个结构体积内的倒易点上，如果只有一个倒易点被激活，则得到的就只是一个单色平面波，如果有多个倒易点被激活，则得到的就是一个波函数，它是由多个平面波叠加而成的，物体不可能同时按不同的速度运动，所以物体将按不同的概率以不同的速度运动，因此，若想要研究哪个速度，就需要把哪个速度波提取出来才能研究。

　　形象地说：如果把各质点的速度看作噪声，把要研究的整体速度看作信号，就会看到当信号的大小和噪声差不多时，就必须用傅立叶变换的滤波性，从噪声中将信号提取出来才能研究。对速度空间而言，就是用一个已知的速度波作用在速度分布的波函数上，按傅立叶变换的滤波作用，它将只作用在物体中和激活速度波相应的那个谐波上，滤去其他的波，只保留要研究的那个速度部分的波。所以也可以说量子力学是在噪声中求信号，波函数是把物体各可能的速度波叠加在一起，用不同已知速度波的作用可分别研究各个速度运动。而牛顿力学则只研究单一的信号速度，这实际上只是量子力学中单一速度的一个运动状态，即只是一个平面波波函数的运动。

　　实际上，牛顿力学是把运动和物体分开单独研究的，通常教科书上都是将牛顿力学分为运动学和动力学两部分，运动学只研究运动，不考虑物体的大小、形状（空间分布），把不论什么形状的物体都用一个几何点代替，只研究这个代表点的运动，也称质点力学；动力学虽是研究力对运动的作用，也未考虑物体体积的影响，把整个物体看作一个质点，认为力作用在这个质点上就自然是作用在整个物体上。例如一个飞出的子弹,它是按弹道飞行的,这个弹道只是速度和重力共同作用的结果,与子弹的大小及形状无关,因此它对任何形状的子弹都适合。子弹的具体空间位置通常取的是子弹的质量中心,质量中心只是一个人为引入的代表点,不能说它就是物体的客观位置点。显然,牛顿力学是把运动速度和物体的存在状态分开单独研究的,即不考虑局部量和整体量的差别。而当物体的存在有一个分布时,其可能的整体速度是与物体的结构有关的,这些速度就相当于速度噪声,速度噪声是与物体体积成反比的,所以宏观物体的噪声很小,其运动会有一个较确定的整体(信号)速度,这个速度也几乎和体积无关,即不论物体内各点的速度如何不同都不太会影响其整体速度,所以可用一个适当的代表点来代表物体整体,代表点的位置就作为物体的位置,代表点的速度就作为物体的整体速度,这样牛顿力学的处理方法就有效了。因此,确切地说,牛顿力学只适用于体积对运动无影响的物体。

一般来说,正空间给出的只是局部性质(或是局部性质的平均值),但在牛顿力学中认为局部和整体是一致的,牛顿认为一个以速度 v 运动的物体,其内部的每个质点也都是以速度 v 运动,而且各质点的速度间也不会相互干涉(无作用),所以实际上用的速度还只是局部速度。顺便指出,质量中心也是一个整体量,动量也是一个整体量,整体量是不考虑具体坐标的,所以牛顿力学中动量和位置都是整体量,它们之间就不存在不确定关系;而量子力学中的性质是整体性质,坐标则是局部的位置坐标,所以性质与坐标之间存在不确定关系。

5.2.2　量子力学的适用范围

当体积对运动有影响时,牛顿力学不能适用,这时需要用量子力学。前面已指出,体积对运动的影响就是物体体积的傅立叶波(形状函数的傅立叶变换)对物体整体运动波(速度波)的作用,因为一个实际存在的傅立叶波其波谱是与物体的大小及形状都有关系的。因此,研究体积的影响时,应对具体情况进行具体分析,不能一概而论。

为了能较一般地讨论这种影响,前面已具体讨论了一个球形物体的形散函数,如式(2-20),它是一个内部均匀、边界明显的球形物体的傅立叶变换,反映的是球形物体可能有的傅立叶波波谱,即只有这些波才是物体整体可能对外作用的波,当这些波被速度波激活后,整体对外的作用就是波的作用,显示为波动性。由图 2-9 可以看到这些波是集中在一个由零点开始的有限区域内,满足倒易关系,其有值区限制在 $kR < 4.5$ 以内,R 是球形粒子的半径,显然,这些波矢 k 的分布范围与粒子的大小 R 成反比,当 R 较大时,k 将被限制在一个很小的范围内。在力学中,因为 k 表示粒子的速度,所以只能用很小的速度才能激活这个范围内的波,即这时只有动量很小的物体才会有波动性。如果人们日常遇到的速度都比 k 代表的速度大,则这

些速度将无法激活物体波谱中的那些波,因而就只表现为粒子性。粒子性没有干涉,这就表示物体体积的大小对这种运动状态没有影响,这时无论什么形状的物体的对外作用都表现为粒子性,这时式(3-10)右边两个函数的乘积将恒等于零。既然体积、形状没有影响,就可以把无论什么形状的物体都用一个质点来代替,这就是牛顿力学的研究方法,即质点力学,否则必须用量子力学研究。因此可以说,对球形物体量子力学的研究范围限制在 $kR < 4.5$ 的范围内。其物理原因可以这样理解,因为要研究运动,就必须有一个速度,而速度有两重意义,一是粒子的整体速度,二是粒子内部各质点的局部速度,粒子的整体速度可看作是各质点局部速度的合成。如果合成只是机械的合成,不考虑各局部速度间的相互关联,这样,各质点仍可相互无关地单独运动、单独对外作用,这就相当于气体的情况,它基本上没有一个固定的体积,也很难说会有一个确定的整体速度。但对于一个固体粒子,各质点间是相互关联在一起的,其每个质点的速度都是一个速度波,其合成是波的合成,所以会发生干涉。一般来说,参与干涉的波越多,则干涉的程度就越重;参与干涉的波越少,则干涉的程度越轻。微观粒子占据的空间范围很小,能参与干涉的波也就很少,因此干涉后还会有较多的波留下,其对外的作用就是这些留下的波的作用,表现为波动性,且粒子越小则干涉越弱,所以微观粒子的波动性总是很强。反之,粒子越大则干涉越强,其波动性就越小,当粒子大到一定程度后就可认为没有波动性了,这时粒子才会不受体积影响,有较确定的整体速度,显示为粒子性。所以,粒子的 R 增大到一定程度时,就会超出量子力学的研究范围,要用牛顿力学处理。另一方面,由于局部速度的变化总是有一定的范围(通常与温度有关),所以如果用来激活的整体速度特别大,以至于局部速度的变化范围影响不了整体速度,这时也可近似看作有一个确定的整体速度,也会显示粒子性。因此,当 k 很大时,即使 R 很小也不能用量子力学处理,量子力学也已发现,高能的微观粒子也服从牛顿力学,所以量子力学的范围大致限制在 $kR < 4.5$ 的范围内。这种情况就和信息分析中的情况相像,整体速度相当于信号,各质点的速度相当于噪声。倒易关系指出,噪声的大小与物体体积的大小成反比,所以微观物体的噪声就特别大,会淹没常规的信号速度,所以牛顿力学就不能使用了,但若有更大的信号速度,即当粒子的整体速度很大,信号比噪声大很多时,微观粒子也会显示为粒子性。原子核中的质子由于速度很大,也会服从牛顿力学,就是这个原因。

　　形象地说,牛顿力学相当于只研究信号,不考虑噪声,只有当噪声对信号影响很小时才正确;而量子力学则是在噪声中求信号,这就必须用傅立叶波的滤波性质将信号从噪声中提取出来才能研究。由此推断,即使对于较大的宏观物体,如果它的整体速度(信号速度)小到和其噪声差不多时,也必须用量子力学来处理。所以量子力学不只是微观粒子的力学,只能说在常规的速度范围内只有微观粒子才需用量子力学来处理。实际上宏观和微观只是人为的划分,客观上不存在宏观和微观的分界线,如果硬要划界限的话,对均匀的球形物体,量子力学是满足倒易关系 $kR < 4.5$ 的力学,一般情况它是与物体的体积、形状互为倒易的,球形物体的倒易关系也可写作:

$$R < \frac{4.5}{k} \quad \text{或} \quad k < \frac{4.5}{R} \tag{5-6}$$

显然,这里有两个限制波动性的条件,即 k 和 R,二者是互为倒易的,可见当 R 很大时,k 必须很小才有波动性,在常规速度 k 范围内,宏观物体就只有粒子性,没有波动性,但当 k 等于零时,R 可以很大,静止物体就总有波动性(场);反之,当 R 很小时,k 可以较大,当 R 趋于零时,不论 k 多大,就只有波动性,没有粒子性。所以一个几何质点是没有粒子性的,人们无法定义一个质点的质量是多少,也无法说明一个质点和物体碰撞后会是什么结果,原子中的贯穿轨道指出,电子可自由地穿过原子核,就是因为它和原子核之间只有波的作用,没有碰撞作用。只有当 R 有一定大小时,才会有波粒二象性。同样也可得到只有 $k < \frac{4.5}{R}$ 的颗粒才有波动性,大于这个 k 的颗粒,其波动性将小到可以忽略的程度,可见当动量很小时,大颗粒也会有波动性;反之,当动量很大时,小颗粒也会有粒子性。这就是对量子力学适用范围的估计,这些结果都是定性的,与近代物理的结果一致。

应当指出这里的倒易关系是从球形粒子推导出来的,因为它是由球形粒子的形散函数得来的,一般情况下物体都是三维的,倒易关系是与粒子的大小、形状都有关的,不同形状的物体,式(5-6)中的常数值也不都是 4.5(对一维粒子是 π,二维粒子会有两个常数,对半径为 R 的圆片它是 3.83。一般来说,对三维物体也会有三个常数共同起作用),但 k 和 R 间的倒易关系总是成立的,对不同形状的物体,其各方向的 R 是不同的,一般来说,沿 R 大的方向,其允许的 k 值就会小一些;而沿 R 小的方向,其允许的 k 值就会大一些。狭缝衍射就是这样,它在狭缝方向是波动性,而在与狭缝平行方向则是粒子性,具体情况应由 X 射线分析中倒易点的形状来判定,它是与晶体的大小、形状互为倒易的。

5.3　具体计算几个典型实例

为了能和实际比较,这里先借用量子力学中的结果,对几种典型粒子进行计算,即直接引入 h 的数值,取

$$k = \frac{p}{h} = \frac{mv}{h}$$

将它代入式(5-6)中,并假定这些颗粒都是内部均匀、边界明显的球形粒子,这样可得到具有波动性的粒子半径 R 应满足关系,即:

$$R < \frac{4.5h}{mv} \tag{5-7}$$

这里 $h = 6.626 \times 10^{-27}$ erg·s,是普朗克常数;m 是粒子的质量;v 是粒子的整体速度。可见欲保持波粒二象性,必须使粒子的半径 R 与粒子的动量 mv 成反比,且其比例系数要小于 $4.5h$。由于动量中包括质量,而在正常密度下,质量会和体积成正比,体积越大则质量也越大。因此,体积较大的粒子是很难满足式(5-7)的,这就是量子力学只适用于微观粒子的基本原因。下面对几个常见的粒子,具体地来估计其波动性的范围,以便检验理论的正确性。

这里计算在非相对论速度情况下粒子具有波动性的最大半径 R,为能和一般的试验结果相比较,这里也只计算几种常见的粒子,如电子、质子、中子以及 α 粒子等,同时为比较起见也对氢原子做了一个估计。

5.3.1 电子具有较强的波动性

为估计电子的动量,设电子的速度 v_e 为光速的百分之一(即在可忽略相对论修正的速度范围内),即在这里是取电子的最大速度为 $v_e = 2.998 \times 10^8$ cm·s^{-1}(这个速度大约相当于电子绕原子核的速度),再将电子的质量 $m_e = 9.109 \times 10^{-28}$ g 一起代入式(5-7)中,经计算得电子波动性的半径 R_e 应为:

$$R_e < \frac{4.5h}{mv} = 1.092 \times 10^{-7} \text{ cm} \tag{5-8}$$

这就说明只要电子半径小于 10^{-7} cm,在以小于百分之一光速以下的速度运动时,其对外的作用就都是波动性的。实际上现在人们估计的电子半径约为 10^{-13} cm,远小于这个值,所以电子总表现为较强的波动性,以任何常规速度运动的电子都会以速度波对外作用,表现为波动性,即使电子以近光速运动(动量再增大两个数量级),也会显示为波动性,这一点已为实验所证实。电子衍射曾是粒子具有波动性的有力证据;电子显微镜正是根据电子的波动性研制的;穆斯堡尔谱也是由电子的波动性得到的。因此,在处理运动电子的对外作用时必须把它看作是一个波,否则会得出和实际不符的结果。爱因斯坦对光电效应的粒子性解释是把光子当作粒子作用在单个自由电子上处理的。因为不动的自由电子可具有任何波矢的波,可向任何方向运动,任何能量的光波都可激活它的一个速度波,产生光电效应,爱因斯坦用粒子性解释,是因为对单颗粒子波的作用也是粒子性的,狭缝衍射中单颗粒子就是以粒子性飞向观察屏的,这正说明是波作用的粒子性。这些都说明电子具有较强的波动性,这些结果都是和现有实际情况一致的。

5.3.2 质子和中子都显示有波动性

由于质子的质量为 $m_p = 1.673 \times 10^{-24}$ g,几乎是电子的 2000 倍,因此,对同样速度的质子,要使它具有波动性,则它的允许半径应比电子再小 2000 倍,设质子也以 1% 的光速运动,代入式(5-7)可得其半径为:

$$R_p < 5.944 \times 10^{-11} \text{ cm} \tag{5-9}$$

质子的实际大小约为 10^{-13} cm 的数量级,可见在一般情况下,质子也有明显的波动性,也会产生衍射现象,可是当质子的速度再大时,就可能接近式(5-9)的边缘,这时其波动性将显得不是太强,甚至表现不出波动性。考虑到高速运动时的相对论效应,其波动性的范围会比式(5-9)还小。在原子核内,质子会有很高的能量,达到一定程度后又会表现为粒子性,又会遵从牛顿力学规律,这也是实际上观察到的物理现象,说明并不是任何时候微观粒子都具有波动性,即粒子并不总表现是波,对高能质子也会表现为粒子性。

中子的质量和质子差不多,在式(5-7)中没有考虑电荷的因素,所以它的波动性范围也和质子差不多,可参照比较。目前实验用的中子衍射,都是低能的热中子,用的是它的波动性。当中子的能量高到一定程度时,应也能看到不具有波动性的中子,这时就不会有中子衍射了。中子可以人为减速,若将高能中子逐渐减至低速,可由此测出中子从粒子性到波动性的转变速度,进而可检验这个理论的正确程度。

5.3.3 α粒子也会有波动性

α粒子的质量是质子的 4 倍,它允许的 R 值也应比质子 R_p 小一些,可以看到它也会存在波动性,但也仅限于低能区,即随着粒子体积的增大,就要求它的能量更低才有波动性。对高能的 α 粒子也会表现为粒子性。卢瑟福对 α 粒子进行散射试验就是用粒子性处理的,他用经典力学方法计算出来的 α 粒子的散射公式也和实际符合得很好,这就是由于从原子核发出的 α 粒子的能量很高,所以表现为粒子性,低能的 α 粒子也会具有波动性。

5.3.4 原子一般不具有波动性

氢原子的质量与质子几乎一样,但是它的半径 R_H 要比质子大得多。按照对质子计算的结果表达式(5-9),它应不会有波动性,因为氢原子的半径 R 约是 10^{-8} cm 的数量级,远比允许的半径大。但式(5-9)对质子的讨论是假定质子速度是光速的 1% 得到的,所以只能说明在这种高速度下的氢原子不具有波动性,即较高能量的原子都不具有波动性,如果降低氢原子的速度,如若氢原子以低于 v_H

$= 2.998 \times 10^5 \ \text{cm} \cdot \text{s}^{-1}$ 的速度运动,则可得到这时对 R 的要求是:

$$R_{\text{H}} < 5.944 \times 10^{-8} \ \text{cm} \tag{5-10}$$

这时就可满足波动要求了。可见对原子大小的物体,若其速度低到一定程度时,也会显示波动性,即低能原子也会有波动性。对氢原子这个速度大约是 0℃ 时气体氢的均方根速度,所以在 0℃ 以下时,氢原子也会具有波动性,但温度高时就显示不出波动性了。氢是元素中最小、最轻的,也只有在特定条件下才可看到其波动性,对其他原子就只能在更低的速度下才能看到其波动性了,在一般温度下是看不到运动原子的波动性的。人们在研究气体分子运动论中,都是把气体分子当作经典粒子按牛顿力学处理的,其结果也和实际一致,这就说明在常规温度下,原子、分子都不具有波动性。离子是可以被加速的,可以用来检验这个关系的正确性。这一结果是在假定氢原子是一个内部均匀的球体时得到的,这和实际的氢原子有所不同,实际的氢原子应是一个圆盘状的饼形,其厚度方向实际上很小,所以其波动性应大于上面估计的结果,且氢原子常是结合成分子存在的,因此这里的结果也只有定性的参考意义。

5.3.5 具有波动性颗粒对速度的要求

上面估计了几种运动粒子的波动性范围,除氢原子外,都是假定粒子的速度为光速的 1%,但按式(5-6),对低能粒子,即当 k 值很小时,其 R 值也可以是很大的,原则上当速度小到一定程度时,宏观粒子也应会有波动性。为能有一个概念上的估计,考虑一个 $2R = 1\mu\text{m}$ 的颗粒,因为在 $1\mu\text{m}^3$ 中大约有 10^{12} 个原子,如果每个原子都是最轻的氢原子,且它们也结合成一个均匀的球体,则按式(5-7)可估计其表现波动性允许的速度值为:

$$v < \frac{4.5h}{mR} = \frac{4.5 \times 6.626 \times 10^{-27} \ \text{erg} \cdot \text{s}}{10^{12} \times 1.673 \times 10^{-24} \text{g} \times 10^{-4}} = \frac{29.817 \times 10^{-27} \ \text{erg} \cdot \text{s}}{1.679 \times 10^{-16} \ \text{g}}$$
$$= 1.776 \times 10^{-10} \ \text{cm/s} \tag{5-11}$$

即要使直径为 $1\mu\text{m}$ 的粒子表现为波动性,则它的速度必须小于 1.776×10^{-10} cm/s,因为这种速度很小,所以通常很难看到表现为波动性的宏观物体。产生这种情况,从物理的观点看,是有限物体的傅立叶合成中不包含波长小于物体线度的波。因此物体越大,则它包含的波长将越向长波方向移动,即它有效的 k 值区域将会很小。而物体越大则其质量也越大,因而只有在很小的速度下才能满足 k 值的要求。虽然当速度趋于零时理论上宏观物体也具有波动性,但这种波动性无法在实际的运动中表现出来。因为当速度等于零时,就不存在由速度激活的速度波,因而也不会有速度波的对外作用。这些都说明宏观物体的运动是不具有波动性的。应当说这些结果都是由球形物体的形散函数主值区得到的,但由图 2-9 可见形散函数的有值区会延伸到无限大,即再大的颗粒也应有部分的波动性,这里指出宏观物体确实也具有波动性,因为波是表示相互作用的,所以宏观物体和其他物体的作用也都是波的作用,例如场的存在就是宏观物体波动性的表现,若静止物体的波没有被速度激活,但它有会被位置 r 激活的波,当在物体外的 r 处另有其他物质时,就会激活静止物体相应的傅立叶波,只是这些波不能以速度对外作用,而是会产生一个作用力,这就是场。场的产生就是宏观物体波动性的表现,因为它是由位置激活的,与时间无关,所以场不会随时间变化,只与位置有关,它对外的作用是力,必须和位移结合才会与外界交换能量,这就是势能,没有位移就只能显示出一个作用力。所以只能说宏观物体以速度对外的作用是粒子性的,不能说宏观物体没有波动性。

上面对电子、质子、α 粒子等做了估算,其结果和实际情况基本一致。虽然式(5-7)是以均匀的球形粒子为基准得出的,和实际情况不完全一致,但由于微观粒子的具体形状、大小和结构也是不太清楚的,所以能有一个数量级上的一致也就可以了,更何况式(5-7)本身也只是一个估计结果,不能提供精确的定量数据。要想验证这个理论的正确性,还可以就具体问题进一步讨论,如若知道具体粒子的大小和形状,就可计算出其具体的 kR 值,从而也可计算出它的波动性和粒子性各占多大比例。但不管怎样,能对量子力学和牛顿力学的适用范围有个较定量的估计,也是很有价值的。

还应指出,上面的结果是把 k 当作动量得到的,一般来说 k 是表示性质的量,所以在研究其他性质时就不能说宏观物体都是粒子性的,特别是研究事物间的相互作用时,很可能连宏观、微观都无法确定,更不能说只有微观物体才有波动性。

5.4　波动性和粒子性

前面分析了运动物体表现波动性的条件,但对波动性和粒子性的理解,仍是沿用人们习惯上的理解,没有严格的科学定义。概括地说,这里区分粒子性和波动性的标准有两个:一是能用坐标点表示的是粒子性,而布满整个空间的是波动性,所以说,性质量 g 在倒空间是粒子性,因为它可表示倒空间的坐标点,在正空间是波动性,它布满整个正空间;同样,坐标量 r 在正空间是粒子性,而在倒空间是波动性,也是因为它表示的是正空间的坐标点。二是按物理(相互作用)的分法划分,认为接触作用是粒子性作用,它的作用只发生在两物体接触以后,因为只有粒子才会有一个接触表面,它把粒子分成内外两部分;超距作用是波动性,它在物体外面、没有相互接触就有作用,其实波是只有一个波源,不分粒子内外的。人们都是通过性质来认识存在的,所以总是用一个性质波来激活存在的位置波,而物体间的作用又都是波的作用,人们是在感知到波的作用时,才认为物质是波,而当这些波都被干涉掉时,就只有在接触以后感知到作用时,才认为物质是粒子性,因此要想用波动性和粒子性来说明物质是波或是粒子是无意义的。例如若用任何波都可以激活一个物体质点的波,它将在任何时候都表现为波动性,但它又确实只是一个质点,因为所有波的叠加就只是一个 δ 函数,即一个质点在正空间就是一个几何坐标点,它没有内外之分的表面,不具有接触作用的粒子性,人们都是通过性质来认识存在的,能感知的只能是波的作用(性质)。

6   物体间的作用

作用的意义很广泛,但在力学中考虑较多的是力。牛顿指出物体如果受到外力 F 作用就会产生一个加速度,其加速度 a 的大小与作用力 F 成正比,和物体的质量 m 成反比,用公式表示就是

$$F = ma$$

笔者认为这三个物理量中,牛顿只对加速度 a 作了明确的科学定义,其他两个量都是沿用人们习惯上的理解。因此,虽然牛顿定律应用得很成功,但什么是质量?什么是力?力又是如何作用在物体上的这类问题,一直沿用人们习惯上的粗略理解,缺乏科学的定义。

任何一个物体,都会占有一定的空间范围,也都能用傅立叶波来展开,因此也都应该遵守用波表示时导出的结果。因为波充满整个空间,这样各处物质的波必然会在空间相互叠加,波的叠加与作用,就形成物体间各种各样的相互作用,由于物体之间除了傅立叶波能联系之外,再无别的东西了,所以说物体间的一切作用,都是其傅立叶波的相互作用,当这种作用能导致速度(波矢)变化时就是力,这就是对作用和力的理解,牛顿定律就是波作用的结果。

6.1   波描述的物理意义

前面已说明傅立叶波包不会扩散,而量子力学中则指出:因波包会扩散,所以德布罗意波不是傅立叶波。这样就存在到底什么是波的问题,波粒二象性又是物理学中争论的主要问题,所以这里再谈谈什么是波的问题。

6.1.1   波的数学表示

人们印象中的波多是指传播的机械波,它直观、形象,其实这只是波的表现形式。数学上是用一个指数函数 $\exp(i\varphi)$ 来表示波,它只是一个周期函数,随着 φ 的变化周期性地变化,这就是波的数学描述。因 φ 是变量,所以波可以像坐标 x 一样作为一个变量来使用。因为一个波的特征是有固定的周期,通常可将变量写作

$$\varphi = gr$$

这里 g 是波矢,r 是坐标空间的坐标变量,也称它是位置矢量。r 的数值表示 r 点到

坐标原点的距离,是长度的量纲,因此要求 g 必须是长度倒数的量纲,即是一个波矢量,它是另一个空间的矢量。因为是它们共同组成一个位相变量,所以不仅 r 和 g 之间必须保持倒易关系,而且当 r 由于某些原因发生变化时 g 也必须发生相应的变化,以保证它们的乘积总是一个确定的纯变量。只有这样,这个波才会是一个确定的波,它的波变量才有确定的物理意义,这样的波才能作为一个数学变量来使用,这就是通常写的 $\exp(igr)$ 形式的波。由于这两个变量分别是两个空间的变量,一个波只可能存在于一个空间内,一个空间的波也只能以所在空间的变量作自变量,另一个变量只能作为一个参量出现,以体现这个波的性质,所以在 r 空间 g 是波矢量,r 是空间变量;在 g 空间 r 是波矢量,g 是空间变量。波矢量表示的是波的性质,空间变量表示的是波的存在。这种关系的意义可以这样说,在 g 空间的一个坐标点(一个确定的性质),在 r 空间就是布满整个空间的波,r 是波的源点;反之,在 r 空间的一个坐标点,在 g 空间也是一个波,g 是波的源点。其物理意义就是要用一个变量(参量)作单位来度量另一个空间的变量(自变量),如若取 r 为空间变量,则 r 的物理长度并不是由 r 点到原点的坐标距离,而是在 r 长的线段中包括多少个 g 单位(就波来讲,其自变量是 gr,而不只是 r)。对 gr 而言,g 是波长的倒数,这即是指 r 线段中包括多少个 g 波的波长。例如若设 r 是 n 个波长的长度,即若取

$$r = n\lambda$$

则就有

$$gr = \frac{1}{\lambda}n\lambda = n$$

此时的 n 就只是一个无量纲的纯变量,它的变化与使用的空间及使用的度量单位都无关,是一个保持有确定周期的波。而如果直接用 r 作变量,则有

$$gr = \frac{r}{\lambda}$$

这时波的周期会随着 r 的度量单位变化而变化,这样就不是一个确定的波,这样的波是不能用来描述确定的物理量的。例如在两个惯性系中同一个位置的 r 值就不一样,即 r 会随观察系统不同而变化,为消除这个变化对波的影响,就要求使 g 也发生相应的变化,以改变对 r 的度量单位,从而保持波的确定性。习惯上就具体的变量而言,r 是长度,所以说空间的长度应当用相应的波长为单位来度量。反之,当 g 发生变化时也会要求 r 发生相应的变化。通常 g 表示物体的性质,r 表示空间的距离,由于运动时波矢 g 会发生变化(多普勒效应),所以要求距离 r 也必须发生变化(即由 g 度量出的距离),否则就不是原来的波。同样,若把它写作

$$\varphi = \upsilon t$$

这里 υ 是频率,t 是时间,表示时间的长短要用波的周期来度量,运动时周期发生变

化,所以时间也发生变化。这些就是产生狭义相对论的物理原因。这一点将在第 10 章"相对论的物理实质"中再做较详细的讨论。

但就应用来讲,由于波是充满整个空间的,所以它描述的都是整体的量,如整体的性质、整体的位置等,同时它也反映各事物的对外作用,物体间的作用都是其整体的相互作用,所以研究物体间的作用都必须用波描述。

6.1.2 位置波的物理意义

因为人们生活在欧氏空间,这里把波 $\exp(igr)$ 称为位置波,是因为它是随位置 r 而波动的,又因 r 可在整个坐标空间变化,所以,实际上 g 是表示整个空间中某个性质的物理量,即波是一个表示整体物理量的数学变量。因为波的位相是两个变量的标积,又是一个虚值,所以它们中必有一个量是虚值,即它应是另一个空间的量,如果把 r 看作一个实量,则 g 就是一个虚量,这时它是一个在 r 空间的波,波矢是 g,即在 r 空间每一个 g 都是一个波。同样,若把 g 看作一个实量,则 r 就是一个虚量,这时的波是 g 空间的波,波矢是 r,所以在 g 空间看每个坐标点 r 也都是一个波矢量,它是产生所有性质的出发点。因为 g 和 r 是互为倒易的量纲,所以习惯上把 r 空间称为正空间(欧氏空间),把 g 空间称为倒空间。所谓空间只是用来描述事物的变量范围,并不是只要有了空间就一定有事物。例如,实际物质都存在于 r 空间里,但在 r 空间有些地方有物质,有些地方没有物质,所以,虽然 r 可以在整个空间变化,但也只有有物质的 r 点才会有物质质点,有物质才会有波,这个波体现出的就是性质,只要 r 点有物质,就会有物质的对外作用,就会有这个位置波,也可以说是 r 点的物质激活了这个波。由此可见,所谓波粒二象性并不是一个粒子既是波、又是粒子,而是物体的一个空间变量在另一个空间的表现形式,因为正空间 r 体现的是物体的存在,而倒空间 g 体现的是物体的性质,所以说在正空间物体的存在是粒子性的,而物体的性质是波动性的。反之,在倒空间物体的存在是波动性的,而物体的性质是粒子性的。

在正空间 r 是自变量,它可以充满整个正空间,而 g 是一个常量参量,所以在同一个波矢 g 的波上就可能在多个 r 点上有物质存在。有存在就会有物质位置激活的波,由于这些激活的波都有相同的波矢量 g,所以这些波会发生干涉。干涉的结果是留下相干相长的部分波,这个留下的波却无法说明它是哪个 r 点激活的波,而是具有性质 g 的所有 r 点全体的性质波,所以说 g 表现的性质是物体的整体性质,也就是说"波是对整体量的数学描述"。一个整体是由很多个个体组成的,它们在空间是一个分布状态,不可能只用一个坐标点来描述,但它们会有单一的性质,所以在性质空间这个性质也是一个坐标点,这个坐标点的位矢就是倒易矢量 g。因为一个 g 会对应整个正空间,所以每个整体性质 g 在正空间就只能是一个波。这种由位置

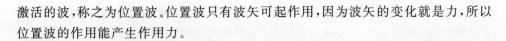

激活的波,称之为位置波。位置波只有波矢可起作用,因为波矢的变化就是力,所以位置波的作用能产生作用力。

6.1.3　物体的大小和形状

前面谈到的位置波中不包含时间,所以它不会随时间变化,是一个不会运动的波(死波),这种波不会对外作用,因为作用必定有一个过程,而过程是用时间度量的,没有时间就不能有作用,没作用也是感知不到的。在倒空间里 g 也是一个坐标点,整体性质 g 也不止一个,它们在倒空间会形成一个分布,即在倒空间也有大小和形状,物体可能的整体性质就是来自这个分布中的一部分 g 波。因 g 在正空间是一个波,这些波又不会动,所以它们的合成结果就只是各个 g 波波形的叠加。因为这些波的波矢不同,叠加时也不会发生干涉,所以其合成的结果在正空间体现的就是在一定的区域有值,而在其他区域全等于零,这种合成在很多有傅立叶变换的教科书中都有形象的描述,这里从略。

因为人们生活在正空间内,所以说这个有值的区域就是人们常说的物体存在的区域,它不随时间变化,但占有一定的空间范围,体现的是物体的大小和形状(结构),即物体在空间的存在形式。在不受外界其他波的作用时,它总不会变化,可见即使是用波描述的物体,它也是一个有大小、形状的颗粒,并不是波。因波是对整体量的描述,所以当这些波被激活产生运动时,其产生的运动也是颗粒整体的运动,颗粒本身并不变化,只有当作用影响到颗粒内部的结构时才会有所变化。牛顿是把物体整体用一个质点代替,研究这个质点的运动性质,这实际上研究的就是其整体性质 g,但牛顿用的变量却是局部的坐标点 r,所以只对可用质点代替、有确定整体性质的宏观物体是正确的,对微观物体就无能为力了,说牛顿力学是质点力学也是不全面的,因为这个质点只是一个代表点。

6.1.4　波包

把物体表示为位置波的叠加,形象地说物体就是一个波包。因为每个波都是贯穿整个物体的,所以波包是用整体量对物体的描述,这就是位置波包。这些波是物体自身固有的,当物体结构确定后,这些波的波谱(即它在倒空间的存在)也就确定了,它们都可以被激活而对外作用,产生各种性质,这些波就是量子力学中所说的**本征波**。因为每个波在倒空间也是一个坐标点,所以这些本征波在倒空间也有一个分布区域,这个分布区域也可看作是在倒空间里物体性质分布的大小和形状(结构)。这个形状在正空间表示也是一个波包,这里说它是一个性质波包,形成这个性质波包的波矢就是物体在正空间存在的位矢 r。由于这些波都不包含时间,所以波包都是不会随时间变化(扩散)的,在没有与外界发生作用时,每个物体都有其确定的大小、形状，也有其确定的可能性质，正因如此，人们才能研究物体整体的运动和整体的性质。量子力学认为波包会扩散，这是概念性错误，波包中的每个波都是指整体的性质，它一旦被激活，表现出的都是波包整体的性质，当然也包括它的运动性质。

6.1.5 传播波和波的激活

前面说的波中没有时间变量，形象地说是死波，要想使它活动起来并能对外产生作用，必须使它与时间有关。因为作用是一个时间过程，所以必须使波能够随时间变化，随时间变化的波就是一个传播波。形象地说就是要把一个位置波变成一个传播波，这里把这个过程叫作**激活**。人们常用时间和空间来描述事物，也知道空间是用来度量事物存在范围的，但通常不太理解时间是用来度量作用的过程，因为人们多强调事物的存在，认为只要有存在就自然会有性质，其实存在是需要性质来体现的，没有性质的存在也就等于是不存在，因此，任何存在的事物都必须与时间有关才能被体现出来。因为一个位置波只有位置 r 可随时间变化，所以要想使这个波能随时间变化就只能使 r 变化，这有两种可能：一是使位置 r 以自己位置为中心振动，即波的位置不变，但其位置处的物质随时间变化。如果波上每个 r 点都按同一频率协调振动，因为每振动一个周期，波必须移动一个波长，所以在整体上会显示一个波的传播，确切地说，这时传播的不是位置，而是能量。因此，这种波激活后对外作用时体现的只是静止物体的性质，如大小、形状、颜色、温度等。二是所有的 r 点都在做统一的平动运动，即使位置 r 本身随时间变化，如果每个 r 点都按同一速度平动，也会显示是一个波的传播，其传播的是物体本身，包括位置和能量。前一种是能量沿位置波的传播，波可离开波源单独传播，对外产生作用；后一种是德布罗意波，它要求波上所有物质的点都按同一速度运动，波和粒子一起运动，其传播速度和粒子速度一致，可在真空中传播。这些能被激活的波都包括在物体的位置波（本征波）中，前一种激活要求物体各质点协调振动，就需要用一个相应的波来作用，波只能激活位置波中相应的波，即傅立叶变换中有波动的部分；而后一种激活则只需要一个整体速度就行，它激活的是傅立叶展开中的常数项部分，其波矢是零，所以不能被任何能量波激活，但因它在正空间是一个 δ 函数，一个 δ 函数是由所有波矢的波组成的，所以任何速度都可激活一个相应的德布罗意波。

波必须被激活才会是一个能对外作用的活波，否则只是一个死波。由于波要传播必须要有能量，因此要想激活一个波，就必须给它提供一定的能量，而能给波提供能量又必须是用一个有能量的波，即必须是一个传播波来作用才能将一个位置波激活为一个传播波。例如，向水中扔一块石子激起的水波，就是石子的速度波激活了水的位置波，是运动石子将一部分动能传给水的一些傅立叶波；声波也是由振动体的能量波激活了空气的位置波,这些都可说是机械波。运动物体自身的整体速度波也会激活物体自身一个相应的傅立叶波成为一个传播波,这就是德布罗意波。虽然每个物体都有一套相应的位置波,因速度带有能量,所以速度波也能激活其相应的位置波使其成为德布罗意波,那些未被激活的位置波仍保持原样不变,显示的是物体整体的运动,即运动是整个波包的运动。

6.2 牛顿定律的波动原因

经典力学是建立在牛顿定律上的力学,但对牛顿定律成立的物理原因未能探究,这里用波的作用讨论该问题。

作为一个傅立叶波,它的振幅只有相对意义,只在定量计算作用量的大小时才起作用,对具体的作用方式无影响,因此,一切有意义的作用,都是通过波的位相变化来实现的。所以,凡是与作用有关的问题,都应研究其对位相的影响,用倒易原理来解决。按倒易原理,要改变一个状态也是用一个相应波的作用来实现的。牛顿力学指出,加速度的产生是由于受外力的"作用",这个力是如何作用在物体上的呢?因为力可以改变物体的运动状态,所以说力是以力波的形式作用在物体的傅立叶波上的。因为傅立叶波是物体整体的性质波,所以只有这样,力才会对物体有作用,只有这样,力才能作用在整个物体上,也只有这样,这个力才是一个整体量的力,而不是只作用在一个局部的着力点上的力,也只有这样,力才会出现在波的位相上,对运动(状态)产生影响。下面具体分析力在力波中的表现形式。

考虑一个矢量 $\boldsymbol{F}$(譬如说力)作用在物体上,如上所说它是以波的形式产生作用,这样它就必然要出现在波的位相上,由于波的位相变量必须是一个无量纲的标量,而力是有量纲的矢量,因此应先将矢量化为标量,按一般的数学方法是将它写作 $\dfrac{kF}{|k|}$,这里 k 是傅立叶波的波矢量,即将 F 乘以单位的波矢量 $\dfrac{k}{|k|}$,这表示只有沿波矢方向的力才是有效的作用力。若再设这个力作用的时间为 t,则还应再乘上时间 t,即要写作 $\dfrac{kFt}{|k|}$,这是力作用时间 t 时产生的实际作用量(冲量);如果这个作用力是作用在以速度 v 运动着的物体上的,则这个作用力要能在 t 时间内一直都作用在物体上,就必须在这段时间内作用力本身也移动一段距离 vt(这里的速度 v 是沿波矢方向的速度),这样最终由于力 $\boldsymbol{F}$ 作用了一段时间 t 导致位相的变化可写作 $\dfrac{kFt}{k} \times (vt)$,如果再把 $|k|$ 写成动量 mv,则总的位相变化就是 $\dfrac{kF}{m}t^2$,再把它以波的形式作用在物体的波函数 ψ 上,就得到:

$$\exp\left(\frac{\mathrm{i}kF}{m}t^2\right)\psi(r,t) = \exp\mathrm{i}\left[kr + k\left(v + \frac{F}{m}t\right)t\right] = \exp\mathrm{i}[kr + k(v+at)t]$$

(6-1)

这可说是受力作用的波函数,这里清楚地看到 F 的作用会导致速度发生变化,其变化率为 $\frac{F}{m}$,按定义速度的变化率就是加速度 a,这里得到速度的变化率是 $\frac{F}{m}$,如果再定义产生速度变化的原因就是力,就得到了牛顿第二定律:加速度的大小与作用力大小成正比,与物体的质量成反比。可见牛顿定律之所以正确,就是因为它正是波的作用结果。牛顿力学研究的只是单个运动状态,这个状态对应量子力学中的一个平面波,状态中各物理量间的关系就是出现在波位相中的关系,位相变化则运动状态也变化。但要注意,这里的质量 m 是直接由波矢 k 得来的,即令

$$k = mv$$

它和牛顿力学中定义的质量 m 并不一致,它们之间还有个比例系数 h。在牛顿力学中,力的作用会改变物体的运动状态,而在波动中只有波的位相变化才能改变波动的状态。所以在倒易空间中要改变一个状态,需用波来作用才能实现,这可以说就是牛顿力学和量子力学间的基本区别。牛顿未说明什么是作用和作用的具体过程,只是利用了这个作用的结果,而常规速度运动的宏观物体又不具有波动性,这样牛顿力学就在这个范围是正确的了。但由式(6-1)还可看到,力 F 和加速度 a 是等效的,即在正空间体现作用的是加速度,但实际波的作用量(可传递的物理量)是力,力的作用可以产生加速度,也可以不产生加速度。在不产生加速度时,表明物体未接受这个作用,或这时力波没能激活物体的速度波,即它没能使速度发生变化。例如一个人要推一个车子,车子可能运动,也可能不运动,车子运动是力作用产生的加速效果,车子不运动时也仍有力波在起作用,而如果按 $F = ma$ 计算,当加速度 a 等于零时,力也应是零;还可看到这里的作用还与时间 t 有关,只有当人松开手,不再推车时作用力才会消失。实际上因为倒空间研究的是物体的整体问题,因此也必须用一个整体量才能对整体产生作用,而单个力矢量只能作用在一个质点上,所以必须用力波的形式才能使力作用到整个物体上,牛顿未说明力具体作用在哪个位置,实际上牛顿力学是把物体看作是一个质点,力作用在这个质点上,就等于是作用在整个物体上。只在刚体力学中才又说力是作用在局部位置点上,说它有一个着力点,这只是为了计算力矩才引入的概念,可见仔细推敲,牛顿力学本身就不完善。

任何事物都有它的性质,用来对外作用的就是性质,发生作用就是性质的交换,而实际作用的效果是该性质代表的物理量,牛顿定律是作用的定律,其交换的性质是加速度,但作用的物理量是力。牛顿没谈具体作用,但其规律是作用的一般结果。

6.2.1　正空间力的定义

任意一个矢量作用在物体上,都可能使性质量发生变化,而且只要能使速度发生变化的就称为力。如电的作用矢量称为电力,质量的作用矢量称为引力,弹簧的作用矢量称为弹性力等,这些都是和牛顿力学所说的力是一致的。牛顿指出物体受力就会产生加速度,不受力则保持速度不变,这即是说只要**能引起速度变化的就都是力**。由式(6-1)也可看到,如果没有力,则速度就不会变化,这就是惯性定律;至于作用和反作用定律可由式(5-1)得到,在那里波1对波2的作用和波2对波1的作用是完全相等的。可见牛顿定律之所以正确,归根结底还是由于是波作用的结果,之所以会这样,其物理原因是物体间所有的作用都是波作用的结果。而在牛顿力学中,力是一个矢量,物体又是有一定大小的范围,这样力是作用在物体的哪一点,又是如何由这一点传播到整个物体的,这些都是模糊不清的。而用力波的作用就不会存在这些问题了。前面笔者也没有指出力是作用在什么地方,但因用倒空间表示,一个力波就能自动地把力变成一个整体量,如果力波是作用在整体的波上,就是力作用在整体上,如果力波只作用在局部的波上,则只会产生局部的作用效果,这里说的速度波是指整体速度,所以力波自然就会作用在整个物体上,改变的也是物体的整体速度。前面曾指出,波 $\exp(ikr)$ 既是正空间坐标变量在倒空间的表现,也是倒空间波矢变量在正空间的表现。这里看到它实质上是局部变量和整体变量间的相互转换关系,对运动而言,即是在 r 空间的一个局部质点,对应的是整个 k 空间,同样,在 k 空间的一个局部质点也对应整个 r 空间。用物理语言描述即是任何一个局部量都会影响全部的整体量,同样,任何一个整体量也都是来自全部相应的局部量,这充分说明各局部质点之间必须有相互作用才行,只用笛卡尔坐标点表示是不能反映这种作用的。但需指出,力和加速度是两个不同的概念,要产生加速度必须有能量的交换,而位置波只能产生一个作用力,这个力必须结合位移才是能量,所以力只有在产生加速度后才显示出作用的效果。如果力产生的加速度 a 就等于 $\frac{F}{m}$ 的话,则作用的力便消失了;如果作用的力只产生部分的加速度,则将还有部分的力继续起作用,就像乘电梯下降时,如果电梯是以自由落体的加速度落下,则人对电梯就没有作用力,否则人对电梯还会有部分作用力。

6.2.2　倒空间力的定义

速度是物体存在的运动状态,在牛顿力学中速度变化是由于力作用的结果,而表示运动的倒易空间就是速度空间,一个固定的速度在倒空间就是一个确定的坐标点,这个点在倒空间的移动就相应于是正空间速度的变化,因此若是由倒空间来看,力就是倒易空间里的"速度",即倒空间的位置变化率$\dfrac{\mathrm{d}k}{\mathrm{d}t}$就是力。由此若再直接把$k$写成动量$mv$也能直接得到牛顿定律,即:

$$F = \frac{\mathrm{d}k}{\mathrm{d}t} = \frac{\mathrm{d}mv}{\mathrm{d}t} = \frac{m\mathrm{d}v}{\mathrm{d}t} + \frac{v\mathrm{d}m}{\mathrm{d}t} = ma + \frac{v\mathrm{d}m}{\mathrm{d}t} \tag{6-2}$$

这里多写一项,表示力的作用既可能使速度发生变化,也可能使质量发生变化,即这表示质量m也会是一个可以变化的量。在一般情况下,质量随时间的变化是很小的,当速度也很小时,可近似认为

$$\frac{v\mathrm{d}m}{\mathrm{d}t} = 0$$

即质量不随时间变化,这时这个力的定义和正空间的定义在形式上是一致的,有$F = ma$的关系;但当速度很高时,第二项就不能忽略了,这时这两项会互相影响,如正在发射的火箭,其质量是在不断减小的,这些减小的质量会使加速度a有所增加;同样,如果作用力不能使速度发生变化,也会使质量发生变化,当物体由静止加速到速度v时,其质量也会有所增加,这就是相对论中静止质量会变为运动质量的原因,特别是当速度接近光速时,因为这时速度不会再增加,所以所有的作用力都只会使质量增加,因此人们就无法加速到比光速再大的速度,即任何速度都不会超过光速。因为倒空间一个坐标点的位置表示一个整体速度,其运动就是整体速度的变化,其变化率就是力。之所以和正空间一致,是因为这里直接引用了动量,动量是整体量,和坐标位置无关,不包含空间变换的因素,所以也与空间的变换无关。这个关系还可更广泛地理解,因为k是波矢,所以可以说凡是能引起波矢变化的就都可以说是力;类似讨论也可说凡是能引起频率变化的就都是能量。按式(5-1),即使在无外力波的作用下,两个位置波的合成也可使波矢发生变化,因此只要有两个以上的物质质点,其间就总会有作用力存在,笔者认为这就是万有引力的来源,它与时间无关,是由物体存在位置激活的位置波间的作用结果。式(6-1)中的力波是与时间有关的,它是指力产生的效果,由于时间是不会停止的,所以力波的作用总要产生效果,而位置波的作用必须有位移才产生效果,没有位移就不会产生效果,力波必须引起位移才会有能量交换。德布罗意关系只是指由速度激活的波,当速度等于零时,动能为零,波不传播,但波矢k仍然存在,仍然可被位置波激活,仍然会有力的作用,这就是场,它是静止物体就有的。

这里用两种方式导出力,但可以看到,倒空间定义的力比较全面,因为力也是作用,而作用都是波的作用,所以与波矢有关。特别是对于光子,因为它的速度不会变化,没有加速度,所以全部的作用都化为质量的变化,这可能就是光子会有运动质量的原因。这里直接把k当作动量,是因为这里的k是由速度激活的,因为牛顿对

速度的定义只是一个局部量 $\dfrac{\mathrm{d}x}{\mathrm{d}t}$，而要激活 k 波必须用一个速度波来激活。但速度和动量间还包括质量，式(6-2)中的质量直接由波矢 k 得来，和牛顿力学中定义的质量不完全一致。所以还应说明在用波动表示时，质量是什么？它怎么会有惯性？下面再逐步探讨这个问题。

6.3　物体的质量

牛顿并没有定义质量是什么，说它是物体的惯性，也只是按牛顿定律对质量作的一种解释，实际上牛顿用的质量就是物体的重量，是在重力场中力和加速度的比值(比例系数)。

6.3.1　问题的提出

质量是什么？人们会认为不应提这样的问题，因为只要有物质就会有质量，质量的作用是力图保持物体的原有状态，抵抗外力的作用(或称惯性)，所有的物质都有这个性质，是物质存在的基本性质，没有质量就等于没有物质，因此应当承认这个事实，它就是物质的固有属性，不必去考究质量是什么。可是确实也还存在着没有质量的物质(如光子)，这也是人们都知道的事实。现在认为光子也有质量，只是没有静止质量而已，可是静止和运动又是相对的，任何等速直线运动的系统都是完全等价的，这样又如何来定义什么是静止、什么是运动呢？笔者也不打算在这里来探讨质量的实质问题，只是想指出：在倒易空间中质量表现在哪里？在倒易原理中，将物体展开成很多谐波合成的波包，这样就要问这时候的质量是什么？对质量是怎么展开的？如果说也把质量展开到各个谐波中，那么速度每激活一个波，就应当有一个相应的质量，这样一个物体在不同的运动状态下就会有不同的质量，这和实际是不相符的(这里未考虑相对论问题)；如果质量不被展开，又如何会体现在波矢中呢？它和波之间是什么关系呢？总之一句话，在倒空间里质量相当于什么？质量是力学中很重要的量，必须加以说明，否则这个理论就不成为理论了，下面仍由力的作用情况来探讨这个问题。

6.3.2　纵波具有质量

前面把物体看作是一个有特殊性质量(如速度、密度)的空间分布状态，因此可将它展开成波的叠加(傅立叶波)，这只是理论上的处理。不论是什么量，只要有同样的分布，就会有同样的展开，因此也不能简单地说波也一定会有质量，波矢在不同量的展开中会有不同的物理意义，也会表示不同的物理量，所以也不能证明倒空间的波矢中一定包含质量。但在速度空间里，波矢相当于动量，动量中包括速度和质量，所以这里要说明在将物体按速度展开中质量体现在哪里，即要说明为什么会有波矢 $k = mv = p$ 的德布罗意关系。

想象一个波动的微观过程，一个波的运动是由于它的位相随时间变化产生的，当相位匀速变化时，波以匀速运动（传播），而当相位做加速变化时，波也做加速运动；由式(6-1)可见，虽然力 F 的作用会使位相产生一个加速度的变化，但可看到这个力并没有全部作用在位相上，产生位相变化的只是力的 $\dfrac{1}{m}$ 部分，即只是力和质量的比值 $\dfrac{F}{m}$ 部分，也就是说还要消耗一部分力在质量上，这迫使人们要考虑质量在波矢中的相应形式。为此可形象地想象一个在实际介质中运动的机械波，在力波作用下，其波上每个介质质点都要做加速运动，如果是横波则每个介质质点都是围绕着其平衡点在垂直于波矢方向上振动，整体上看这个振动就体现为波沿波矢方向的传播运动，加速振动则波也加速传播。当波做加速传播时，波上各质点也做加速振动。而力的有效作用方向是沿着波传播的方向，它和横波上各质点的振动方向相互垂直，所以它只能引起位相的变化（使它做加速变化），对振动介质无作用（不会传给它们作用能）。用牛顿力学的话说，这时力对这些介质质点的运动不做功，因此对纯粹数学意义的傅立叶波而言是不会消耗外力的，即这种运动不消耗外力。可是对于纵波则不同，它的振动方向与力的方向平行，它的振动中心在每次振动中也要按波速向前运动一段距离，加速振动时振幅的振动中心也要做加速运动，因此它也会消耗一部分的力，所以这时的力除了使波动本身的各质点做加速运动外，还要使其振幅的振动中心也做加速运动，这样也会消耗一部分外力。如果取纵波的振幅为单位 1，因为纵波每振动一次都会使振幅产生一个位移，吸收一部分功，消耗一部分外力，因此在单位时间内，这个加速振动的次数越多，则消耗的外力也就越多，这种消耗外力阻止速度变化的性质就是惯性。所以笔者认为质量可定义为在单位长度上（取振幅的长度为 1）单位时间内纵波的波数（即振动切割振幅的次数），即是波的振幅在单位时间内切割纵波的振动次数。这可说是由波矢定义的质量，这样 k 就自然是物体的动量了，因为 k 是单位长度内的波数，而在单位时间内它又移动了 v 的距离，因此在单位时间内的 k 就等于动量 mv 了。可见这样定义的质量在定性上是符合实际的，这样定义的倒易空间也可以说是动量空间了，而且它也出现在位相中对外力起限制作用，具有惯性的性质。前面说运动的倒空间是速度空间，因为速度已在经典力学中做了定量的定义，现在要用波矢 k 表示速度，就必须再给它加一个比例系数，这里也说 m 就是波矢和速度间的比例系数，这个比值也表明 m 是速度等于1时的 k 值,即单位长度、单位时间内的波数。应当说明这样定义的质量是直接由倒易空间的波矢得来,它和牛顿力学中定义的质量间还有一个比例系数 h。这一点将在讨论 h 时再做说明,但这里还需说明以下几点:

(1) 表面看来似乎这样定义的质量会与波矢 k 有关,因为这里是令 $k = mv$ 得来的,对不同的 k 应有不同的质量,其实不然,k 值的变化只体现在速度的变化上,实际上 k 就是速度,质量 m 相当于将动量坐标变为速度坐标的比例系数,它对任何 k 值都适合,对具体物体,是一个不变的整体量,反映的是物体速度波作用时实际交换的物理量。一般来说,如果这个波是表示物质的某个性质的话,这个比例系数就是物质具有这个性质的属性(计量单位)。正是这样,速度才能激活一个与速度相应的波,而不论激活哪一个波,物体都具有相同的质量(比例系数)。换句话说:具有质量的物质,其傅立叶展开应是纵波,在由纵波组成的倒易空间里,物体做加速运动时会受到一个和质量相应的"阻尼力",这就是牛顿力学中质量具有的惯性。这里的说明是在假定波矢是动量的前提下推得的。实际上,运动物体的倒易空间是速度空间,因此其波矢 k 应当是速度(整体速度),因为速度的单位已在牛顿力学中确定为单位时间的距离,而波矢是单位长度上的波数,要使它能代表速度,还需要加上一个单位时间。或者说,若将 k 看作动量,就会有 $k = mv$ 的关系。显然,质量就是单位速度的波矢量,即尽管运动物体能对外交换(作用)的是速度,但实际交换的物理量是动量,这样也自然得到这个系数是单位长度上单位时间内的波数。具体地说,速度是运动在正空间的表现,而动量是以速度对外作用时可交换的物理量。还应当指出,这种说法只是指在速度空间里质量是一个常数,但若是在动量空间则波矢也会使质量发生变化。如在高速运动的相对论中,速度不再变化,其波矢的变化就会是质量的变化。

(2) 前面已说过,傅立叶波的振幅只有相对意义,这里又说取其振幅为单位1,这样质量不是也只有相对意义吗?这两者是不能等同的。前面说的振幅只有相对意义,是指在傅立叶展开中每个波所占的分量,由于傅立叶波的概率性,它只有相对意义;而作为一个波本身它是有一个振动范围的,即表示波的指数项有一个变化范围,亦即 $\exp(ikr)$ 函数本身是在 ± 1 之间变化的,只要有波,就总是这样变化着,它是波本身的特征,是不会变的,且计量总是取1。前面说取单位长度,只是为了要定量说明质量而选定的一个参考标准,强调其与速度的对应而已。

(3) 这里说的质量是单位长度上单位时间内的波数,只是以速度为倒空间而言,因为这时是把 k 当作动量,质量是动量和速度间的比值。实际上在不同的倒易空间里 k 代表的是不同的性质量(一般的倒空间变量用 g 表示),因此对不同的倒空间,应有不同的比例系数,但它们也都相当于有不同的"质量",即都会有阻止使 g

变化的性质(即惯性)。

(4)倒空间的量都是整体量。把 k 当作动量 mv,因速度有局部速度和整体速度之分,所以这里的速度也应指整体速度,如果形象地把整体量看作是局部量的平均值,则只可以把物体的整体速度看作是其各质点局部速度的平均值,却不可能把整体动量看作是各局部动量的平均值,因为不可能有一个局部的质量,这就是认为运动的倒空间应是速度空间的原因。质量只是一个整体量,是使物体整体阻止外力作用的性质,人们可以给每个质点定义一个速度,但不能给每个质点定义一个质量。

6.3.3　横波的情况和光速最大的问题

前面说质量是纵波的体现,如果这种理由正确,横波将不会有质量,因为它的振幅(振动方向)与波矢垂直,不论波如何振动,都不会切割其振幅,也不会消耗外力的功,因而就没有惯性,即它的质量 m 应当等于零。这样按照式(6-1),在外力 F 的作用下,横波将会产生一个无限大的加速度。笔者认为光子就是这样的,它是纯横波,无质量,稍微受点力,就会很快地加速到一个最大速度,这个最大速度就是空间所能允许的最大速度。因此也可说光速之所以是最大,就是因为它的加速度是无限大,无论空间允许的速度有多大,它都可在瞬间达到这个最大速度,而且不论何时测量光速,都只能测出这个最大的速度,测不出它加速过程中各阶段的速度(它加速的时间等于零)。

由于作用总是处处存在的,所以光子总是以最大的速度运动着,它一旦停下来就不是光了,这些推论和实际光的性质也是一致的。爱因斯坦的相对论就是在光速是最大速度的基本假定下得到的,这里指出了光速是最大速度的物理原因。确切地说不是光速最大,而是傅立叶波的传播速度最大,因为波的传播速度只与其传播的空间介质有关,与波源的运动、频率无关(详见第 10 章)。傅立叶波是在真空中传播的,它不需介质,真空又是不会变化的,所以光速也是不变的。当有介质存在时,不论纵波或横波都会受到介质的阻力,这些都只会降低波的传播速度,所以只有傅立叶波才能有空间的最大传播速度。又因为一切作用都是傅立叶波的作用,所以一切速度都不会超过傅立叶波的传播速度(或说是作用的传播速度),也只有光能达到这个最大速度。

由于横波的作用表现为电磁性质,所以光波也具有电磁波的性质,电磁波也是横波。一般来说,一切能在真空中传播的横波,因为它们的质量是零,所以都是以最大速度运动的。后面会证明横波的对外作用也表现为电的性质。由此还可推得:单有质量的物质(不带电),其傅立叶展开是纯纵波;单有电量的物质(质量为零),其傅立叶展开是纯横波;既有质量又有电量的物质,其傅立叶展开是既有纵波又有横波的合成波。光可被看作是只有电量的纯横波,除非在完全不受外力的情况下,否则它总是以最大的速度运动着。如果这种观点正确,还可推得:在自然界中可以存在只有质量而没有电量的中性物质,因为它有惯性,可以在一定的作用过程下存在;但不可能存在只有电量而没有质量的纯电量物质,因为作用总是处处存在的,所以它一旦出现就会以光速运动,飞驰而去,实际能存在的电量总是要依附着一定的质量而存在,它会借助一定的惯性而存在于相应的状态中,一旦离开质量它就会以光速飞驰而去,这就是光。又因为电量必须依附质量,所以带电物体的对外作用波是既有纵波、又有横波的合成波,当它们受到外力作用时就会同时显示两种作用效果,其中纵波会产生一个有限的加速度,而对横波的作用则会使速度变为无限大,这就是光辐射,是带电粒子加速运动时会产生轫致辐射的物理原因。又因为在三维空间中只有纵波和横波两种波,所以物质对外作用的基本属性也只有两种,即不是质量,就是电量,也不可能再有其他形式质量为零的物质。因为只要质量为零,就必然是以横波对外作用,这就是光的性质,光是唯一的质量为零的物质。

由上可见,质量和电量是物体的基本性质,是因为它直接是波动性质的体现,在倒空间中波矢表示的是事物整体的对外作用,体现的性质又是波的性质,分别是纵波和横波的作用性质。因此,它们是一个特殊的性质,总有确定的数值,不会受到空间效应的影响,也不会因体积的减小而越来越不准确。

6.4　作用量 —— 普朗克常数 h

前面说一个矢量力作用在物体的波函数上,使物体产生一个加速度,对纵波其每加速一个周期都会使其振动中心产生一个加速位移,当然它是以消耗外力为代价的,加速的结果会使物体的速度有一个增量 $\delta v = at$,即速度会变为 $v + \delta v$,这个速度将激活另一个速度波 k',使物体的动量也变为 k',从而也使物体的动能有一个增量。这就体现了力作用的效果,在一个周期内这个增加的能量就是作用量 h,作用量 h 是一个周期内物体间因作用而传递的能量,因为波的作用总以周期为单位进行的,所以它是一个常量。

6.4.1　力作用一个周期所传递的能量

这里讨论在一个周期内作用力 F 传递给物体的能量。因物体动量的增量为 $k' - k$,于是有:

$$k' - k = m(v + \delta v) - mv = mat = Ft \tag{6-3}$$

这是根据牛顿力学得到的结果,动量的增量等于力作用的冲量,由于力 F 产生的速度增量出现在波的位相中,而位相每变化 2π 为一个周期,按式(6-1),力波可写为:

$$\exp\left(i\frac{kF}{m}t^2\right) = \exp[i(kat)t] = \exp(i2\pi\upsilon t) \tag{6-4}$$

这里的 υ 是作用波的频率，t 是力作用的时间，即这时有 $kat = 2\pi\upsilon$ 的关系，所以，力作用的结果也会使纵波的频率发生变化。设在一个周期内速度的变化为 at'，即当 a 作用 t' 时，位相恰好变化一个周期，这就是取 $\upsilon = 1$，即得

$$kat' = 2\pi$$

因为 at' 是一个周期末的速度，所以 kat' 就是在一个周期内因力作用而引起的动能变化，且 kat' 每增加 2π 也会使频率 υ 增加一个单位 1，这就有频率和能量间的德布罗意关系。由此可得到末速度为 at' 时力波的作用时间为

$$t' = \frac{2\pi}{ka}$$

代入式(6-3)，可得：

$$k' - k = mat' = \frac{ma2\pi}{ka} = \frac{2\pi m}{k} \tag{6-5}$$

这个结果与加速度 a 无关，可见力波的作用在一个周期内引起动量的变化与作用力的大小无关，是一个常量，这也容易理解，因为力越大，则加速度也越大，加速度大就会较快地加速到一个周期，因而周期就越短，结果是作用波的冲量保持不变，所以在一个周期内由于力的作用传给物体的能量是一个常量。如果用 h 表示这个常量，考虑到由于加速一个周期，也使波的振动增加了一个周期，即使它的频率增加了一个单位，如果在单位时间内作用了 υ 次，则由于力的作用在单位时间内传递的能量就是 $h\upsilon$。这里看到 υ 就相当于是在记录力作用的周期次数。在以速度为倒空间的空间里，坐标原点是取在速度为零处，不同的速度位于倒空间的不同坐标位置，因为倒空间位置的变化就是力，即有：

$$\Delta k = F\Delta t$$

所以倒空间不同位置所对应的速度也都可看作是由于某个力的作用才将它由原点移到这个位置的，其移动的周期数就是 υ。因此物体在倒空间任何位置的动能也都是可用 $h\upsilon$ 来计量的，因为是力的作用才使频率增加，所以不论物体能量是什么时候得到的，只要其频率是 υ 则其动能就是 $h\upsilon$，这样就得到运动物体的动能是 $E = h\upsilon$ 的一般关系。这就是普朗克的结果，h 称为普朗克常数，是量子力学的基本参数之一。这里是用经典力学的办法做了一个估计，目的只是想说明这个作用量是与作用力大小无关的常量。能得出这个结果是因为计算了一个周期的作用，也就是说考虑了波的作用。有人会问："计算的是一个周期的作用，当然会得到作用量是常数的结果，如果只计算部分周期的作用还可能是常数吗？"波的作用都是以周期为单位进行的，但若只按常规力的作用来看，动量的变化不仅与力的大小有关，而且与力作

用的时间有关,部分周期的作用时间也会产生部分的速度增量,因而也可能传递一部分小于 h 的能量。而由波的作用来看,这是不可能的,波总是以周期为单位相互作用的,这就是产生量子效应的物理原因。因此,凡是有 h 出现的地方,就是考虑了波作用的结果,h 是单个周期作用传递的作用能量,也是能量的最小单位,量子力学中称它为作用量。

上面只说明动量的变化与作用力的大小无关,但式(6-5)中还包括具体的动量 k,这里再指出这个作用量 h 也和波矢 k 无关,是一个纯粹的常量,对任何波矢都适合。要想具体计算一个周期作用的能量,只需将式(6-5)再乘上速度 v 把动量转化成动能即可,这样就有:

$$(k' - k) \times v = \Delta E = 2\pi m \times \frac{v}{k}$$

这里 ΔE 是按牛顿力学定义的动能增量,对单个周期的作用,取它等于作用量 h,于是有:

$$h = 2\pi m \times \frac{v}{k}$$

按式(6-3),这里的质量 m 是按牛顿力学的定义引进的,如果再将波矢 k 也写成动量 $m'v$,这里的质量 m' 是由波矢定义的(即单位长度单位时间内的波数),如果分别将它们用 m_1 和 m_2 表示,代入上式,可得

$$h = \frac{2\pi m_1}{m_2}$$

这样,作用量 h 就是一个纯粹的比例常量,它只与两个空间定义的质量有关,与波矢及频率都无关。如果直接用 $m_1 v = p$ 表示牛顿力学中的动量,再写成波矢量形式,就得到 $k = \frac{p}{h}$ 的德布罗意关系,这就是波矢量和牛顿力学定义的动量间的定量关系。h 的数值大小可由 $\frac{m_1}{m_2}$ 的比值求得,也可由实际作用中交换的能量来定,显然它是由两种方法定义的质量间的比例系数,是两个空间度量单位的比值。

6.4.2 波的作用过程

从倒空间来看,力的作用是一个力波对物体状态傅立叶波的作用,这里不打算从理论上来进行全面分析,只就这个加速度的谐波,用物理的观点来说明为什么波总是一个周期一个周期地作用在物体上的。一个谐波按傅立叶展开只可有两个波点(分别表示向前和向后的传播波),对一个加速的波,它每作用一个周期,就会产生一个单一的速度增量,即作用一周期时的末速度,因此它将能激活物体另一个相应的整体速度波,从而使物体吸收一部分能量,这样才说力对物体产生了作用(做

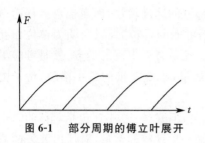

图 6-1　部分周期的傅立叶展开

了功）。而要能做到这一点，这个加速谐波的总长度就必须是力波波长的整数倍（即整数个周期），因为傅立叶变换总是自动地将一个波无限的延拓出去，只有整数倍波长的波在延拓后才不会改变原有的波矢，保持原有谐波的性质，即它还保持原来力波的作用。但是，如果力波只在部分周期内有作用，则它的延拓将会出现如图 6-1 所示的形状，这将不会是一个谐波的形状，它的展开将是很多个不同波矢谐波的叠加，而每个波矢都要激活一个和它相应的速度波，这些波将分别激活不同的速度波。因为一个物体不可能同时以几种整体速度运动，所以物体将无法接受这些波要求的那些速度，也就是说这时虽然物体受到力的作用，但它的速度并未发生相应的有效变化，所以就不能吸收这部分能量，没有能量交换就等于是没有作用。用倒易原理来讲就是这些波无法激活物体的可能速度波，物体仍保持原有的速度运动，即便是某一瞬时可偶尔激活某个速度波，吸收一点能量，但在一个周期结束时，也会再将它释放出来，而且即使会偶尔吸收到能量，它们的周期也和原力波的周期不一样，是另一个波在一个周期内作用的能量。这可形象地说是在一个周期内力波的具体作用过程问题，是局部时间发生的局部变化，到一个周期结束时，这些被激活的速度又都会变成原来力波作用一个周期的末速度，从而吸收一份相应的能量。如果不能变为力波作用的末速度，则还会再将能量还回力波，而不被吸收。因此，从整体来看，波的有效作用总是一个周期一个周期进行的。这就是物体间的作用能总是一份一份交换的物理机制，也是吸收和发射都是一份一份进行的量子效应。因为交换的每一份作用能，都是一个周期内的作用能，它与波矢及力的大小无关，是一个普适常量 h，由此可见，普朗克常数 h 就是物体间能量交换的最小单位，是速度空间作用能传递的最小单位，也是能量计量的最小单位，量子力学中称它为作用量子。由于物体间的作用都是其傅立叶波的作用，笔者又认为一切作用都是波的作用，所以各种作用能量的交换也都是一份一份进行的。

下面再从数学的角度简述这个问题。为直接说明问题，这里考虑一个简单的正弦力波 $\sin t$，它的傅立叶变换是：

$$F(g) = \int \sin t \exp(igt) \mathrm{d}t$$

这里积分是由负无限大积到正无限大。现在设这个波作用的范围只是由零到 x 的一段，不一定是整个周期，则应把积分限由零积到 x。于是得：

$$F(g) = \int_0^x \sin t \exp(igt) \mathrm{d}t$$

$$= \frac{1}{ig}\left[\sin t \exp(igt) - \int_0^x \cos t \exp(igt)\,\mathrm{d}t\right]$$

$$= \frac{\exp(igx)\left[(ig\sin x - \cos x) + 1\right]}{1 - g^2} \tag{6-6}$$

这是波矢为 g 的一个波谱，即这时力波的作用就等于是满足上式所有波的同时作用。可见当 x 是任意值时会有很多波矢 g 同时起作用，且这些波也大都不是原来的力波，因此它们有可能激活不了物体的整体速度波，即使有些波可能激活某个速度波，吸收一部分能量，这部分能量也不是原力波的作用能。因为作用是相互的，到一个周期结束时，力波要回到它原来的状态，所以又会把这部分能量再吸收回去。由式(6-6)可见：只有当 x 等于 2π 的整数倍时才不会形成波谱，仍保持原来的力波作用，所以波只有作用整数倍周期，才会是原有波的作用。

按这个过程来推断，也可得出力波的作用时间是量子化的，不是任何时间都可作用的。形象地说，如果一个力波的作用时间小于一个周期时，则这个力波将不会产生作用能。也可以说在局部的时间上这些波都可能对运动有作用，但到一个周期结束时这些局部波的作用都会等于零。这一点可这样来理解：局部时间的作用只是局部的作用，波是一个整体量，就一个波整体来讲它没有作用，而物体对外的作用都是其整体的作用，所以就作用来讲这些局部的作用是可不考虑的。这里用数学方法对波的作用进行推导，是想说明这种作用是波的一般作用情况，并不只是微观粒子特有的量子效应。

6.4.3　普朗克常数的物理意义

在前面几章中，波矢 k 一直被当作动量 mv，这是因为它是由速度激活的；后来又指出质量是单位时间单位长度上的波数，也能得出 $k = mv$ 的关系，可见 k 可以看作动量，但由于这里的质量只是一个比例系数，它和牛顿力学中定义的质量 m 来自不同的定义(实际上牛顿定律中的质量用的就是重量)，因此，在定量上它们之间还有一个比例系数，这里看到这个比例系数就是普朗克常数 h。前面曾指出，如果将粒子运动的波函数写成波的形式[参见式(5-4)]，就得到德布罗意关系，但该关系式中少了一个常数 h，为说明 h 的意义，将公式(3-5)改写如下：

$$f(r,t) = A\exp\left[-\mathrm{i}(kr - kvt + \theta)\right] = A\exp\left[-\mathrm{i}(kr - vt + \theta)\right] \tag{6-7}$$

上式中 k 是波矢，v 是波的频率，因为这个波是由速度激活的，所以这时 k 是动量，它再乘以速度 v 就是动能，由此可得这里的频率 v 就是动能。这是按波函数和波之间的对应关系得到的，是把 k 直接当作动量的结果。但现在看到实际上定量的粒子动能不是 v，而是 hv，即若把 m 看作就是牛顿力学中的质量，则还须再乘上 h，即实际的动能是频率的 h 倍。可见要想使用原来牛顿力学定义的动能的量值，就必须再乘

一个比例系数 h，即取 $p = hk$，这样就得到量子力学中的基本关系，再把前面讨论的动量都用这个关系代换，就得到和通常量子力学教科书上完全相同的形式了。可见 h 只是 k 和经典力学中动量间的比例系数，即把波矢 k 当作动量时的实际量值和由牛顿力学定义的动量量值间的比例系数。

从理论上讲，这只是一个尺度变化的傅立叶变换，即若将坐标变量 r 放大 h 倍再变到速度空间，按傅立叶变换的性质，就得到：

$$\int f\left(\frac{r}{h}\right)\exp(ikr)\,\mathrm{d}r = \int f(r')\exp(ikhr')\,\mathrm{d}r'h = hF(kh) \tag{6-8}$$

如果还是不考虑振幅的大小，则可直接变换到量子力学的结果。因此，按照倒易理论，h 就是在正、倒两个空间度量单位的比值。这里由两个方面说明 h 的物理意义，实际上是同一个原因产生的结果，因为任何用不同度量单位度量的同一个物理量之间，都存在一个比例系数。这里的结果表明若用牛顿力学定义的速度直接做倒空间的速度，则它相应的傅立叶空间的速度还要再放大 h 倍。因为是两个空间度量单位的变化，所以不仅动量会变化、能量会变化，而且由它度量出来的一切物理量量值也都会发生变化，且其变化比都是 h，因此可说凡是有 h 出现的地方就是用速度作为倒空间的地方，这时就是量子力学的范畴，反之，没有 h 出现的地方就是经典力学的范畴。这也和 X 射线分析中的情况一样，因为空间的倒易性，所以使两个空间中所有物理量间都有这个倒易关系。如倒易点阵的面间距是晶体点阵面间距的倒数；倒易点阵的晶包体积也是晶体点阵晶包体积的倒数，倒易点的大小也是晶体体积大小的倒数等。一般来说，当一个空间的度量单位变化 a 倍时，其另一个空间的物理量将会有 $\frac{1}{a}$ 的变化。

又因为 p 和 v 是经典力学中表示粒子性的物理量，而 k 和 v 是量子力学中表示波的物理量，所以这里又看到 h 也是在这两种表示量间的转换系数，故可以这样说，只要 h 出现，就必然是将一个粒子空间的物理量转换为一个波动空间对应的物理量，就必然有波、粒之间的转换存在，也就必然表现有波粒二象性。人们是先有牛顿力学，那里没有 h，h 的出现属于量子力学的范围；反之，在 h 不出现的情况中，则粒子就是粒子，波就是波，可直接用经典力学定义的物理量进行计算，这就属于经典力学的范围。这个结论在实际中虽无理论证明，但也是大家所公认的结果。

再强调指出，这里的讨论都是把波矢当作动量才有的，因此它只是取速度作为倒空间时的结果，在用其他物理量做倒空间时，就不是 h 了，如用衍射矢量做倒空间时就会是另外的常数。

6.5 物体间的作用都是波的相互作用

6.5.1 波的作用和性质

牛顿力学中把物体间的作用分为接触作用和超距作用两种,把碰撞称为是接触作用,把场称为超距作用。但什么是作用、怎么发生作用等都没有明确的说明。

上面指出,既然可将物体展开成波的合成,而波又是充满整个空间的,因此它们必然会在空间发生叠加,波的叠加就会产生相互作用,因为它们都要同时占有这个空间,也都要求这个空间按它们自己的方式运动。如果叠加时不发生干涉,则各波仍保持原波不变,叠加只是其波形的叠加,各个波可相互和平共处,位置波就是这种情况。如果叠加时发生干涉,则干涉后的波就是所有参与干涉波共同的波,这个波就是各波相互作用的结果,如果这种作用能引起波矢 k 的变化,就称其为力;能引起频率的变化,就称其为**能量**。位置波合成的结果是,只在物体存在的空间有值,在物体存在以外的空间其合成振幅为零。虽然在物体以外的空间里总合成波的振幅等于零(指物体存在的傅立叶波合成),但由于每个波只和与它相应的波起作用(不是与合成波起作用),因此,即使在合成波振幅等于零的空间里,如果再有另外的物质存在的话,这些物质的傅立叶波也会和相应的位置波起作用,使波矢发生变化,从而会有力产生,经典力学中称这种作用是超距作用,这就是产生场的原因,场是由静止状态时物体的波动性造成的。场是由物体存在的位置 r 激活的位置波,与速度无关,这时的波矢量代表的是力,它迫使在位置 r 处物质的位置波波矢发生变化,显示超距作用的效果。速度波则是由物体速度激活的傅立叶波,对宏观物体,因为在常规的速度范围内,能被速度激活的波大部分都被干涉掉,只留下波矢 k 非常小的部分波,即用常规速度激活的位置波都被干涉掉,因此常规速度波不能激活宏观物体的位置波,只能对微观粒子有效。这里说的波是指物体可以对外的作用波(即本征波),是物体内各质点位置波相互干涉后剩下的波,它存在于整个欧氏空间中,可对外产生作用,显示波动性。而已被干涉掉的波在物体以外的空间就不存在了,因此它不会产生对外的作用,即无波动性。但干涉掉的波仍存在于物体内部,当涉及能进入物体内部的作用时,如另一个物体试图进入物体的内部时,这样就会破坏物体原有的干涉情况,因而会使一些已干涉掉的波去掉干涉,从而也会产生作用,因为这种作用只能发生在两物体相互接触以后,所以物理上称这种作用为接触作用,表现为粒子性,所以说不论波动性或是粒子性都是波相互作用的体现。波的作用就是波的叠加,如果波的叠加只引起波矢变化的就是作用力,只引起频率变化的就是作用能,下面再做具体分析。

笔者认为,物体间的作用都是波的作用,因为只有波才是布满整个空间的,也只有波才能在空间里相互叠加,因为它们要同时占有同一个空间,同时要求在这个空间表现自己的性质,所以它们要相互交换一些物理量(妥协)以达到平衡状态,如调整一些位置、交换一些能量等,一般来说就是要产生相互作用。一个一般的传播波可写作:

$$\psi(x,t) = A \exp i(gx + vt) = A \exp i(gx) \exp i(vt) \tag{6-9}$$

这里把传播波分为两个波,前一个波是以 x 为变量,称它为位置波,它只在位置 x 上有物质时才被激活;后一个波是以时间为变量,因为时间总是存在的,它作用在位置波上,就要求整个位置波都按它的频率随时间变化,这样就把一个不动的位置波变为一个传播波,要使其随时间变化,就必须具有能量,所以称它为**能量波**。

位置波不包括时间,它是静止的波,它是物体内有相同波矢 g 的所有 x 点的波干涉合成的波,这些波的整体体现的是构成物体内各物质质点的空间分布(结构和形状)。这种波的叠加结果就是物体的结构,它不随时间变化,在没有外来作用时永不发生变化;这些波的合成表现为只在物体内其振幅有值(有一定的概率),在物体以外其合成振幅处处为零,所以它体现的是物体的大小和形状。振幅为零并不说明这些波不存在,只是其物质出现的概率为零,因为它们是不同频率不动波的叠加,所以只有叠加,没有干涉,叠加中任一单个波还是原来的波,它被激活后还可对外产生作用,当在物体外面有另一物体存在时,仍可激活其中一些相应的波产生作用,这就是场的产生原因。

这里需要说明的是,前面说波的叠加会干涉,这里又说叠加后的波中任一波还是原来的波,这不是自相矛盾吗?前面说的叠加是指相同波矢波的叠加,它们是会干涉的,所谓干涉只是指波的位相发生了变化,所以干涉后的波就不是原来的波,如果被干涉掉,则这个波就不存在了;而这里说的是不同波矢位置波的叠加,它们不会干涉,各波仍是原来的波,各波的叠加只是其振幅的合成,反映的是各波在空间存在的整体效果,振幅为零说明这些位置没有物质存在。能量波则只与时间有关,随时间的变化就是运动,所以它是一个能运动的波,因为运动必须有能量,所以位置波必须要有能量才能成为一个实际的传播波,否则它只是一个可能的形式波,不会起到实际波的作用。这个提供能量的过程叫作激活,意即用另一个有能量的波来激发使位置波活动起来,激活的方式就是用一个有能量的波来作用,提供给位置波能量使它成为一个传播波,实际上传播的只是能量,因此只有传播波才会有能量的对外交换,才会产生实际的作用,显示出相应的性质。

6.5.2 碰撞作用的形成

数学上作用通常表示为两个量的乘积,就两个传播波而言,其作用一般可写为:

$$\psi(x,t) = A_1 \exp \mathrm{i}(g_1 x + \upsilon_1 t) A_2 \exp \mathrm{i}(g_2 x + \upsilon_2 t)$$

$$= A_1 A_2 \exp \mathrm{i}\left[(g_1 + g_2)x + (\upsilon_1 + \upsilon_2)t\right] \tag{6-10}$$

即作用的结果不仅能使波矢变化,而且也会使频率发生变化。如果用一个位置波来激活的话,则只能使波矢发生变化,波矢的变化就是力,因而会出现作用力;如果用能量波来激活的话,就可以传给这个波部分能量使它活动起来(会随时间变化)。用什么波来激活就会显示什么样的性质,但因为是波的作用,就必须遵守波作用的规律。一般来说,要使两个波发生作用,首先必须是两个波具有相同的波变量,即被激活的波必须是物体中固有的可能位置波(本征波);其次是波的作用总是一个周期一个周期进行的,即要想得到能量的传递,作用波必须至少作用一个周期的时间,否则不会有能量交换,因而也不能被激活。若只用能量波来激活,则只能激活位置波的振动,波上各点的空间位置不变。如用光波来激活就只能激活物体的颜色,光子只传递能量,不改变物体原有的波矢,所以能体现的是物体的形状、颜色、温度等。如果只用位置波来激活,则只能改变波的波矢量,不改变能量,表现为有一个作用力。如狭缝衍射就是如此,狭缝的位置波只改变粒子的运动方向(波矢变化),不改变粒子的能量(粒子仍有原有的能量,以原的速度运动)。但速度是一个特殊的量,它是用会随时间变化的位置 x 来激活的,既可改变位置,也可改变能量,所以用速度来激活时就会使波矢和能量都发生变化,如果这种变化在整数倍周期内又恢复到原来的状态(原来的位置和原来的速度),则这种变化就会周期性地重复下去,这就是谐振运动。但如果这种变化不能恢复,则运动将会变为另一个新的状态,光电效应可看作是这种情况。这些都是波动性作用的具体表现。

　　物体的粒子性是干涉掉的波作用的体现。干涉是波的叠加,取一维为例,两个波的叠加可写作:

$$\psi(x) = A \exp \mathrm{i}(g_1 x_1 + \upsilon t) + A \exp \mathrm{i}(g_2 x_2 + \upsilon t) \tag{6-11}$$

　　为使波能被干涉掉,设两个波的振幅相等,如果两个波分别来源于 x_{10}、x_{20} 位置,取一个统一的参考点 x_0,以 x_0 为统一的坐标变量原点,则两波的位置变量将变为

$$x_1 = x_0 + x_{10}; x_2 = x_0 + x_{20}$$

对波矢相同的波有

$$g = g_1 = g_2$$

于是式(6-11)可写作:

$$\psi(x) = A\left[\exp \mathrm{i}(g x_{10}) + \exp \mathrm{i}(g x_{20})\right]\exp \mathrm{i}(g x_0)\exp \mathrm{i}(\upsilon t) \tag{6-12}$$

如果这个波是能被干涉掉的,则它的振幅必定等于零。但由式(6-12)可见,要使其振幅为零,其方括号中的两个波必须同时存在且位相相反才行。因为波总是在整个

空间存在的,所以这个条件只能发生在两波源 x_{10} 和 x_{20} 以外的区域里,因为只有在这个区域里才有两个波的叠加,才可能使叠加的波被干涉掉。在两个波源以内的区域里实际上只有一个波,如果设波矢 g 是由 x_{10} 点指向 x_{20} 点,则只有当 g 波由 x_{10} 运动到 x_{20} 点以后才会和 x_{20} 点的 g 波叠加,在未叠加以前只有发自 x_{10} 点的一个波。如果这个波被能量波激活的话,它也会形成一个传播波,由 x_{10} 点向 x_{20} 点传播,但当它传到 x_{20} 点后便不能再向前传播了,因为后面的波被干涉掉了,使这个传播波便不能再向前传播。波要能被干涉掉必须是两个波的位相相反,即要求有

$$gx_{10} = -gx_{20}$$

因为这时 x_{20} 不是负值,所以这个条件就相当于波矢 g 是负值,于是这个波矢 g 就会由 x_{20} 点反射变为 $-g$,它又激活一个 $-g$ 波,再由 x_{20} 点向 x_{10} 点传播,这样来回反射就在 x_{10} 和 x_{20} 之间形成一个驻波,正是这个驻波才能将 x_{10} 和 x_{20} 连接成为一个整体,使它们固定在各自的位置上,保持 x_{10} 和 x_{20} 之间的距离不变。以此类推,当物体中有很多物质质点时,它们这些被干涉掉的波将会在物体内形成一个驻波网,这个驻波网就将这些物质质点连接成一个整体,使组成物体的各个质点都固定在相应的位置上,从而形成一个整体,这个整体就是物体。如果干涉后还保留有部分的波,则这部分波就构成物体整体能对外作用的作用波,即物体的性质波。因驻波只存在于物体内部,所以它们不会和外界发生作用,但如果有一作用试图冲向这个物体内部,试图破坏这种驻波结构时,这些波就又会发生相应的作用。因为这种作用只有在两物体接触以后才能发生,所以物理学中把这种作用叫作接触作用,碰撞就是这种作用。因为接触必须有一个接触表面,所以当人们感知到这种作用时,就认为物体是粒子性的。因波的作用总是以周期为单位进行的,所以若这种接触作用的时间没有达到一个周期,就不会产生能量的交换,作用后各自会再恢复原状,这种碰撞就是弹性碰撞,弹性碰撞中没有能量交换(只有作用力);如果接触作用时间超过一个周期,就可能产生能量交换,这就是非弹性碰撞;同样,如果碰撞引起的位移不足以破坏相应的驻波结构,则碰撞后物体仍会恢复原状,这就是非破坏性碰撞;如果碰撞能破坏原驻波的结构,物体就可能产生破裂或变形,从而建立新的驻波结构,这就是破坏性碰撞。这些都是粒子性作用的通常表现,但它们也都是波作用的实质。波的作用都是整体的对外作用,但整体和局部只是一个相对的概念,在这里看到的是整体,在另一个地方看又是局部的,如物体的对外作用,在物体外部是物体整体的作用,但在物体内部则就只有各局部一个小范围的作用。单个驻波只发生在两个粒子之间,它是局部的,所以当外来物体闯入另一物体内部时,它所受到的粒子性作用也可以只是局部的(局部的驻波网),如当一颗子弹射进物体时,它可能贯穿一个空洞,但并不一定伤害到其他部分,由此也可说波体现的是整体性质,但驻波体现的可以是局部驻波的性质。但一个粒子可和多个粒子形成一个驻波

网,因此这种作用也会涉及有关的一个驻波网,即可能撞掉一块由局部驻波联系的小整体。

6.5.3 物理变化和化学变化

笔者说的"物体间的作用都是波的相互作用"的意义是很广泛的,不只限于物理问题,也包括化学、生物等问题。如化学反应就是分子的再组合问题,当另有原子进入一个分子形成新分子时,它会改变这个分子原有的对外作用波波谱,即新来的原子可能改变原来分子内各原子间波的干涉情况,即也可能形成一个新的驻波网和新的干涉波谱,这个新的波谱将按新的波对外作用,使新的分子具有不同于原来分子的对外作用波,因而使分子性质发生根本性变化。笔者认为这就是产生化学变化的物理原因。驻波网将分子中各质点结合成一个整体,驻波网激活后具有的能量就是该分子的结合能,因此,当物体的结合状态改变时也会有能量的变化,化学变化既改变了分子的结构,也改变了驻波网结构,所以会有能量放出(或吸收),这就是化学变化时产生的化学能,物体溶化时吸、放的热也是结合状态变化引起结合能的变化产生的。反之,外部能量的变化也会改变物体的结合状态,如当温度够高时物体会由一个状态变为另一个状态,这就是物体三态形成的原因。

因为波要与外面发生作用,就要有能量交换,因此波本身也必须具有能量,即必须被激活,那些被位置波激活但又被干涉掉且不再与外面发生作用的驻波,它们原来所携带的能量将会保留在新分子内部形成结合能。因为结合能不对外作用,所以除非分子遭重组或破坏,否则是不会释放出来的。化学上把由一种分子变为另一种分子的变化过程称为化学反应,可以看到,如果新分子的结合能比旧分子的结合能大,则这种反应就会是吸热反应,反之则是放热反应。还可看到,因驻波的频率与两物质质点间的距离有关,距离越小则频率越大,所以粒子越小,粒子内各质点间的距离也越小,驻波频率也越高,则它们间的结合能就越大。当它们分裂(反应)时就会放出较大的能量。原子核的大小比分子要小数十万倍,所以核反应释放的能量也要比化学反应放出的能量大数十万倍。反之,当人们试图进入原子核内部时,也必须要有更大的能量才能破坏它的驻波结构,而且能量越大越能破坏波长更短的驻波,人们需要用较大的加速器才能进入原子核内部就是这个道理。这也是在通常作用下原子核都很稳定的原因。按此考虑,当两个物质质点间的距离趋于零时,其结合能会趋于无限大,所以物质质点不可能趋于同一几何点,这可能就是早期物理学上所称的"物质的不可入性"。物理上把物体的变化分为物理变化和化学变化两种,物理变化是指性质没有变化的变化;化学变化是指性质发生变化的变化,但就作用来讲只有傅立叶波的变化一种,因为物体结构的任何变化都会导致其驻波网的变化,驻波的增减就是其对外作用波波谱的变化,而物体的性质是由其对外作用波的作用产生的,因此,当驻波发生变化时,其对外的作用波谱也必然发生变化,所以其性质也必然会变化,但作用波对外体现的性质都是其整体性质,原子有原子整体的性质,分子有分子整体的性质,物体也有物体整体的性质,而通常人们所说的性质多是指构成物体分子的性质。所谓性质不变的物理变化实际上就是指构成物体的分子性质不变,而实际上每种变化都有其变化的部分和不变的部分,如化学变化是指其分子性质发生变化,但其原子性质没有变化;而物理变化是指物体的性质发生变化,但构成物体分子的性质没有变化。就波的作用而言,只有整体波谱和局部波谱之分,整体波谱是局部波谱干涉的结果,而局部波谱又是其内部更小层次的局部波谱干涉的结果,每个层次有每个层次的波谱,体现每个层次的性质,这里讨论波的作用就只有层次的性质变化,不分物理、化学等的变化。而且波的作用只有粒子性和波动性,粒子性越强时,其波动性就越弱。

　　顺便指出,前面由波的作用导出了牛顿定律,可见物体间的作用就是波的作用。牛顿力学只是利用了这个作用的结果,由于宏观物体不显示波动性,这样才可以不用波作用的计算直接把这个作用结果作为定律来使用,加之宏观物体的体积和形状对运动几乎无影响,因此它才能正确地在正空间(欧氏空间)来处理常规的运动问题。也正因为如此,牛顿力学不可能揭示出作用的本质,只是笼统地沿用人们习惯上对作用的理解,不研究具体的作用过程。所以牛顿定律只能说明运动,不能解释为什么会这样运动,更不能说明为什么物体间会有场的存在,牛顿只好在运动定律以外再加一个万有引力定律,并把它称为超距离的作用,但这也只限于有质量的物体。场就是宏观物体的波动性,所以如果说经典力学包括牛顿定律和万有引力定律两部分的话,则也可以说实际上经典力学已考虑到了波粒二象性,只是把它们孤立地分开讨论,没有正确地认识而已。

7   狭缝衍射

量子力学中把粒子会产生衍射作为粒子具有波动性的实验证据。本书强调物体间的一切作用都是波的作用,就把物体间的作用和物体的空间存在统一起来,即具有波动作用的物体不一定就是以波的形式存在,同样也可说不是波动的实体物体也会有波的作用。狭缝衍射就是狭缝系统的傅立叶波与运动粒子速度波相互作用的结果,这就是用倒空间对狭缝衍射进行的解释。

一般来说,只有在同一个空间里的物理量间才能相互作用,用正空间描述时,是把物体看作粒子,这样它与其他物体的作用,就是按粒子间的关系来相互作用,在正空间粒子就是粒子,狭缝就是一个实际的缝,这时粒子除了和狭缝边缘碰撞外就不会有作用,和一般的碰撞一样,表现的只是粒子与狭缝边缘的碰撞,体现不出粒子与狭缝的真实作用,没有狭缝作用当然就不会有狭缝衍射了,所以在正空间解释不了狭缝衍射的问题;而当用倒空间描述时,就是按倒空间的关系来研究作用,这时是运动的粒子以速度波对外作用,狭缝也是叠加成狭缝的一系列位置波(狭缝的傅立叶波),即在倒空间,衍射是粒子的速度波与狭缝系统的位置波相互作用的结果,这样就产生衍射了。

量子力学中把运动粒子看作一个速度波,而把狭缝看作一个经典的缝,这就混淆了正、倒空间的关系,因此就产生这样或那样无法说清楚的问题。既然把运动粒子看作波,就应把狭缝也看作一系列能合成狭缝的波,否则就体现不出粒子与狭缝间的作用,不计入狭缝的作用,当然就无法研究狭缝的衍射了。反之,只要计入了这种作用,不论是用粒子性还是用波动性就都能解释粒子的衍射现象。

7.1   衍射花样

衍射通常被认为是波动的特征,是光的衍射现象才使人们确定光是波动的。光束穿过狭缝时会产生波动特有的衍射花样,当时认为这是不能用牛顿对光的粒子学说解释的,只能把光看作波,即物理光学。因此,人们认为凡是能产生衍射花样的,就一定是波。微观粒子也会产生衍射花样,所以微观粒子也是波,现在多称是物质波,即认为物质的本身是波。这些都是片面的,是没有弄清物体间"作用"的实质造成的。下面分别用粒子性和波动性来分析微观粒子为什么会产生衍射的原因,并指出狭缝衍射是粒子的速度波与狭缝整体的傅立叶波作用的结果,不论粒子由狭缝的什么位置穿过,也不论粒子什么时间穿过,都会得到狭缝的衍射效果。且单狭缝有单狭缝的衍射花样,双狭缝有双狭缝的衍射花样,多狭缝也必然有多狭缝的衍射花样,晶体也有晶体的衍射花样。与晶体的衍射一样,具体的衍射花样可结合入射波入射方向用爱瓦尔德作图法来解释,下面进行具体分析。

7.1.1　单狭缝衍射

单狭缝可以看作一个无限高的一维势阱,在狭缝外面,粒子完全不能透过,相当于一个无限高的势垒;而在狭缝处则可完全透过,相当于势场为零,不同的是这里讨论的"势阱"沿 y 方向分布,而入射粒子流则是沿 x 方向射入的,入射粒子流可以穿过势阱底部,但不能被约束在势阱内部形成一个束缚态,如图 7-1 所示。图中的竖轴表示 y 方向,是势垒(狭缝)的分布方向,横轴表示 x 方向,是粒子流的入射方向。单狭缝衍射就是入射粒子流的速度波与单狭缝的傅立叶波相互作用的结果。这里具体讨论这个作用问题。

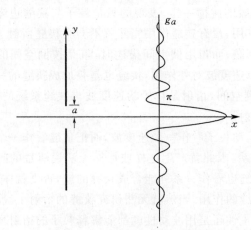

图 7-1　单狭缝的傅立叶波谱

数学上表示一个单狭缝是用一个分段函数 $f(y)$ 来表示,它可写作:

$$f(y) = 0 \qquad\qquad |y| < a$$
$$f(y) = U_0 \qquad\qquad |y| > a \tag{7-1}$$

这是一个沿 y 方向分布的缝,其坐标原点取在缝的中心,缝宽为 $2a$,U_0 相当于势,它可趋于无穷大,笔者认为它是一个常数,a 是狭缝的半宽度(这只是为计算方便而设定的),其傅立叶变换为:

$$F(g) = \int f(y)\exp(\mathrm{i}gy)\mathrm{d}y$$

积分区间由负无穷大积到正无穷大,可分三段来积,其中 $|y| < a$ 的一段积分为零,在其他两段中是常数 U_0 的积分,一般可将积分写作:

$$F(g) = U_0 \int \exp(igy) dy$$

$$= \frac{U_0}{ig} \int \exp(igy) d(igy)$$

$$= \frac{U_0}{ig} \exp(igy) + C$$

当 $y < a$ 时,积分是由负无穷大积到 $-a$,所以有:

$$F_1(g) = \frac{U_0}{ig} [\exp(-iga) - \exp(-ig\infty)]$$

当 $y > a$ 时,积分由 a 积到正无穷大,所以有:

$$F_2(g) = \frac{U_0}{ig} [\exp(ig\infty) - \exp(iga)]$$

于是总的积分结果是:

$$F(g) = F_1(g) + F_2(g)$$

$$= \frac{U_0}{ig} [\exp(-iga) - \exp(-ig\infty) + \exp(ig\infty) - \exp(iga)]$$

$$= \frac{U_0}{ig} [\exp(-iga) - \exp(iga) + \exp(ig\infty) - \exp(-ig\infty)] \qquad (7-2)$$

式(7-2)右边的最后两项是常数的傅立叶变换,它是 $\delta(g)$ 函数,只在 g 等于零时有值,g 等于零表示狭缝对外没有作用,是中心的透射光区,可不考虑,而它的前两项则是沿相反方向传播的两个相等波矢 g 的波,其合成结果是一个正弦函数,所以得:

$$\frac{U_0}{ig} [\exp(-iga) - \exp(iga)] = -\frac{U_0}{ig} [\exp(iga) - \exp(-iga)]$$

$$= -\frac{U_0}{ig} 2i\sin(ga)$$

$$= \frac{-2U_0 \sin(ga)}{g} \qquad (7-3)$$

这是一个衰减的正弦函数,它在 $g = 0$ 点有极大值,随着 ga 值的增大而下降,在 $ga = \pi$ 处降到零,以后再降为负值,到 $ga = 2\pi$ 处又上升到零,以后则按衰减的正弦函数随 ga 变化,原则上它可以一直延伸到无限大,其图形如图 7-1 所示。式(7-3)就是单狭缝用倒空间描述时具有的波谱,也是单狭缝可对外作用的波谱,它由一系列沿 y 方向的波矢 g 组成,这些波的傅立叶合成就是这个单狭缝系统的整体。它是狭缝的位置波,不含时间,狭缝系统不会随时间变化,所以这个波谱也不会变化,其中每个波都是单狭缝可能对外的作用波,这些波被激活后就是单狭缝对外作用的波。按傅立叶变换理论,式(7-3)给出的只是其各个波的系数,再加上它的波动部分$\exp(-igy)$,每个可作用波的具体形式可写作:

$$\frac{2U_0}{g}\sin(ga)\exp(-igy)$$

这是一个沿y方向的位置波(静止波),反映狭缝沿y方向可能对外作用波的分布波谱,只要在狭缝位置处有另外物质出现,就可激活它使其产生相应的作用。按前面所说,粒子与狭缝的作用就是粒子的速度波与狭缝这些傅立叶波的作用,且这个作用只发生在粒子经过狭缝的位置处,即粒子只有运动到狭缝处时才会有作用。

在数学上作用是用二者的乘积表示,将这些波作用在沿x方向传播的速度波k_0上,就得到实际作用的情况,即:

$$-\frac{2U_0}{g}\sin(ga)\exp(-igy)A\exp[-i(k_0x-k_0\upsilon t)]$$

$$=-\frac{2U_0}{g}\sin(ga)A\exp i[-(k_0x+gy)-k_0\upsilon t]$$

$$=-\left[\frac{2U_0}{g}\sin(ga)A\right]\exp[-i(kr-k_0\upsilon t)]$$

这是速度波与狭缝波作用的全部内容,这里$A\exp[-i(k_0x-k_0\upsilon t)]$是等速运动粒子的速度波(德布罗意波),在一般情况下这个波的系数是粒子自身空间分布的傅立叶变换,反映的是其波动性和粒子性的相对比值,但对一个具体的k_0波而言,其波动性可看作常数A,即认为粒子很小,全是波动性。一个傅立叶波的系数再乘上一个常数系数不会影响它的分布,因此入射波与狭缝波作用后的结果还是式(7-3)中的波谱分布。但式(7-3)中的g是狭缝傅立叶波的波矢量,它指向y方向。而一个等速运动粒子的波矢量是常量k_0,对狭缝衍射问题,它沿x方向入射,其合成波的方向为两者的矢量和,上式中将它写作k,即取其矢量合成为$kr=k_0x+gy$,它和入射波矢k_0及狭缝波矢g的关系是:

$$k=k_0+g,\qquad r=x+y \tag{7-4}$$

这是一个沿k方向的传播波,这里波矢发生了变化,但速度未变,因为波矢的变化就是力,所以说当粒子运动到狭缝处时,狭缝对运动粒子会产生一个沿y方向的作用力g,或者说是粒子到了狭缝位置就激活狭缝一个沿y方向的位置波,这就是粒子会偏离原来方向产生衍射的物理原因。

如果把图7-1中衍射曲线分布的中间极大区域作为主值区,则可以看到这个主值区域的大小满足$ga<\pi$的倒易关系,可见狭缝越宽,即a越大,倒易矢量g就越小,因而作用力也越小。因为狭缝对粒子的作用就是其波矢g对粒子速度波的作

用,因此按式(7-4),狭缝越宽则作用就越弱,即 k 波偏离 k_0 的方向就越小。所以狭缝越宽则衍射就越弱,当狭缝宽到一定程度后,就看不到狭缝的衍射现象了,这就是只有狭缝才能看到有衍射的原因。从数学上来讲,按倒易关系,当入射粒子体积大到一定程度后,粒子整体运动的速度波也会被干涉掉,即这时速度波的波矢 k_0 会小得可以忽略,这样狭缝的波也可能激活不了粒子中沿 y 方向的速度波,所以对体积大的粒子也不会产生衍射现象,即宏观物体也不会有衍射现象,这就是有值区只是满足 $ga < \pi$ 的物理意义。下面分别用粒子性和波动性对单狭缝衍射进行解释。

(1) 按粒子性解释

按粒子性解释就是把入射粒子看作一束粒子流,把狭缝也看作一个实体的缝(这都是按经典意义在正空间的粒子与狭缝),入射粒子按一定的动量 k_0 沿 x 方向运动,当运动到狭缝处时会受到垂直于狭缝方向的作用力 g,于是就产生偏转,由原来的 k_0 方向偏转到 k 方向,其偏离的大小按式(7-4)的关系与 g 有关,也与粒子经过狭缝处的位置 y 有关,由于 g 是沿狭缝方向分布的,粒子由狭缝的什么位置经过是概率性的,所以这种偏转也是概率性的,即入射粒子究竟和哪个 g 波作用是概率性的(粒子在狭缝的什么位置 y),因为粒子受到哪个 g 的作用力都会向 k 方向偏离,其偏离的大小与 g 成正比,所以对单个粒子能受到哪个力作用也是概率性的。粒子运动遵从牛顿定律,受力作用也会沿力方向偏离,当粒子流很弱时,弱到能观察到单颗粒子的运动时,就显示有单颗粒子的无规律的偏转,这里说的无规律是指看不出它偏离的分布规律。但多次偏转的综合结果则仍会是有规则的衍射花样,即有概率性的规律。所以说牛顿力学是着眼于个别的粒子问题,而量子力学则是着眼于整体问题,这是局部和整体的一般关系。局部看是无规律的,但整体看是有规律的,但要能看到这个规律,必须有足够多的局部衍射才行,这个足够多可以是单颗粒子足够多次的衍射,也可以是足够多的粒子一次衍射,这也是概率的一般性质。因为每个力 g 都是沿垂直于运动方向作用的,力不会对粒子做功,如果把这个力看作是粒子与狭缝的碰撞,则就属于弹性碰撞,粒子与狭缝间没有能量交换,粒子只产生偏离,能量不发生变化,即粒子不论受到哪个 g 的作用,其 k_0 的绝对值不变,因此,粒子经过狭缝后其衍射波波矢的端点是分布在一个以狭缝为中心、以 k_0 为半径的圆弧上的。即波矢 k_0 只改变方向,不改变其大小,如图 7-2 所示。因为 k_0 是一个常量,由式(7-4)可见,波矢 k 沿 y 方向的分布近似地为 g 的分布。或者确切地说 g 是 k 在 y 方向的分量,而衍射花样又正是指粒子沿 y 方向上的分布花样,因此粒子偏离后,沿 y 方向的分布也就

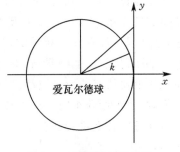

图 7-2 衍射的几何解释

与 g 的分布相似(确切地说是图 7-2 中圆弧上的各点沿 k 方向延伸到 y 轴上的投影)。如果在垂直于 x 轴方向上放一个接收屏,则接收到的粒子分布就是粒子经狭缝后产生的衍射花样。由于傅立叶波本身的概率性,单个粒子在狭缝处受到的作用力也是概率性的,因此单个粒子落在接收屏上的位置也是概率性的,所以这个衍射花样表示的是粒子出现在屏上的概率分布。只有当有大量粒子穿过狭缝时才会形成完整的衍射花样,而且通过的粒子次数越多,衍射花样也越明显,原则上只有无限多的粒子通过才会是一个完整的衍射花样;单个粒子只能按一定的概率散落在衍射花样允许的位置上,但无论有多少个粒子经过都不会散落在衍射函数等于零的位置上,这正是人们在实验中看到的现象,是典型粒子性的概率结果。

实际上这就是局部和整体的问题。傅立叶波给出的是整体的衍射结果,这里也把单个粒子看作一个整体,而式(7-4)给出的是单个粒子整体的偏离方向,是单个粒子的运动问题,只有局部是看不出整体规律的,单个粒子落到屏上的什么位置是由粒子运动经过狭缝的位置 y 来定(概率性的),不形成衍射花样。当然,只有整体也不能知道局部的结果,只有衍射花样的结果也无法知道单个粒子究竟散落在何处,只能知道它落在某处的概率。概率是个实量,人们实际看到的衍射花样是式(7-3)的平方,或可说是衍射波的强度。具体地讲是落在屏上某个位置点处的粒子数目,即实际看到的是衍射波振幅的平方与总粒子数的乘积。若只看花样,不管它的实际分布大小,可近似地将 g 直接看成是 k 在 y 方向的投影,而人们看到的衍射花样又正是指 k 在 y 方向投影的分布,这样,实际的衍射花样就可近似地将 g 直接写作 y,即可写作:

$$F(g)^{*}F(g) = \left[\frac{\sin(ga)}{ga}\right]^{2} = \left[\frac{\sin(ya)}{ya}\right]^{2} \tag{7-5}$$

这就是对单狭缝衍射的粒子性解释。

这里的关键是把狭缝对粒子波的作用,用一个相应的力来代替,因为狭缝波是一个位置波,被位置激活的波只有作用力,即认为沿 k_0 方向运动的粒子,是受力 g 的作用才偏离到 k 方向。因为力的作用也是波的作用,所以这种代替就等于考虑了狭缝波的作用。否则,若按牛顿力学,认为粒子与狭缝除了碰撞以外就不会有作用了,这样因为没有计入狭缝的作用,当然就不能看到狭缝的作用效果,就无法解释粒子的衍射现象。也可看到,衍射是一个整体效果,即便使用粒子性解释,也只对大量粒子能使所有的衍射波都发挥作用时才有效,单个粒子单次散射是看不到衍射花样的。也可看到作用在单个粒子上的力 g 也是狭缝系统整体对粒子的作用,与粒子从狭缝的什么位置经过无关,只要经过狭缝就会受到狭缝系统整体的这个作用力。

(2)按波动性解释

波动性解释就是把粒子与狭缝都看作是波来研究波的作用。等速运动粒子的波可写作指数形式的波 $\exp(ikx)$，这里略去了其速度部分，即略去 $\exp(ikvt)$，因为速度部分不参与和狭缝位置波的合成，它不与狭缝位置波发生作用(交换能量)，即它不能使狭缝以速度 v 运动，只能使作用后的波保持原有的速度传播。式(7-3) 是单狭缝第 g 支波的振幅，加上其波动部分，其全波形可写作：

$$\frac{2U_0}{g}\sin(ga)\exp(-igy)$$

所以它与粒子波的作用是：

$$\exp(ik_0x)\frac{2U_0}{g}\sin(ga)\exp(-igy) = \frac{2U_0}{g}\sin(ga)\exp[-i(k_0x+gy)]$$

$$= \frac{2U_0}{g}\sin(ga)\exp(-ikr)$$

这里也是取 $k = k_0 + g, r = x + y$，即这是一个沿 k 方向的波，波的振幅是 $\frac{2U_0}{g}\sin(ga)$，其传播速度由粒子波的速度决定，衍射花样由衍射强度决定，将振幅取平方即可得式(7-5)。这个结果和粒子性解释完全一致。

实际上衍射用爱瓦尔德作图法解释会更直观一些。这个方法指出，如果以倒易空间的原点出发，沿入射波相反方向上(图7-2中的 $-x$ 方向)取一段等于入射波波矢 k_0 的一点，以该点为圆心，以 k_0 为半径作球(图7-2中的圆)，这个球称为反射球。这样凡是落在反射球球面上的倒易点就都是产生衍射光的波点(即这些波都能被入射波激活)，衍射光的方向是由反射球的球心指向相应的倒易点。这样图 7-2 上的圆，就是爱瓦尔德的反射球，入射波的波矢是球的半径，衍射线是沿 k 的方向传播，它在 y 方向上的强度分布就是式(7-5)。爱瓦尔德作图法是对衍射的几何解释，它对光的衍射、电子的衍射、中子的衍射等都适用。这里看到它对一般衍射也适用，是研究衍射的好方法。

由于傅立叶波表示的是整体性质，所以得到的衍射花样也是狭缝系统整体对粒子整体的衍射花样，看不到对单个粒子的作用，对个别粒子也只能依据衍射结果给出一个概率性的估计，所以只有大量的粒子才能显示出衍射花样，单个粒子只能是概率性地散落在可能衍射的位置上。

从数学上看，式(7-2)的前两项 $\frac{1}{ig}[\exp(-iga)-\exp(iga)]$ 就是波 $\exp(-igy)$ 由 $-a$ 到 a 的积分，即狭缝区域内各点上波的叠加。因粒子的速度波是一个平面波，在狭缝区域的波前也是一个平面，所以这个叠加正是计算波动传播的惠更斯原理，可见惠更斯原理也是波作用的直接结果。但就狭缝函数的傅立叶变换来看，由 $-a$ 到 a 的积分是等于零的，可见惠更斯原理是计算透过狭缝波波间的干涉，而傅立叶变换则是计算不能透过部分波的干涉,二者的作用是完全等效的,这种情况在 X 射线小角衍射中称为互补原理,即一个颗粒的衍射和一个相同形状、相同体积空洞的衍射是等同的。由此也可说光的衍射也是光波与狭缝傅立叶波的作用结果,狭缝对光波的限制作用就是光波与狭缝傅立叶波的作用,式(7-2)的后两项是计算了光被挡住的部分得到的,因为平面波是无限的,除去被挡部分就等于只有狭缝部分了。人们习惯于用正空间波的干涉来计算衍射,其实干涉就是波间的相互作用。具体地讲,干涉计算的是波的叠加,而作用计算的是波的乘积(作用),对波来讲,其和可化为积,积也可化为和,所以二者是等效的。傅立叶变换本身就是计入位相的波的叠加,也就是计算了干涉,它本身的数学形式就是计算了一个函数中各点间的相互作用。

综上所述,计算狭缝衍射必须要计算狭缝的作用,按倒易原理,物体间的一切作用都是波的作用,但波也只能与波起作用,波与粒子的作用也是只与粒子的傅立叶波起作用。就粒子而言,这就相当于一个力作用在粒子上;就波来讲是一个位置波激活了粒子的一个传播波。所以在用粒子性解释时,要把它看作是作用力;而用波动性解释时则说它是波。因粒子性是正空间的量,它可以给出单个粒子概率性的散落情况。这是讨论衍射的局部问题,只有当大量粒子经过时才能看到整体的衍射花样;而波动性是倒空间的量,它给出的只是整体的衍射花样,对局部粒子也只有依整体花样做出一个概率性估计。这就是正、倒空间研究衍射的特征,也应当是对倒空间结果的正确认识。

7.1.2 双狭缝衍射

和势阱类比,双狭缝对应的势阱是两个并列的方势阱,即两个并列的矩形函数。同上讨论,设狭缝的宽度为 a,两个缝间的距离为 $2b$,如图 7-3 所示,则其势函数可写作:

$$f(y) = U, \; -\infty < y < -(b+a) ; \; -b < y < b ; b+a < y < \infty$$
$$f(y) = 0, \; -(b+a) < y < -b ; \quad b < y < b+a \tag{7-6}$$

其傅立叶变换 $F(g) = \int f(y)\exp(igy)\mathrm{d}y$ 可分成五段来积分,即:

$$F_1(g) = \int_{-\infty}^{-(b+a)} f(y)\exp(igy)\mathrm{d}y$$
$$= \frac{U}{ig}\{\exp[-ig(b+a)] - \exp(-ig\infty)\}; \quad -\infty < y < -(b+a)$$

$$F_2(g) = \int_{-(b+a)}^{-b} f(y)\exp(igy)\mathrm{d}y$$

$$= F_4(g) = \int_b^{b+a} 0 \, \exp(\mathrm{i}gy)\mathrm{d}y = 0; \qquad\qquad y \text{ 在两缝处}$$

$$F_3(g) = \int_{-b}^b f(y)\exp(\mathrm{i}gy)\mathrm{d}y$$

$$= \frac{U}{\mathrm{i}g}[\exp(\mathrm{i}gb) - \exp(-\mathrm{i}gb)] = \frac{2U}{g}[\sin(gb)]; \qquad -b < y < b$$

$$F_5(g) = \int_{b+a}^{\infty} f(y)\exp(\mathrm{i}gy)\mathrm{d}y = \frac{U}{\mathrm{i}g}\{\exp(\mathrm{i}g\infty) - \exp[\mathrm{i}g(b+a)]\};$$

$$b+a < y < \infty$$

$$F(g) = F_1(g) + F_2(g) + F_3(g) + F_4(g) + F_5(g)$$

$$= \frac{U}{\mathrm{i}g}\{\exp[-\mathrm{i}g(b+a)] - \exp(-\mathrm{i}g\infty)\}$$

$$+ \frac{2U}{g}[\sin(gb)] + \frac{U}{\mathrm{i}g}\{\exp(\mathrm{i}g\infty) - \exp[\mathrm{i}g(b+a)]\}$$

$$= \frac{U}{\mathrm{i}g}\{\exp[-\mathrm{i}g(b+a)] - \exp[\mathrm{i}g(b+a)]\}$$

$$+ \frac{2U}{g}[\sin(gb)] + \frac{U}{\mathrm{i}g}[\exp(\mathrm{i}g\infty) - \exp(-\mathrm{i}g\infty)]$$

$$= -\frac{2U}{g}\{\sin[g(b+a)]\} + \frac{2U}{g}[\sin(gb)]$$

$$= \frac{2U}{g}\{\sin(gb) - \sin[g(b+a)]\}$$

$$= \frac{2U}{g}2\cos\left[g\left(b+\frac{a}{2}\right)\right]\sin\frac{ga}{2} \tag{7-7}$$

这就是双狭缝的傅立叶波波谱，是双狭缝可能对外的作用波（位置波）。波谱的平方就是它的衍射花样，它与单狭缝完全不同，也不是两个单狭缝衍射的简单叠加，当 b 趋于零时会过渡为单狭缝衍射。在衍射问题上人们一直用波的干涉来处理，当发现粒子也会衍射时，总想找出粒子间是怎么干涉的。但当粒子是一个一个地发射时，每次只有一个粒子、也只能由一个狭缝通过，这样应不存在粒子间的干涉，但

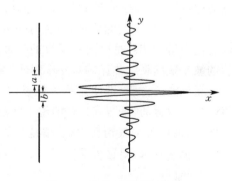

图 7-3　双狭缝的倒易空间

即使如此，得到的仍是双狭缝的衍射花样，不是单狭缝的衍射花样，这是无法把粒子当作波用惠更斯原理来解释的。因为如果认为粒子束就是波，则对单个粒子就不

应会有干涉;而如果认为单个粒子也是波,则对每一个粒子都会形成一个衍射花样。而实验指出,当入射粒子束很弱时,测出的花样则是一个个的单颗粒子撞击在观察屏上。特别是单个粒子是一个整体,它每次都只能由一个狭缝射出,代表它的波也应当只由一个狭缝射出,因此应只能产生单狭缝的衍射花样,可是对双狭缝得到的却仍是双狭缝特有的衍射花样。

这个问题在近代物理中一直存在着争论,人们总想找出单个粒子的波是和什么波相互干涉,可是始终没有一个正确结果。笔者认为这也是混淆了正、倒两个空间造成的。如果说单个粒子每次只能由一个狭缝通过,这就是把粒子看作一个粒子,这是正空间的表示方法,因此这时就应当研究粒子上受到双狭缝的作用力,不应当再去寻找它和谁发生干涉;同样,若考虑干涉,就是把运动粒子看作是波,这是倒空间的表示方法,这样就应当研究它与狭缝系统傅立叶波的作用,因为傅立叶波表示的是系统整体的对外作用波,因此也不应当考虑它是由哪个狭缝经过(也不应当考虑它由狭缝什么位置通过)。所以这些问题,若由倒易空间来解释就很方便了,双狭缝衍射是粒子的速度波与双狭缝的傅立叶波相互作用的结果,这里能与粒子作用的只是这些傅立叶波,完全可以不考虑狭缝是否存在,只要与这组波作用就会有双狭缝的衍射,这种作用就决定着粒子离开狭缝系统后的运动情况。当入射粒子有相同速度时,粒子的德布罗意波是一个波矢相同的平面波,这个平面波就是粒子以速度对外的作用波,单个粒子是这个波。多个粒子束也是这个波,在一个波内,局部和整体是一致的(没有相对速度),这时的衍射花样只由双狭缝系统本身的傅立叶波波谱决定,与粒子由狭缝系统的什么地方经过无关,即使是一个一个地发射粒子,每个粒子每次也只能由一个狭缝通过,甚至也可知道(测出)每次都是由同一狭缝通过,但这个粒子受到的作用力是双狭缝系统的作用力,而且单个粒子是概率性地与式(7-7)中的波起作用,只要时间足够长,也一样会显示出双狭缝的衍射花样,因为这个衍射花样是由狭缝系统的位置波决定的(双狭缝的傅立叶波谱)。狭缝系统的波是狭缝系统整体的对外作用波,不论粒子由系统的什么地方经过,都是受到这个系统波的作用。即使是单个粒子,它只能由一个狭缝射出,但它是在一个双狭缝的势场中运动,是与双狭缝的傅立叶波发生作用,所以显示的仍是双狭缝的衍射花样。如果和 X 射线衍射类比,按爱瓦尔德作图法,就相当于是用入射粒子的波矢量作一个反射球,则这个反射球切割的是双狭缝的倒易空间,因而总产生双狭缝的衍射花样。

人们总认为一个粒子只能由一个狭缝通过,这是从局部上看问题,看不出狭缝系统的整体作用。如电子在晶体上的衍射花样,是电子受所有原子组成晶体的周期势场的作用,是晶体中所有原子散射波干涉的结果,是电子和晶体整体的作用。研究电子衍射时,不需考虑电子在晶体中的具体运动路线,也不要求电子必须和每个原子都发生作用后才通过晶体产生衍射,晶体的衍射是晶体整体的衍射,不论电子由晶体中什么地方通过,都会产生晶体整体特有的衍射花样,这是人们所熟知的事实。

用粒子性解释也很清楚,单个粒子经过双狭缝时,受到一个作用力,但这个力的分布情况是按双狭缝的波谱分布的,所以粒子将按双狭缝波谱的要求偏离原来的方向,产生双狭缝的衍射花样。人们总认为粒子由一个狭缝穿过时,另一个狭缝对它不会有作用,这是受牛顿力学的影响。按牛顿力学,物体间的作用就是碰撞,只要粒子不和狭缝边缘碰撞,狭缝就不会对粒子有作用;而倒空间则是把粒子表示为一个波,就是说运动粒子整体的对外作用就是这个平面波的作用,它是与整个系统发生作用,不是只与狭缝系统中某个和它有关的缝相互作用,而是与狭缝系统整体的傅立叶波相互作用。因为波总是表示整体的量,和波作用就是和系统整体起作用,除非系统整体的傅立叶波就是各局部波无干涉的和(叠加),否则是看不到局部的作用的。既然把粒子看作一个波,就不能再考虑它是从哪个狭缝通过。因狭缝系统是静止的,它只有位置波,没有速度波,所以这种作用能对粒子产生影响的就是力,粒子只会偏离原有方向,没有能量交换。

按倒易原理,只要有干涉就自然地将参与干涉的各方连成一个整体,双狭缝就是指两个狭缝的整体,它是两狭缝单独的傅立叶波再发生相互干涉的结果,干涉就自然地将两个狭缝连成一个整体,因此,如果一定要问单狭缝衍射和双狭缝衍射间的关系,可以这样说,双狭缝的衍射波是相距为 b 的两个单狭缝衍射波再相互干涉的结果,干涉将两个狭缝连成一个整体,当 b 趋于零时,两狭缝合二为一,变为单狭缝衍射;当 b 很大时,干涉可能消失,干涉消失就等于两个狭缝不相互作用,不形成一个统一的系统,这时变为两个单狭缝的衍射;在一般情况下,是和单狭缝不同的双狭缝衍射花样,其不同的程度和两缝干涉的程度有关。因此要想两个狭缝互不影响,必须两个狭缝相距很远、两个狭缝的衍射波不能再发生干涉才行。当两狭缝距离较近时,干涉是不能被忽视的。这种相干在计算狭缝系统的傅立叶变换中就已经考虑进去了,它只是影响狭缝系统可能的对外作用波谱,并不是真正的衍射波。真正的衍射是在有具体的粒子经过狭缝时才会形成。确切地说,只有在粒子经过狭缝处时,才会激活狭缝的傅立叶波,这些激活的波才会对粒子有作用力,才会产生衍射。这一点也可这样形象地来理解,狭缝系统在狭缝处形成一个势场,只要有粒子进入这个势场就会受到这个势场的作用力,然后再偏离出去。为了说明这一点,这里再将它和惠更斯原理进行比较。

(1) 按推导过程,式(7-7)的结果是由四个波的组合得到的,如果把这四个波重新组合一下,即可写成:

$$F(g) = \{\exp[-ig(b+a)] - \exp(-igb)\} + \{\exp(igb) - \exp[ig(b+a)]\}$$

$$(7-8)$$

这里两个花括弧分别表示的是对两个狭缝处的积分结果，如果把这个结果看作狭缝对入射波的限制，则这就是人们熟知的惠更斯原理，不同的是惠更斯原理计算的是传播波自身的干涉，这里的结果是一个不动的狭缝位置波，它与时间无关，它必须作用在一个运动的波上才能产生实际的衍射效果，所以说狭缝衍射是粒子的速度波与狭缝傅立叶波作用的结果。惠更斯原理把这种作用看作狭缝对波束的限制，衍射是限制后的波相互干涉的结果，因为傅立叶波计算的也正是这个区域上波的干涉，所以二者结果是一致的。

（2）傅立叶波本身也是波干涉的结果。可以看到这个干涉只与狭缝系统有关，它在粒子没有进入狭缝以前就已经干涉过了，干涉后的波就是狭缝系统可以对外作用的波，因为它是一个位置波，所以只要有粒子来到狭缝的位置处，就会激活这些波，就会受到这些波的作用。这里根本不存在入射粒子和谁干涉的问题，不论粒子什么时候进来，不论粒子由狭缝的什么地方经过，也不论是单个粒子还是一群粒子，都是和这个干涉后的位置波发生作用。特别是这里没有干涉，只是激活。如果说粒子束中的粒子波也会相互干涉的话，它们为什么早不干涉，晚不干涉，偏要到狭缝处时才干涉呢？

（3）推导式(7-7)计算的是狭缝以外的波动部分，在狭缝处的积分是零，而惠更斯原理计算的只是狭缝部分波的积分，两者相等说明狭缝以外部分和狭缝本身有同样的对外作用波谱，这在衍射问题中称为互补效应，即"一个颗粒的散射和与它同样形状的空洞的散射是相同的"，在这里也可说一个狭缝的衍射也和一个和狭缝等宽的细棒的衍射是相同的。如果把狭缝看作空洞的话，则傅立叶波的作用相当于计算空洞的衍射，而惠更斯原理则是指颗粒的衍射，二者是等效的。

（4）惠更斯原理是直接计算沿 k 方向的透射波，计算的是各透射波的干涉。这里计算狭缝的傅立叶变换，是狭缝可能对外的作用波。就物理意义来讲，惠更斯研究的是传播波透过狭缝的传播情况，没有波通过就不能用惠更斯原理，而这里研究的则相当于粒子在狭缝势场上的散射，不论是否有粒子通过，狭缝的衍射势场总是存在的，一旦有粒子通过，就会受到这个场的作用，因为散射出去的波就是透射波，所以二者的结果是等价的。其之所以等价是因为干涉发生的原因就是有固定的位相差，惠更斯原理计算透射波的干涉，实际上是计算按狭缝系统透过部分波间的干涉，这里决定干涉的都是狭缝的位置波，狭缝的这些位置波合成的结果（傅立叶反变换）就是狭缝系统的整体；而傅立叶变换则是先计算狭缝位置波的干涉，再由入射粒子波将它激活，因为作用都是波的作用，所以二者是等价的。但干涉给出的只是整体性质，而散射则可能看出局部的情况，所以惠更斯原理只能给出一个整体的衍射花样，无法说明单个粒子的衍射现象，而用波在狭缝势场上的散射也可看到局部的作用概率，但从整体看二者的结果是等价的。量子力学研究的就是整体问题，所以这两种解释都可以说得过去,但从物理上来讲,作用比干涉要更直接些,也更本质一些,因为它可兼顾到局部和整体,所以衍射的物理实质应是傅立叶波的作用,而不是惠更斯的干涉。

(5) 公式(7-8)是两个单狭缝衍射波的叠加,波的叠加就有干涉,所以双狭缝的衍射花样是两个分开的单狭缝衍射波再干涉的结果。正因为有这个干涉才能把两个狭缝联系为一个整体,产生双狭缝系统整体特有的衍射花样,否则就只是两个分开的单个狭缝的衍射了。这里再强调一下,有干涉才有整体,是两个单狭缝波的干涉才把两个缝连成一个双狭缝整体,没有干涉就只是局部的个体,如果单狭缝处各点上的波不会干涉,则同样不会有单狭缝的衍射花样。

因为波是充满整个空间的,原则上空间任何位置的情况都会影响到狭缝系统,但如果这些情况不会改变狭缝系统的干涉情况,则它对狭缝干涉就没有影响,可不考虑。否则,若会改变狭缝的干涉情况,就应当把它也看作狭缝系统的一部分,计算它们共同的对外作用波。现在有些人想在双狭缝前加一个装置,用以测出粒子是从哪个狭缝通过的,结果连衍射花样也看不到了。这就是它改变了双狭缝系统的干涉情况造成的。这时的衍射花样应是测量系统的衍射波和双狭缝系统的衍射波再相干后的结果。如果测量系统距离狭缝较远,不能改变狭缝的干涉情况,但测量系统的衍射波也可能使入射的粒子波变得不是单色平面波,而是有波谱的多色波,这就很可能使衍射光连成一片,也看不到双狭缝的衍射花样。

(6) 惠更斯原理只计算波的传播,只计算波前上各波点的干涉,而每个波前又是由它更前面的波前决定的,所以它是逐步进行的,在一定程度上它只对波上各点有振动的介质波适用,对粒子波虽然其波矢都是相同的,但每个粒子间没有固定的位相差,且其初位相也不同,所以其波前上各点是不会干涉的。而傅立叶波则是指整体的作用,给出的是系统整体的对外作用,它包括介质波和粒子波的作用。

7.1.3 孔的衍射

对于孔的衍射花样,也是入射波和孔的傅立叶波谱作用的结果。狭缝只有宽度 a 一个参量,可是孔是二维的。它的傅立叶波谱也是二维的。二维会有各种形状,一般说其傅立叶波谱也与孔的形状有关,它的势函数会有 x 和 y 两个变量,数学上可以证明:如果函数 $f(x,y)$ 是可分离变量的,即若函数满足 $f(x,y) = f_1(x)f_2(y)$ 的关系,则它的傅立叶变换也是可分离变量的。为讨论方便,这里考虑典型的矩形孔和圆形孔,因为对矩形孔可满足 $f(x,y) = f_1(x)f_2(y)$ 关系,它的傅立叶变换就是相互垂直方向上两个单狭缝衍射的乘积,所以若将矩形孔势函数写作:

$$\begin{aligned} f(x,y) &= 0 & -a < x < a, \quad -b < y < b \\ f(x,y) &= U & |y| > a, \quad\quad |y| > b \end{aligned} \tag{7-9}$$

则其傅立叶变换就是：

$$F(g_1,g_2) = \frac{2U}{g_1}\sin(g_1 a)\,\frac{2U}{g_2}\sin(g_2 b) \tag{7-10}$$

这是两个不同波矢 g_1、g_2 的单狭缝衍射合成的结果，因为它们是在两个独立的方向上，所以各自有独立的衍射花样，但因它们都分布在同一个空间中，所以整体表现的是它们的积，即它们的相互作用，其中任一个等于零就会使整体等于零。而对圆形孔，则因 x 和 y 间要满足圆形的关系，即 x 和 y 不是相互独立的，不能直接分离变量，若采用极坐标就又可分离变量了。这时需做变量代换，即要取 $x = r\cos\theta$，$y = r\sin\theta$，这时的圆孔函数可写作：

$$f(r,\theta) = f_\theta(\theta)f_r(r)$$

如果把倒空间也表示为极坐标，即取 $g_1 = \rho\cos\varphi$，$g_2 = \rho\sin\varphi$，于是其傅立叶变换就是：

$$\mathrm{Fou}[f(r,\theta)]$$
$$= \sum_{m=-\infty}^{m=\infty}(-\mathrm{i})^m \exp(-\mathrm{i}m\varphi)\int_0^{2\pi}f_\theta(\theta)\exp(-\mathrm{i}m\theta)\mathrm{d}\theta\int_0^r rf_r(r)J_m(r\rho)\mathrm{d}r$$

这里 $J_m(r\rho)$ 是贝塞尔函数[参见式(3-28)]。对于半径为 R 的圆孔函数，有 $f_\theta(\theta) = 1$；当 $r < R$ 时，$f_r(r) = 1$，粒子是均匀地透过；当 $r > R$ 时，$f_r(r) = 0$，粒子完全不能透过。代入上式有：

$$\mathrm{Fou}[f(r,\theta)] = \sum_{m=-\infty}^{m=\infty}(-\mathrm{i})^m \exp(-\mathrm{i}m\varphi)\int_0^{2\pi}\exp(-\mathrm{i}m\theta)\mathrm{d}\theta\int_0^R rJ_m(r\rho)\mathrm{d}r \tag{7-11}$$

计算积分，因式(7-11)中对 θ 的积分部分是：

$$\int_0^{2\pi}\exp(-\mathrm{i}m\theta)\mathrm{d}\theta \begin{cases} = 2\pi & \text{当 } m = 0 \text{ 时} \\ = 0 & \text{当 } m \neq 0 \text{ 时} \end{cases}$$

即只在 $m = 0$ 时才有值。当 $m = 0$ 时，去掉常数系数 2π，则式(7-11)变为：

$$\mathrm{Fou}[f(r,\theta)] = \int_0^R rJ_0(r\rho)\mathrm{d}r$$

做变量代换，令 $u = r\rho$，则 $\mathrm{d}r = \dfrac{\mathrm{d}u}{\rho}$，于是有：

$$\mathrm{Fou}[f(r,\theta)] = \int_0^R rJ_0(r\rho)\mathrm{d}r$$
$$= \frac{1}{\rho^2}\int_0^{R\rho} uJ_0(u)\mathrm{d}u$$
$$= \frac{1}{\rho^2}[R\rho J_1(R\rho)]$$

$$= \frac{RJ_1(R\rho)}{\rho} \tag{7-12}$$

这里 $J_1(R\rho)$ 是一级第一类贝塞尔函数，R 是孔的半径。显然它也是圆对称的。式(7-12) 是圆形孔对外作用的傅立叶波谱，其波矢是 ρ，所以它也是沿径向作用的，在中心位置有极大值，其值随着 $R\rho$ 的增加而减小，大约在 $R\rho = 3.832$ 处降到零（一级第一类贝塞尔函数的第一个零点），随着 $R\rho$ 的继续增大还会出现一系列的次极大值和零点，但都是随 ρ 的增大而很快衰减的，如果只取中心极大区作为有值区，也会得到倒易关系：

$$R\rho < 3.832 \tag{7-13}$$

这可以说是二维圆孔的测不准关系。贝塞尔函数的零点不规则，不易用通式表示它的各级衍射，但可看到它在中心处形成一个对称的圆斑，光学中称为艾里斑。有了这个结果，就可采用像狭缝一样的方式讨论它的衍射了，此处不再赘述。这里列出圆孔衍射，只是想说明衍射花样只与衍射系统整体有关，与粒子的性质无关，也与粒子具体经过系统的什么位置无关，对圆孔来说就是圆孔系统的整体，不论粒子是由孔内什么位置通过，都会产生圆孔衍射。

7.2 衍射的物理过程

衍射是波动的特征，人们多是用惠更斯原理来解释衍射现象。对狭缝衍射，按惠更斯原理就是把狭缝上的每一点都当作一个新波源，衍射花样是这些新波源在空间干涉的结果。这样，对粒子衍射就会存在一系列的问题：如果入射的是单个粒子，它会和谁干涉呢？没有干涉又如何能形成衍射花样呢？如果说入射的就是一个平面波，那么为什么用单个粒子入射时，得到的又不是衍射花样而是单个的散射粒子呢？产生这些问题的原因是受波动光学的影响，按波动光学，衍射一定要有多个波才能相互干涉，单个粒子是不会有干涉的。物理上所谓衍射是指波在传播中会转弯的现象，笔者用倒易理论进行解释，认为狭缝衍射是入射粒子波与狭缝系统相互作用的结果，笔者考虑的是作用，而惠更斯原理则考虑的是干涉，因为作用都是波的作用，所以也得到和惠更斯原理同样的结果。但比较起来，用倒易原理来解释会更全面些，也更正确些，因为实质上衍射就是入射波和衍射系统相互作用的结果，因作用都是波的作用，而波的作用又可有波动性和粒子性，所以它不仅能得到波动特有的衍射花样，而且也能对单颗粒子的作用做一些说明。

波是描述整体量的变量，而按惠更斯的办法，就只能给出波整体的传播情况，对单颗粒子是无法说明它是如何干涉的，因此可以说惠更斯原理只对介质波有效，如水波等，在波传播的每个点上都有水介质的存在，每个介质质点的振动就是一个球面波,它们干涉的结果,就构成整个波的传播,这即是惠更斯原理。但当单个粒子以波对外作用时就无法用干涉来解释了,所以说衍射的物理过程是入射波和衍射系统相互作用的过程,不是单个波的传播过程。一般来说入射波是传播波,它包括位置波和能量波两部分,而狭缝系统则只有不动的位置波,当入射粒子波到达狭缝处时,因为狭缝的位置波中只含狭缝的位置,所以这些位置波将会相互作用。具体地说,设入射粒子波的位置波是 $\exp(ik_0x)$,因为粒子的位置 x 是随时间变化的,当它到达狭缝位置处时,就会使狭缝处多了一个粒子,就会改变狭缝原有的位置波,即会激活狭缝的一个位置波,这个波作用在入射粒子波上使其波矢发生变化,因波矢的变化就是力,所以只有力的作用,没有能量的传递,粒子将改变方向,向衍射方向运动。因为原来 k_0 是传播波(行进波),而位置波只改变波矢量,所以形成的 k 波也是传播波,以原有的能量运动,从而产生入射波的衍射花样。倒空间是以整体量作自变量的空间,粒子经过狭缝就是粒子整体和狭缝整体的相互作用,一切作用都是波的作用,确切地说是激活了的波间的相互作用。

前面看到实际上当粒子经过狭缝时,会受到狭缝对它的作用力,这个力就是狭缝位置波的作用,计入了这个力就等于计入了狭缝的作用,而只要计入了这个作用,不论用粒子性还是波动性都能解释衍射的问题。用倒空间的话说,衍射就是粒子的傅立叶波与狭缝的傅立叶波的相互作用,傅立叶波本身就表示整体性质,这里既不考虑粒子的具体运动路线,也不考虑通过狭缝的具体位置,就是用两套波的作用代替粒子系统和狭缝系统的作用,其作用的结果是给出粒子在空间出现的概率,因此,粒子经过单狭缝时,就与单狭缝的傅立叶波起作用,形成单狭缝衍射花样;经过双狭缝时,就与双狭缝的傅立叶波起作用,产生双狭缝的衍射花样。一般来说,一个平面波的衍射花样只与衍射系统有关,有什么样的衍射系统就有什么样的衍射花样。这样解释比粒子性或波动性都要更直接一些。这里既不需要知道单个粒子从哪里经过,也不需将一个粒子分成两半,衍射就是波的作用,波的作用和波的衍射理论是一致的。

7.2.1　X 射线的衍射

为了说明波的作用和衍射是一致的,这里用大家熟知的 X 射线的衍射为例来说明问题。设有一束 X 射线,射到一个晶体上产生衍射。按经典的处理方法就是:认为物体中所有带电粒子都会对 X 射线产生散射,而且每个质点的散射波都是以质点为中心的球面波,这些散射波在空间相互干涉的结果,就形成晶体整体特有的衍射花样,所以衍射是多个质点散射波干涉的结果,即衍射必须有波的干涉。但是按照这种散射机制,用数学推算的结果,恰恰就是物体内电子密度分布的傅立叶变换,而傅立叶变换就是波的作用。傅立叶变换的一般形式是:

$$F(g) = \int f(x)\exp(\mathrm{i}gx)\mathrm{d}x \qquad (7\text{-}14)$$

如果把 $f(x)$ 理解为物体内电子密度的分布,则式(7-14)就是晶体对 X 射线衍射的基本公式,它是由各 x 点上的散射波相互干涉得到的。但若把 $f(x)$ 也用傅立叶展开,即:

$$f(x) = \int F(g)\exp(-\mathrm{i}gx)\mathrm{d}g$$

就可看到它正是一个入射波和物体傅立叶波作用的结果,这里只有"作用",没有干涉,这里 $\exp(-\mathrm{i}gx)$ 相当于入射波,而 $F(g)$ 是物体的傅立叶波的波谱(倒空间),可见多个散射波的干涉和波同一个分布函数的傅立叶波相互作用,其结果是完全等价的。

这个问题在衍射动力学理论中表现得更为明显,直接把晶体的衍射问题看作 X 射线的光波被晶体的周期场调制的结果,调制就是作用,也可说是把 X 射线看作光子,它从晶体中穿过,就受到整个晶体场的作用,这样也得到同样的衍射结果。注意不论光子从晶体什么地方经过,它受到的作用都是整个晶体场的作用,可见干涉和作用是等价的。其物理意义也很明确,因干涉是波的叠加,作用也是波的叠加,二者当然是等价的。但就具体的物理意义来讲,干涉是指这个波和那个波的干涉,是指局部波间的干涉,只有在干涉以后才把参与干涉的各波连成一个整体;而波的作用是整体的,是这个整体波对那个整体波的作用(如果作用波本身就是局部的,也会是局部的作用),因此这种等价也只对整体才有效。因为物体的傅立叶波是由物体自身结构确定的,与有无外来波无关,它是物体整体可能有的对外作用波,只有当这些波被激活后才是真正能作用的作用波。

不同的结构可能会有不同作用波的波谱,这样单狭缝和双狭缝也就自然地会有不同的可作用的波谱,它们被激活后就会有不同的衍射花样。对双狭缝既没有必要考虑粒子是由哪个狭缝通过,也不必考虑粒子是和什么发生干涉,就是粒子整体和狭缝系统整体的相互作用。这里再强调一下,因为倒空间描述的是整体性质,把运动粒子表示为波也是指粒子的整体运动状态对外界的作用是波的作用,而且速度波也只是以速度对外的作用波,当速度为零时,只是这个速度波不存在,即不能以速度对外作用,但它的波矢还存在,还有位置波,还可以以位置波对外作用。如一个原子进入另一个分子后,虽然它不再运动,速度为零,但它占有的位置会和原来分子的位置波发生干涉,从而会改变原来分子的对外作用波谱,显示为一个不同于原分子的新分子,这就是产生化学变化的物理原因。甚至即使是由同样原子组成的分子(同分异构物),由于结构不同(原子分布的位置不同)其性质也会不同,就是因为不同结构有不同的对外作用的波谱。同样,狭缝的傅立叶展开也是指狭缝整体可能和外界的作用，不论具体的粒子是由狭缝系统的哪个狭缝射出，也不论粒子是由狭缝内的哪个位置通过，都是受狭缝整体作用的结果。如果硬要找出单个粒子由哪个狭缝射出，这就是正空间描述的经典问题，这时粒子就是粒子，狭缝就是一个很窄的缝，这时也不应当把粒子当作波，而应把狭缝的作用化为具体的力作用在粒子上，不论粒子是由哪个狭缝通过，都会受到整个狭缝系统的同样作用力，这同样也会得到该狭缝的衍射花样。若不计入这个力，就等于忽略了狭缝对粒子的作用，没有狭缝作用就等于狭缝根本不存在。这样，就连单狭缝的衍射也不会存在，仅仅是一般经典力学的运动问题。对微观粒子而言，经典物理的不适用就是因为它无法考虑狭缝对粒子的作用，因作用都是波的作用，不考虑狭缝的波，就无法研究狭缝的衍射，所以研究狭缝的作用，就不能不用狭缝系统的波动表示。

7.2.2　粒子的波动性和狭缝衍射的物理过程

为了能更清楚地说明粒子波的衍射，这里再把粒子波产生的过程重述一遍。按前面的讨论，一个在正空间的质点粒子，其倒易空间是由全部波矢的波叠加而成的。即一个质点粒子的傅立叶变换是全部的倒易空间，性质体现存在，物体的存在正是通过这些波的对外作用才能体现出来，一个质点是由全部波的对外作用体现的。在一般情况下，因为无法知道这些波的具体分布，所以就认为它是发自物质质点，以质点为中心，在空间呈球对称分布，并一直延伸到无限远处。但这些波与时间无关，是不会运动的波，只是沿空间位置可能的周期波动，正是这些波的对外作用才体现出物质的存在。同时，也是存在决定性质，物质的所有性质都来自这些波的对外作用，它是物质可能对外作用的波。当有很多质点组成一个粒子时，每个质点的这种球面波将会互相叠加、相互干涉，最后形成一个粒子整体特有的波动分布波谱 $F(g)$，粒子的整体就是这些波谱中的波对外作用的体现，因为人们都是通过作用来了解存在的，所以就认为有什么样的作用波谱，就有什么样的物体存在。正因为有这个整体特有的分布波谱，才能把这个波谱对外作用的体现称为一个粒子（或物体），这些波就是量子力学中所说的**本征波**。因为这些波是粒子整体自身存在所固有的，但它与时间无关，所以它体现的只是静止粒子的存在状态，即粒子的大小和形状等，一般来说是粒子的结构。正是这些波的对外作用才体现出粒子的大小和形状，所以方形粒子有方形物体的波谱，圆形粒子有圆形物体的波谱。因为波必须被激活才能产生作用，而能被激活的波也只能是这个波谱中的某一些波，粒子整体表现的所有性质也只能来自这个波谱中被激活的波，如果一个粒子的波谱中只有一个波被激活，则粒子整体的对外作用波就是一个单色平面波，如果同时能有多个波被激活，则粒子的对外作用就是多个波的共同作用，这就是用波函数表示的粒子的波动性。当粒子受到外来波作用时，因为波只和与其相应的波发生作用，所以外来的波也只能与粒子的这些位置波发生作用,但究竟与其中哪些波发生作用,还需要以具体所受的外来作用而定,不同的作用会激活一组相应的波,从而显示出相应的性质。

因此,如果要想研究粒子的某个性质,就要用相应性质的波来作用它,才能把所要研究的性质波提取(激活)出来。又因各个波都是相互独立的,数学上说是相互正交,所以,当用某个性质波激活一组波时,不会影响其他的波,即一种性质波只激活能体现这种性质的波,数学上称其为傅立叶波的滤波性。狭缝的傅立叶波是静止的位置波,它的每一个波都是狭缝系统不同位置(图 7-1 中沿 y 方向的位置)上所有质点具有这个波矢的波相互干涉的结果,当再有其他粒子到达狭缝处时,就相当于狭缝系统中又加了一个外来粒子。这样,该外来粒子的位置波会和原来狭缝的位置波发生作用,这就是外来粒子激活了狭缝的位置波并与它相互作用,粒子只有在到达狭缝处才能激活狭缝的位置波,但究竟激活狭缝的哪一个位置波,还要看粒子到达在狭缝处的哪个 y 位置处来定。由于粒子是概率性地经过 y 位置,所以激活的位置波也是概率性的,因此,只有大量的粒子经过时才会形成衍射花样,单颗粒子只会有相应的偏离。对狭缝衍射,因狭缝的位置波的波矢和粒子速度波的波矢垂直,所以作用后粒子会偏离原有方向产生衍射,粒子的速度波不会和狭缝位置波作用,所以仍保持原有速度(能量)不变。

虽然粒子中各质点不是集中在一个几何点上,但可以证明,一个粒子可能的整体速度波相当于把粒子中所有质点都集中到一个点上的速度波,再乘以粒子自身的形散函数。这种情况也和 X 射线分析中一样。一个原子中所有电子的散射,可以看作是所有电子都集中在一点上的散射,再乘以整个原子的原子散射因子。对粒子而言,这个"原子散射因子"就相当于粒子的形散函数。形散函数可以反映粒子分布的大小和形状,而质点的速度波可以表示粒子的整体速度,用这些波来描述运动,就是倒空间的描述方法。形散函数就是这些可能波的分布函数(情况),其有值区就是一个粒子整体可能具有波动性的速度范围。当粒子以这个范围内的速度运动时都具有波动性;当粒子以这个范围以外的速度运动时其波动性就可忽略不计。没有被速度激活的那些波,虽然在表示运动的波函数中不出现,但它们也是显示粒子性质的波,在粒子不运动时,会显示不动粒子的对外作用,前面说的狭缝衍射就是受了在不动状态下狭缝系统的这些位置波的作用。

按以上分析,倒空间就是用波描述粒子性质的空间,波体现的是粒子的整体性质,研究整体性质,都必须在倒空间描述。用倒空间描述,其物理意义就要按倒空间来理解。在波动范围内,以匀速运动的粒子是用一个平面波表示的,这并不是说粒子本身是一个平面波,也不是说粒子本身是做波动运动,只是等速运动粒子整体的对外作用是一个平面波的作用。因该波是由速度激活粒子自身的一个波,它和粒子的运动速度对应，因此，当粒子的速度方向改变时，它所激活的波矢也会改变；同样，当波矢改变时，也会改变粒子的运动方向，即粒子要按波动的要求去运动。粒子穿过狭缝时的衍射，就是运动粒子的速度波与狭缝的傅立叶波相互作用的结果，这种作用改变了波矢，所以产生衍射。这种作用也可看作是粒子的速度波被狭缝的傅立叶波所调制，一个被调制的波就等于是很多个谐波按不同概率的叠加，而每个谐波又要确定粒子的一个运动状态，这样，粒子在经过狭缝时，狭缝就把它的平面波调制成一个调幅波，这个调幅波就是很多平面波的叠加，每个平面波就是粒子的一个可能的运动状态，所以，经过狭缝后粒子就会以不同的概率按不同的波矢运动，最后在接收屏上形成一个衍射花样，这就是粒子衍射的物理过程。因为粒子是一个整体，一定时间只能做一种运动，所以单个粒子出现在屏上的什么位置是概率性的，只有当有大量粒子存在或单个粒子多次作用时，才形成最终的衍射花样。显然，衍射花样只与狭缝系统整体有关，与粒子由狭缝什么位置穿过无关，实际上在倒空间里不包含位置，所以不论什么位置都一样。

人们受波动光学的影响，总认为单狭缝衍射是波在一个狭缝上的衍射，双狭缝衍射是波在两个狭缝上的衍射，因为一个粒子每次只能经过一个狭缝，就认为只会产生单狭缝衍射，不应有多狭缝衍射。这里的问题是，一方面把运动粒子看作是倒空间的波，另一方面又把狭缝看作是正空间的缝，把两个空间的描述放在一起讨论，是说不清楚的。正确的处理方法应当是把它们放在同一个空间里，如果都放在正空间，则应把粒子也看作是一个经典粒子，它在狭缝处受到狭缝势场的作用力而偏转，这就是牛顿力学的处理方法；如果都放在倒空间，则应把狭缝也看作是一组波，这才是量子力学的处理方法。应该说这两种方法都有效，可是实际上由于空间效应的影响，当粒子的体积小到一定程度时，它的正空间会变得非常小，以致粒子按常规的速度运动总会激活它的速度波，因此就无法用正空间的粒子来表现它，只能用倒空间来描述，对狭缝得到的就是狭缝的衍射花样。对双狭缝不论粒子从哪个狭缝穿过，调制它的都是双狭缝的傅立叶波谱，因此总得到双狭缝的衍射花样。这种情况就像电子在晶体上的衍射一样，虽然晶体的衍射花样是由晶体内所有原子散射波的干涉得到的，但穿过晶体的单个电子并不是要和所有的原子都起作用后才穿过晶体，而不论电子由什么途径穿过晶体，也不管和几个原子发生碰撞，它们和晶体的作用都是一样的，调制它们的都是同一晶体整体的周期场，所以产生同样的衍射花样。

应当说明的是，由于波的作用就是波的叠加，所以衍射并不一定要有多个波才会干涉，因为干涉也是波的叠加，和作用是一样的。如 X 射线的衍射，既可看作是晶体中各结点散射波的干涉（叠加），也可看作是晶体的周期场对入射 X 射线波的作用（调制），当一束 X 射线光波穿过晶体时，其振幅被晶体的周期波场所调制，这样就形成衍射。形象地说,一个振幅和多个波的干涉是等效的。波的积就是作用,波的和就是干涉,所以干涉与作用也是等价的。

7.3　波的作用和惠更斯原理间的关系

牛顿力学是在正空间建立的,并把物体的存在和物体的性质分开讨论,认为什么样的存在,就一定是什么样的性质,因为实际存在的有物质和它的对外作用波,所以也将运动分为粒子运动和波动运动来研究,惠更斯原理只是波动的传播原理,至于这个波由何而来、波又如何起作用则没有考虑。因为牛顿力学中不考虑物体的对外作用,所以对波就只研究波的传播,不考虑波的作用,因此可以只用干涉来讨论问题,笔者认为这就是惠更斯原理的物理基础。如单狭缝衍射问题,实际上按式(7-3),其波谱的波动合成结果就是一个宽度为 $2a$ 的狭缝,入射波和这些波的作用就是与狭缝的作用,这个作用也表现为将一个宽度为无限大的入射波限制在一个宽度为 $2a$ 的范围内,惠更斯只计算 $2a$ 范围内波的传播,而不考虑波与狭缝波的作用,认为这个作用不是波动的问题。因此它对介质波的衍射可以很好地解释,但对粒子波(德布罗意波)的衍射就无法说明了,以致当今还有人试图研究粒子间是如何干涉的问题。实际上粒子波是速度激活傅立叶展开中的常数项,它本身并不是一个波,只是它要以速度对外作用才显示波的性质。从前面对单狭缝衍射的讨论中可以看到,狭缝的作用就相当于是狭缝处波的干涉结果(狭缝的本征波),式(7-3)就是将波在 $\pm a$ 区域上积分得到的,对一个波传播来讲这就是惠更斯原理"波前上各点的波相互干涉";对一个粒子来讲就是狭缝波对粒子位置波的作用(调制),因为狭缝不动,只有位置波,它不含时间,所以不论什么时间作用都相当于是同时作用,所以这二者是等价的。或可这样形象地说:在正空间狭缝就是一个缝,它把入射波限制在 $2a$ 的范围内,于是经过狭缝的就只是这个范围内的波,按正空间波前干涉的方式向前传播,这可以看作是粒子的波动性,是狭缝把粒子波限制在 $2a$ 的范围内,因此,按惠更斯原理就只是这些波间的干涉。但粒子只有在对外作用时才是一个波,各粒子间是相互独立的,粒子束中各粒子虽有相同的速度,但它们的初位相是任意的,所以粒子波就没有一个确定的波前,所以不能用惠更斯原理解释。如果各粒子间也会干涉的话,则入射的就不是一个粒子流,而是一个粒子棒了,因为干涉会把各粒子连成一个整体。倒空间则根本就没考虑什么狭缝,把狭缝变为式(7-3)的一族波谱,它和入射波的作用就是这个波谱和粒子波的作用,因为波的作用也就像是粒子一样,所以也可以看作是波的粒子性,应当说不论是机械波还是粒子波都有这种波、粒两重性质。

8   场的产生

场是指在物体存在以外的空间里也会有作用力。这点按牛顿定律是无法解释的，牛顿认为作用是物体之间的事，没有物体当然就没有作用。为了解释物体间的这种作用，牛顿又引出万有引力定律，后来发展为引力场，并称这种作用是超距作用。因为通常说的作用都是指物体整体的对外作用，它是一个整体量，所以应当用倒空间来表示作用，并在倒空间进行处理。

按倒易原理，物体间的作用都是其傅立叶波的作用，因为波是物体整体性质的数学表示，在物体以外的空间里，虽然傅立叶波的合成振幅等于零，但并不等于说这些波在这里不存在，因为这种合成是不同频率、静止波的叠加，它们之间没有干涉，各个波仍保持为原来的波，只是叠加后其振幅的总和为零，即物质整体在这里出现的概率为零。因为只有干涉才可能使波消失，所以没有干涉就等于这些波并没有消失，还保持为原来的波，只是在物体以外的区域其振幅的合成为零，振幅为零表示由这些点发出的波出现的概率等于零，在这些区域显示不出合成波的效果（体现不出物质存在）。但因为波的作用是每个谐波都只作用在和它相应的那个谐波上（滤波性），并不与合成波起作用，因此，若在该空间里另外存在其他物体的话，它还会激活物体相应的位置波而使其起作用，这样就会有作用力出现。

具体地说，虽然傅立叶波只是一个可能的位置波，不是实际存在的波，但若再有其他物体的存在就会激活其中一些波，使这些波能对外作用，产生实际的作用效果，这就是**场**。这里还是称它为波，因它不随时间变化，严格地说只是一个不动的"死"波。但它可由其他物体存在的位置来激活，如果某个位置上另有物质存在就可能激活这些波中的一些波，位置波的激活只会改变波矢，波矢变化就代表是作用的力，当这些位置再发生位移时也会有能量交换，显示出的是位能，所以力的作用必须伴随位移才能显示作用效果。

在物理上，场是为了说明在物体相互没有接触的空间里也存在力作用而被引入的，由于万有引力的存在，就引入了**引力场**；库仑力的存在，又引入了**电场**。多少年来人们对场的性质做了深入的研究，对场的存在也做了不少解释，但对场产生的原因，场和产生场的物质间是什么关系等问题都未得到明确的解释。笔者认为场就是物体的位置波相互作用的体现。因此，尽管实际上牛顿力学应用得很成功，但因其未考虑波的作用，所以只对研究宏观物体的运动规律有效，即只对场产生的效果（作用力）有效，对场产生的物理原因却无法解释。

量子力学认为，一个匀速运动粒子的波函数是一个平面波，它可以存在于物体以外的整个空间内，但这个波是一个速度波，是速度的对外作用，是只有运动物体才有的，而场是物体在静止状态就有的，是静止物体间的作用，所以也不能解释场产生的原因。之所以如此，是因为这二者都是通过总结实验的规律得出来的，未能揭示实际存在的物体本质，如牛顿力学是以牛顿定律为基准来研究运动，量子力学是以波函数为基准来研究运动，但为什么要以这些作为基准都未能做出明确的理论解释。而按倒易关系[参见式(2-21)]可知，动量越小则波动性就越强，原则上当动量足够小时，宏观物体也能表现波动性，在静止状态不论物体多大都会有波动性，场就是静止物体间波的相互作用，物体间的作用就是其傅立叶波的相互作用，在物体以外的空间里，这种作用并不等于零，而是有一定的数值，这就是场。下面按这种波作用的设想来讨论存在场的物理原因。

8.1　场产生的物理原理

实际上在没有相互接触的物体间也会有力产生。为了表示这个特殊的空间，人们引入"**场**"的概念，它存在于物体实体以外的空间里，但它却是由物体实体产生的，它不能离开实际物体而独立存在，但可以对其他物体产生作用。笔者认为，物体间的作用都是其傅立叶波的作用，因为波是充满整个空间的，当然也包括物体实体以外的空间，在这个空间里，虽然没有物质存在，但物体可对外作用的傅立叶波是存在的，这些波被激活后同样会相互作用，即会产生作用力，这就是场。笔者认为，场是由物体的傅立叶波产生的，它存在于物体以外的空间里。这样用傅立叶波的相互作用来讨论场的产生就比较容易理解了。本节只讨论产生场的物理原因，不讨论涉及场本身的具体物理性质。

8.1.1　物体的波动表示

按傅立叶变换，每个在正空间有限的函数，都可做傅立叶展开。一般来说，实际存在的物体实体都是有限的，因此都可做傅立叶展开。这里也不讨论是否满足傅立叶变换的数学条件，而认为这个条件总是满足的。直观地看，如果把这些傅立叶波的图形在正空间描绘出来，则这些波形的合成将会只在有限的区域有值，在这个区域以外的空间将处处为零。也就是说，只在物体实体存在的空间有实值，而在物体以外的空间合成振幅处处为零，这就是傅立叶合成的几何解释。

在傅立叶变换的示意图 8-1 中，每个波都是一个位置波（性质波），所有位置波的叠加就是物体在空间占有位置出现的概率，所以说在合成振幅不为零的区域有

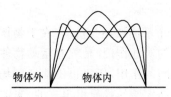

图 8-1　物体实体的傅立叶合成

物质实体,而在合成振幅等于零的区域没有物质实体,即物体是限制在合成振幅不为零的区域内。因为每一个波都是布满整个空间的,就这个意义讲,也可说(在倒空间的表示)物体也应是布满整个空间的,只是在一定空间里物质实体不为零,而在其他的空间里物质实体等于零。这样来理解的话,场就是物质实体等于零的物体部分,它与物体有关,与物体共存。

因为用傅立叶波表示和用分布函数表示是等价的,所以这两种理解也是等价的。即按倒易原理,单纯物体的表示法是物质在正空间(粒子空间)存在的表示,它只给出构成物体的各质点在空间的位置分布;而物体和场在一起的表示法是物质在倒空间(波动空间)的表示,它能给出物体整体可能的对外作用,又因作用体现的是性质,所以也说它给出的是物体整体性质的分布,即通过性质(作用)来体现物体的存在。因为性质和存在是不能分开的整体,存在又必须通过性质才能体现出来,所以只有在倒空间才能反映出场的存在。按式(3-10),一个以速度 v 运动的粒子可表示为:

$$f(r,t) = \int F(k)\exp \mathrm{i}(-kr + kvt)\mathrm{d}k$$

这里 k 是由速度 v 激活的波矢,所以 k 对应速度。由上式可以看到,当速度 v 等于零时,只是它激活的这个波不能以速度 v 运动,但这个波的波矢 k 并未消失,粒子还可表示为由一系列波叠加组成的波包,且波包中也包含有 k 波,这些是位置波,只与位置有关,它可以由位置 r 来激活,即只要在 r 位置上有物质,就能激活一个位置波。由 r 位置激活的波的作用就是力,所以激活后会出现作用力,这就是场。因为速度等于零的这些波与时间无关,所以物体的场也与时间无关,在任何时刻都存在,不随时间变化。场是宏观物体也有的,所以说波粒二象性不仅对微观粒子适用,对宏观物体也适用,只是用常规的速度不能激活宏观物体的这些波罢了。由于物体的整体性质是用倒空间描述的,所以全面讨论性质都应当用波表示。又因为物体间的真实作用都是波的作用,所以对宏观、微观都可用波动描述。只是在用常规速度激活时,宏观物体中没有可被激活的相应位置波,所以宏观物体的运动显现不出以速度对外作用的波动性质。

物体都是三维的,因此它的傅立叶变换也是三维的。数学证明,对于球对称的三维函数,其傅立叶展开也是球对称的。即它的倒空间也是球对称的,即使对非球对称的物体,在距物体很远的地方看也可近似地把物体看作是球对称的,球对称可化为一维来分析,计算比较方便,只在距物体很近的地方才需要做些修正,这里取它作为一个典型例子来讨论。对于球对称的情况应当用球面波展开。因为傅立叶变换与物体中的物质分布及物体的大小、形状都有关系,详细分析要依具体情况来具体讨论,为了便于一般分析和实际比较,这里考虑一个距离物体很远的情况。这时可忽略物体具体的形状影响,把物体近似地看作一个质点(球形),它的傅立叶展开应是球面波,球面波的振幅与距离成反比,其形式一般可写为:

$$f(r) = \frac{1}{r}\int F(g)\exp(-\mathrm{i}gr)\mathrm{d}g \tag{8-1}$$

物体对外的作用就是这些波对外的作用,这里的变量 r 可在整个欧氏空间中有定义,每个 g 都是一个位置波,它能体现物体的存在状态。

8.1.2 实际物体的倒空间

物体都是有一定体积的,它在正空间的位置是一个区域,区域内任何一点都可作为参考原点;但其倒空间的原点常是确定的,因为倒空间代表的是物体的整体性质,性质是会有一个特定的原点,即这种性质的零点,只是这个点也会有一定的体积(倒易点的大小)。如用速度作为倒空间时,这个空间的原点就是速度为零的点;用衍射作为倒空间时,其原点就是不产生衍射的点。因此,不论物体形状如何,其倒空间的每个倒易矢量都可看作是由同一原点发出的。这些和正空间的坐标表示一样,正空间中任一点的位矢 r 也都是由原点发出的,数学上也常用矢量的分量表示,如:

$$r = x\mathrm{i} + y\mathrm{j} + z\mathrm{k}$$

同样,对倒易矢量也会有:

$$g = g_x\xi + g_y\eta + g_z\zeta$$

由于原点都是相对的,所以倒空间的原点也是相对的,即可以任意选取原点。对速度空间而言,就是可选用任一速度作为原点,这相当于可把选定的速度作为零速度(这就是"任何等速运动系统都是等效的"的物理原因);对衍射空间,可选用任一点的散射光作为原点,这相当于以这一点的散射光作为计算衍射的起点,原点的任意性就使得在用倒空间表示时可以有任意的指数因子,量子力学中称它为相因子。

8.1.3 两个相距很远物体间的作用力

考虑两个物体 A 和 B,在距离物体 A 为 R 位置,另有一个物体 B,现在来讨论这两个物体之间的作用力。设物体 A 的傅立叶展开为 $F_a(g)$,物体 B 的傅立叶展开为 $F_b(g)$。按倒易原理,在物体 B 处,物体 A 的每一个射在 B 处的位置波都像一个入射波一样,射在物体 B 上产生衍射,这就是物体 A 对物体 B 的作用。设入射波的波矢为 k_0,衍射波的波矢为 k,按衍射理论其衍射矢量为 $H = k - k_0$,这个波将只作用在物体 B 中和它相应的那些倒易矢量 g 上,即有 $H = g$,所以得衍射波矢 $k = k_0 +$

g。在这个过程中，物体 A 的波矢发生了变化(方向变化)，其变化量就是矢量 g，因为在倒空间波矢的变化就是力，这里看到，这个作用力就是 g。因此，只要 B 处有具有 g 波的物体就会有这个作用力出现，这就是产生场的物理原因。实际上因为入射波要由原来 k_0 方向变到 k 方向，还需一定的时间，因此，严格地说 g 应是力和时间的乘积，即应是冲量(和动量对应)。因设物体 A 是一个质点，所以它发出的是一个球面波，对球面波而言，由 A 发出的每一个入射波，都是振幅随 R 衰减的波 $\frac{1}{R}F_a(k_0)\exp(-ik_0r)$，它作用在物体 B 上，产生作用力 g。因物体 B 中第 g 个波的傅立叶系数是 $F_b(g)$，第 g 个波一般写作 $F_b(g)\exp(-igr)$，所以这两个波作用的结果可以写作：

$$F(k) = \frac{1}{R}F_a(k_0)\exp(-ik_0r)F_b(g)\exp(-igr)$$

$$= \frac{F_b(g)F_a(k_0)}{R}\exp[-i(k_0+g)r]$$

$$= \frac{F_b(g)F_a(k_0)}{R}\exp(-ikr) \tag{8-2}$$

即衍射波的波矢是 $k = k_0 + g$，这个波是 A、B 系统整体对外作用的位置波，但它在 A、B 之间有一个作用力。

如果形象地把这些波矢都看作动量，这就是动量为 k_0 的粒子和动量为 g 的粒子发生碰撞，碰撞的结果是动量为 k 的粒子。显然，入射粒子的动量发生了变化，这个变化就是力(这里未考虑物体间的相对运动和变形，所以是弹性碰撞，这时 k 和 k_0 的绝对值相等)。即伴随着这个散射波的出现，会产生一个作用力 g，就好像是入射波矢 k_0 被一个力 g 推到了 k 方向一样。按力学理解，实际上 g 是物体 B 对 A 产生的反作用力，因为物体 A 的存在必然要在物体 B 处存在波矢为 k_0 的波，对物体 B 产生作用，而物体 B 也要存在于这个位置，就要产生一个反作用力将 k_0 推开，这可以说是用牛顿力学的观点来解释这个力的产生过程，也可以说是用波的粒子性来解释，这当然只是一个类比，这里没有速度，所以不能说波矢都是动量(应为冲量)。但因波可以对外作用，而且波矢的变化就是力，所以可做这样的类比，把它们比作动量(实际上只有用速度激活时，才可说 g 是动量)。而且可以证明，总的合力不等于零，即是"引力"。下面按以上的想法具体估计这个总作用力的大小。

设取物体 A 的位置为坐标原点，以由 A 到 B 的连线 R 为 x 轴的正方向，在一般情况下，设 g 和 x 轴的夹角为 α(图 8-2)，则两物体间的作用力是 g 在 x 轴上的投影，总的合力是各个 g 在 x 轴上投影的和，即是 $\sum g\cos(\alpha) = F$。对任一个 k 波，按布拉格公式的矢量关系有：

$$k = k_0 + g$$

因为取 k_0 和 x 轴同向,由于 k 和 k_0 的绝对值相等,所以 α 就是 g 和 k_0 间的夹角,从图8-2中可以看到这个夹角 α 总是大于 $\frac{\pi}{2}$,即对任一波矢 k_0,其作用力的方向总是在负 x 方向有分量,

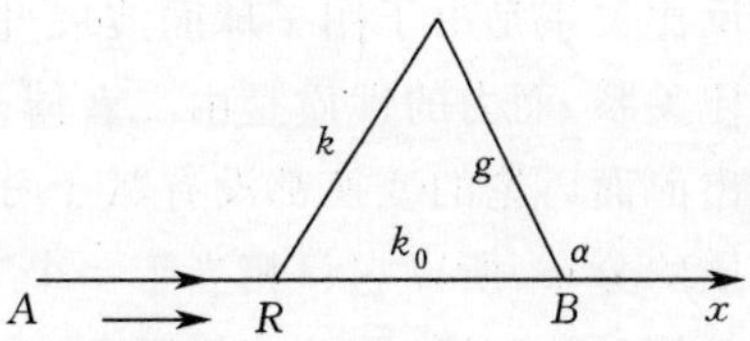

图 8-2 k、k_0 和 g 的关系

它们的合力当然就是在负 x 的方向。因此,一般来说,总是表现为"引力",或者确切地说总是一个和 R 方向相反的力。因为每个 k 波都会产生一个力 g,它在 x 轴上的投影就是 $g\cos(\alpha)$。而力的大小是这个波的作用强度,强度是其振幅的平方。所以作用力的大小应是式(8-2)的平方,即:

$$F(k)^2 = \left[F_b(g) \right]^2 \left[\frac{F_a(k_0)}{R} \right]^2 \tag{8-3}$$

这里 $F(k)^2$ 是第 k 个波的概率。式(8-2)反映的是作用力的性质,因为有了衍射波才产生的这个作用力,没有物体 B 存在就没有这个衍射波,也就没有这个力,也可说是物体 B 的存在激活了这个波才产生的力;而式(8-3)反映的是作用力的大小,因为波的作用强度才是力的大小。由于物体 B 和物体 A 中都可包含很多个波,而每一个散射波 $F(k)$ 都会产生这个作用力 g,所以需将式(8-3)再对 g 和 k_0 求和得到 A 对 B 的总作用力(即对所有的衍射波和所有的入射波求和)。在 A、B 间总的作用力 $F(A)$ 可写为:

$$F(A) = \int \left[F(k) \right]^2 \mathrm{d}k \mathrm{d}g = \frac{1}{R^2} \int \left[F_a(k) \right]^2 \left[F_b(g) \right]^2 \mathrm{d}k \mathrm{d}g \neq 0 \tag{8-4}$$

这个积分是被积函数平方的积分,它总不会等于零,可见确实有力存在,只要在 R 处有物体 B 的存在,就总会有式(8-4)的作用力,而如果没有物体 B 也就没有这个作用力,因为这时 $F_b(g)$ 不存在,这就是**场**。当场中另有其他物质存在时就有力,没物质存在时就没有力。这个力是位置波作用的结果,与时间无关,所以场也与时间无关。应当说式(8-3)只是粗略地对场力做一个估计,这里只想引出万有引力产生的原因,所以只是做了一个概括性的说明,但这不影响对力性质的讨论。

由上推导可见,只要是可进行傅立叶展开的物体间都存在式(8-4)的作用力。因为倒空间是表示物体的整体性质,所以式(8-4)应是物体 A、B 间的整体作用力,存在于任何两个物体之间,这才是真正万有的作用力,力的性质应由具体 $F(k)$ 的性质来确定。

8.2 引力场和电场

式(8-4)说明两物体间的作用力和二者间距离 R 的平方成反比,同时也看到这

个反比关系是由于用了球面波展开造成的,这说明任何球面波的作用都有这样的反比关系。而力的性质是由二者傅立叶波的振幅乘积 $F_a(k)F_b(g)$ 来确定的。应当指出前面讨论的变换都没有赋予分布函数具体的物理内容,即未说明是物体什么性质的分布,所以它只相当于一个"存在"状态的傅立叶变换,或说只是一个存在函数的傅立叶变换,因此一般还不能说式(8-4)就是两物体间的**万有引力**,只能说它们之间有相当于力的作用,而且作用力的方向和 $\cos(\alpha)$、$F_a(k_0)$、$F_b(g)$ 三者乘积的符号有关。如果这个积是正值,则力是指向正 R 方向,表现为斥力;如果积是负值,则力是指向负 R 方向,表现为引力。上面已指出 $\cos(\alpha)$ 总是负值,表示是力指向负 R 方向,而 $F_a(k_0)$ 和 $F_b(g)$ 的性质则是由 $f(r)$ 所代表的实际分布内容来决定的,k_0 和 g 只在表示运动时才起动量作用,一般情况下是一个广义的波矢量,并不一定是动量。

8.2.1　引力场

为了求牛顿万有引力,考虑一个具体物体,设它的密度 m 在正空间的分布可写作 $\rho(r)$,其示意图如图 8-3(a) 所示。图中横坐标表示自变量 r,纵坐标是密度 m 的分布,即其分布函数为 $m = \rho(r)$;若将它变到倒易空间,这时它的横坐标是用密度 m 作自变量,因同一个 m 可能对应多个坐标位置 r,所以这时纵坐标表示的是物体中密度为 m 的总坐标点数目 n。因为这里是以密度为倒空间,所以这时的波矢 k 表示密度 m,即 $F(k_0) = F(m)$。图 8-3(b) 中表示这种示意关系,图中字母 u 表示图 8-3(a) 的曲线中具有密度等于 m 点的总数,再除以总的质量 M,即对应分布中密度为 m 点出现的概率。因第 k_0 个波出现的概率是 $F(k_0)^* F(k_0)$,所以 $F(m)^* F(m)$ 是密度 m 点出现的概率,若采用归一化的波函数,即采用归一化的 $F_a(k_0)$,则式(8-4)中对 k_0 的积分为 1。同样的讨论,对 g 的积分也是 1。但要能使 $F_a(k_0)$ 归一化,定量上还必须再乘上归一化常数 $\sqrt{M}$,即具体的概率值应再乘上总质量的平方根 $\sqrt{M}$。同理,对 $F_b(g)$ 讨论也得到同样的结果。这样再对式(8-4)积分,就得到总的作用力是:

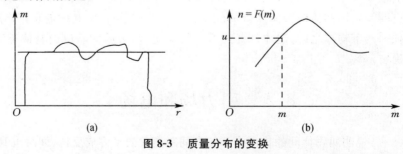

图 8-3　质量分布的变换

$$F(A) = \frac{1}{R^2}\int \sqrt{M_a}F_a(k)^2 \sqrt{M_b}F_b(g)^2 \,\mathrm{d}k\mathrm{d}g = \frac{M_a M_b}{R^2} \tag{8-5}$$

这里 M_a、M_b 分别表示物体 A 和 B 的总质量,这就是牛顿的万有引力定律。因为所有有限的物体都可按傅立叶展开,因此式(8-5)对所有物体都适用,即它是万有的。它表示的是两个物体间的作用,这个作用可改变物体的运动状态,就是力,牛顿称它为**万有引力**。应当指出,这里计算中丢掉了 $g\cos(\alpha)$ 因子,只是为了简化计算,说明主要问题而已。$g\cos(\alpha)$ 的作用只用来说明这个力的分量大小。这样做当然是很不严格的,但可以想象到,如果严格计算,也只能给式(8-5)再增加一个修正系数,其比例关系仍是不变的,加之这里也只是想讨论力的性质,并未考虑具体力的真实大小,实际上式(8-4)中还应有一个比例系数,这个系数可以合并到力的定义中去,所以这样做也算说得过去。再者这里在式(8-5)中直接引入质量 M(归一化常数)似乎不易直接看到,这样做只是为了讨论方便,因为具体的计算需要知道物体的具体形状和它的密度分布。为了证实这里 M 确实是总质量,再对一个典型物体进行具体计算,其结果可以相应地类推到一般情况。

设物体是一个均匀的球体,密度为 ρ,半径为 R_0。对这样的物体,其密度分布也是一个分段函数,即:

$$\rho(r) = \rho_0 \qquad r < R_0$$
$$\rho(r) = 0 \qquad r > R_0$$

于是它的傅立叶变换用极坐标表示是:

$$F(g) = \int \rho(r)\exp(\mathrm{i}gr)r^2\sin\alpha \,\mathrm{d}r\mathrm{d}\alpha\mathrm{d}\beta = \int_0^R 4\pi r^2 \rho_0 \frac{\sin(gr)}{gr}\mathrm{d}r$$

$$= 4\pi\rho_0 \frac{1}{g^3}[\sin(gR) - gR\cos(gR)]$$

$$= \frac{4}{3}\pi R^3 \rho_0 \frac{3}{(gR)^3}[\sin(gR) - gR\cos(gR)]$$

$$= \frac{3M}{(gR)^3}[\sin(gR) - gR\cos(gR)] = M\varphi(gR) \tag{8-6}$$

式中:α 是极角,β 是方位角,$M = \frac{4}{3}\pi R^3 \rho_0$ 是球形物体的总质量,$\varphi(gR) = \frac{3}{(gR)^3}[\sin(gR) - gR\cos(gR)]$ 是球形颗粒的形散函数,这里把它重新推导一遍,目的是想指出这里确实出现了总质量 M。如果把它归一化就需将它再除以 $\sqrt{M}$,这样式(8-6)就变成 $\sqrt{M}\varphi(gR)$,这就是均匀球形物体归一化后傅立叶波的系数,其平方就是第 g 个波出现的概率。

所以一般来说,直接变换时,在 $F(k_0)$ 的前面还有一个常数系数(归一化常数），这个常数就是物体整体质量的总数，即定义域中的总元素量，它可以是总质量、总电量等整体物理量。如对一个内部均匀、半径为 R 的球体，在 X 射线分析中实际计算得出的形散函数，其具体形式是：

$$\varphi(kR) = N \frac{3}{(kR)^3} [\sin(kR) - kR\cos(kR)] \tag{8-7}$$

因为在 X 射线分析中讨论的是电子散射，所以其中的 N 是球体中的总电子数，这里讨论的是引力，因此这里的常数是总质量 M，若对式（8-7）进行归一化处理，即令：

$$C = \frac{1}{\int \left\{ N \frac{3}{(kR)^3} [\sin(kR) - kR\cos(kR)] \right\}^2 dk} = \frac{1}{N}$$

因为分母的积分就是定义域中质量的总数 N，所以得其归一化常数是 $\sqrt{C} = \frac{1}{\sqrt{N}}$。

如果把这个归一化常数换为 $\frac{1}{\sqrt{M}}$ 再加到波函数上，再积分就得到式（8-5）。前面因为只讨论空间效应，所以将这个常数略去[参见式（2-19）]，这里要讨论作用力的实际大小，所以要考虑这个常数。

对任意形状的物体，上面的讨论原则上也是成立的。因为由正空间到倒空间的转换需要对整个空间积分，这个积分就引进了整体体积，密度乘上体积就是总质量。而傅立叶变换的系数是为了消除定义域大小的影响，又用定义域的总体积中的总数来除，这样，该傅立叶系数才只有一个概率的意义，也正因为如此，归一化的波函数对整体积分才会等于1。只用分布函数在讨论正、倒空间的关系时是可以的，但在定量计算作用量的具体量值时还必须考虑归一化常数，因为具体的物理量都与总体体积（定义域的大小）有关，所以必须加上归一化常数后才是实际可定量的相应物理量。

因为力是矢量，还要讨论这个力的方向。这里再说明式（8-5）表示的确实是引力，前面已讨论了波矢 k_0 和 g 的关系，指出 k_0 和 g 间的夹角 α 总是大于 $\frac{\pi}{2}$（参见图 8-2），这只表示 $\cos\alpha$ 总是负值。但要由此得出是引力的结论还必须要求 $F_a(k_0)$ 和 $F_b(g)$ 都是实量才行，因为 $F_a(k_0)$ 和 $F_b(g)$ 都是波的振幅，为了能证明是引力，还要求它们的积必须是正值，而实际上虽然振幅不分正负，但也可能有实有虚，对虚振幅的波，其积也可以有负值，因此，要证明确实是引力，还必须说明这个乘积也总是取正值。

笔者在第 6 章第 2 节中已指出，只有纯质量物质的傅立叶波是纵波，因为纵波振幅的方向和波矢（波传播）方向一致，人们通常取波矢方向为实轴，这样就保证了这两个振幅都是实量，所以它们的乘积也总是正值。因而也就保证了对有质量的物体这个作用力总是**引力**。因此可以这样说,所有有质量的物体间都有相互吸引的作用力,这就是**万有引力**。应该说万有引力只是对有质量的物体才有的,对没有质量的电量,就不存在这种力。计算中把物体 A、B 都看作一个质点,R 是两质点间的距离,采用的是球面波展开,这只有当物体间的距离比物体的大小大很多时才正确,即它只对远距离作用是正确的,所以万有引力只是远距离作用的长程力。但可以看到它具有一般性,具体讨论力的性质,还要看 $\rho(r)$ 是代表什么物理量的分布而定。

8.2.2 电场

如果考虑的是电量,则 $\rho(r)$ 就是代表电量密度的分布,这时式(8-5)中的 M_a 和 M_b 都应改为总电量,即应将它们分别用电量 Q_a 和 Q_b 代替,在第 6 章第 3 节中也提到过,纯电量的傅立叶展开是纯横波,如果也是以波矢方向为实轴,则横波的振幅将处在虚轴方向,即对纯电量而言,这时的 $F_a(k_0)$ 和 $F_b(g)$ 都是纯虚数,显然这样的方向会有两个,即 $+i$ 和 $-i$ 方向,分别表示为左旋和右旋的关系。这两个方向就相当于是正电荷和负电荷,即正、负电荷的对外作用相当于是左旋和右旋的横波,应按虚数振幅计算,由于 $i \times i = -1$,所以有 $(+i) \times (+i) = (-i) \times (-i) = -1$。按上面的讨论,因为波的作用力总是沿负 R 方向,再乘以 -1 就变为正 R 方向了,即这时的作用力是沿正 R 方向,表现为斥力;而 $(+i) \times (-i) = (-i) \times (+i) = +1$,则又表现为引力,这就是电量的基本性质 —— 同性相斥,异性相吸。可见上面对作用力的解释对于引力场和电场都能定性地符合,这样就可用波的作用将引力场和电场统一起来说,它们都是由于傅立叶波作用的结果。这里只是将质量改为电量,其他未做改变,同样讨论也可得到电场的形式和引力场一样,即力的大小与两个电量的积成正比,与二者间距离的平方成反比。又因为纵波只有正向一个方向,所以相应的质量只有正值,没有负值。而横波则有 $\pm i$ 两个方向,电量会有正负两个值,相当于正电和负电,所以说质量场只有引力场,而电场则是同性电量间的作用力是斥力、异性电量间的作用力是引力。这些结果都是人们所熟悉的事实。

对一个带电的物体,它既有电量又有质量,其傅立叶波的振幅应是一个复数,一般可写作 $A \pm iB$,该写法中 A、B 都取实量,iB 才是虚量,在这里 A 表示质量,是纵波的振幅,B 表示电量,是横波的振幅。因这时其振幅的平方可有几种组合情况,但不管怎样组合一般的积都可写作:

$$A^2 \pm iAB \pm B^2$$

可以看出,这时的概率只有 iAB 是虚数,其他项都是实数,这表明 A、B 间作用的概率是虚值,即它在实空间不存在,所以电场和引力场是相互独立的,二者互不影响,其间没有相互作用,可单独进行计算,这些都说明无论引力或是电力(电性质的作用)都是傅立叶波作用的结果,而且也和实际一致。

8.2.3 磁场

在物理学中,电和磁是分不开的,既然电场是横波的性质,如何解释电和磁间的关系呢?按倒易原理,物体的运动是由于一个速度波作用的结果,因为纯电量的振幅 $F(k)$ 是纯虚数,所以纯电量粒子运动的波函数应是一个虚振幅的平面波,一般可将它写作:

$$\Psi(k,t) = iF(k)\exp i[kr - k(vt)] = [iF(k)\exp i(-kvt)]\exp i(kr)$$
$$= [F(k)\sin(-kvt)]\exp i(kr) \tag{8-8}$$

这里略去了速度波的实部,因为在实空间它不存在[即 $i\cos(-kvt)$]。可以看到,上式中方括弧部分是沿横方向(虚方向)随时间波动的实振幅,即速度波的实部不起作用,但其虚部可作用在虚振幅上使其变为一个实量,它会使虚振幅发生周期性变化;式(8-8)后面部分可看作是一个不动粒子的位置波(静止波),这表明一个以速度 v 运动的纯电量粒子,相当于一个具有振幅随时间变化的不动粒子,速度激活的是这个虚振幅,它又随着速度 v 再做周期性的变化。这个变化就相当于是振幅在复空间的转动,其转动频率与激活它的速度 v 有关,这就是产生磁场的波。即磁场是一个有旋转振幅的位置波产生的,也即电量运动就会产生磁场。

一般来说,一个指数波通常包括实部和虚部两部分。对纯质量而言,它的位置波没有虚部,只受实部的作用。这时波的振幅 $F(k)$ 和速度 v 方向一致,振幅是一个实量,这时速度波的实部会作用在 $F(k)$ 上,这就是一个传播的平面波,它体现的是粒子的向前运动,对带电粒子就表现为电流,相应的式(8-8)中方括弧部分表示的是一个随时间变动的振幅。而对纯电量而言,它有 $\pm i$ 两个方向的虚部,振幅 $F(k)$ 和速度 v 方向垂直,这样的方向也会有两个,这时式(8-8)是一个左旋和右旋的不动位置波,它产生的场就是磁场,显然磁场也有两个,分别称为南极和北极。按前面的讨论,横波间的相互作用是同性相斥、异性相吸的,磁场的振幅也在虚轴方向,是一个旋转的横波,所以磁场两极间的作用力也是同性相斥、异性相吸的。原则上运动就是一个速度波作用在相应的傅立叶位置波上的体现,一般情况下一个速度波可展开写作:

$$\exp(ikvt) = \cos(kvt) + i\sin(kvt)$$

通常它也会有一个虚部分量,这个虚分量作用在虚振幅上,就变成一个实际的运动量,使电量波的虚振幅在 i 方向做周期变化,这个变化就相当于是振幅在垂直于波传播方向的平面内的转动。这样相应于 $\pm i$ 的两个波将分别以左旋和右旋的方式转动。因为波的前进方向是速度方向,对电量而言这就是电流方向,因此,磁场的振幅也是围绕着电流方向转动的,这些都是磁场的基本性质.显然磁场也分正负两种,分别相当于左旋和右旋的转动方式,其旋转的程度与速度虚部的大小有关,速度越大则磁场也越强,这些结果都是定性的且和实际情况一致.同时也可说明电场是有源场,它发自电荷本身;而磁场则是一个涡旋场,它是由电荷运动产生的,磁荷是不存在的.磁场是由电量位置波虚部振幅的旋转产生的,只要能使虚振幅转动,就会产生磁场.磁场的性质也应能用该旋转振幅波的对外作用推导出来.

8.2.4 轫致辐射的产生

外力是以力波的形式作用在物体上的,一个力波可表示为 $\exp\left(\dfrac{ikFt}{m\,t}\right)$,在一般情况下,当带电物体(有电量)受到外力作用时,它也会有一个垂直于波矢的虚部,它也会作用在速度波的虚部上,按式(6-1)其作用结果为:

$$\Psi(k,t) = F(k)\exp i\left[kr - k\left(v_0 + \frac{Ft}{m}\right)t\right]$$

$$= (A + iB)\exp i[kr - k(v_0 + at)t]$$

$$= A\exp i[kr - k(v_0 + at)t] + B\exp i[kr - k(c)t] \tag{8-9}$$

对带电的物体,它既有质量也有电量,所以这里取其波函数的振幅为一个复数,即取 $F(k) = A + iB$.其中 A 是实部,是质量分布的傅立叶系数,由质量的分布状态决定,B 是虚部,是电量分布的傅立叶系数,由电量的分布状态决定.显然这时会有两种作用波,对实振幅而言,它是纵波,会有质量,这就是常规的加速运动的粒子波,其加速度为 a.一般来说,因为力波也会有一个虚部分量,它会和这个虚振幅作用产生实在的效果,因为横波的质量 m 为零,所以它的加速度 a 会是无限大,可在瞬间加速到空间允许的极限速度 c,所以式(8-9)中用 c 表示.这样式(8-9)右边的后一个波就是一个以光速运动的横波,这就是辐射,可见当带电粒子受外力作用做加速运动时还会发生电磁辐射,这就是产生轫致辐射的物理原因.

因为加速度 a 可正、可负,但光速 c 总是正的,由式(8-9)可见,当 a 为负值时只相当于波矢反向,所以不论带电粒子是加速还是减速,都会辐射光子,只是发射的方向不同罢了.并且可以看到这个辐射是由于一个外力波作用的结果,因为辐射是能量的发射,所以它必须和外场有能量交换才会有辐射,即这个力波必须是外力激活的力波,是外力对虚振幅波作用的结果.因此,所谓"加速运动的带电粒子会发射电磁波"这种说法也是有条件的,这个条件就是必须和外界发生作用(有能量交换)才行.如原子中做谐振运动的电子,虽然它也做加速运动,但因为它是一个定态,后面会证明,定态和外场间是没有能量交换的,其速度的变化只是在一个谐振状态内部动能与势能间的自我转换,其速度变化是做谐振运动本身的要求,就这个运动状态整体来讲,可说它没有受到外力,或可说这里电子受到的力只有实部,没有虚部,所以不会产生辐射。

其物理解释是,对定态谐振粒子,尽管也在做加速运动,但其波携带的总能量没有变化,它在势场力的作用下吸收的能量,恰够它势能的增加,因此,尽管它有动能和势能的变化,但在任何位置上,动能、势能的和总是不变的,所以不与外界发生能量交换,它不会产生轫致辐射;但对做谐振运动的带电粒子,它的谐振是由外场激活的,与外场间会有能量交换,所以也会产生辐射。如进入原子内的外来电子,如果它的能量不是该原子的定态能量,它也会受到原子核势场的作用做加速(或减速)运动,这种运动因为会与外场发生作用,所以也会产生轫致辐射,使这种电子不能在原子内长期停留形成定态,这就是产生 X 射线连续谱的轫致辐射。至于处于激发态的原子,由于它的内层电子被激发,就会使外层电子倾向处于低能态,后面会说明粒子处于低能态的概率较大,因此总倾向回到低能态。当外层电子返回内层时,从物理上说,因为它的势能发生变化,所以释放能量,就会发射光子,用波作用来讲,是它的波矢发生了变化,波矢变化就有力作用,所以会发生辐射。这些虽然只是对原子发光的定性解释,但可以看到式(8-9)在一般情况下也是正确的。从数学上看,一个复数只有其实部才有实际意义,若只考虑实数部分,则式(8-9)的前一个波是余弦波,后一个波是正弦波,即对带电粒子,在外力的作用下,除了一般运动粒子的余弦波函数外,还会有一个正弦波。它被激活后也是一个实量,也会像运动粒子一样,可以以动量、动能等与外界进行交换,即它和其他物体作用时,也会有能量交换,且它是以光速运动,又没有质量,这些就是光子的性质,它携带有动能 $k(c)$ $= h\nu$,表现为光子的对外作用能。按这种观点,光子也可说是一个粒子,它没有质量(纯电量),但有能量,它以横波的形式对外作用。光子可看作是没有质量只传递能量的量子。在原子中电子做谐振运动,对定态来讲一般情况是不会发射光子的,但当它由高能态返回低能态时,因为这时波矢量发生变化,这就相当于有一个外力的作用,这时它吸收的能量大于其势能的增量,所以会发射光子,这应是原子发光的物理机理。

应当指出,严格地说振幅只有大小,不分正负,它只反映振动的大小,不管振动的方向,所以它应是一个实量,但是波有纵波、横波之分,即 $\exp(ik\nu t) = \cos(k\nu t) + i\sin(k\nu t)$,这里余弦波是纵波,而正弦波是横波,上面把这个虚值放在振幅上讨论,因为只有实量是有效的量,所以把振幅的虚实表示为取纵横的波,也是可以的。

按这样理解,电场、磁场都是静止电量的位置波产生的,可分别单独存在,但如果将它们激活使其成为一个传播波,则一定是以电磁波传播的,因为传播就要求电矢量运动,这样就自动产生磁场,所以轫致辐射出来的只能是电磁波,目前人们实际利用的也都是电磁波。

8.3 近距离波的作用

前面用波的作用导出引力场和电场,其中只笼统地计算了物体 A 对物体 B 的作用,作用中没有考虑作用波的具体作用情况,如没考虑 A 波到达 B 处时位相的变化,实际上物体 A 的波到达物体 B 处时不一定刚好是处于一个周期的开始位置,即 A、B 间的距离不一定刚好是波长的整数倍,所以还应有初位相因素。这一点当两物体相距很远时是可以不考虑的,但当两物体相距很近时不能忽略,如狭缝衍射中粒子在狭缝处不同的位置 y 点处,会受到不同的作用力。为估计在这种情况下的作用力,这里考虑两个质点的情况,因为在近距离处只有质点的傅立叶波才可严格地看作是球面波,即这里也是与球面波近似。

设取质点 A 位于坐标原点,另一个质点 B 位于距原点为 R 的地方,取由 A 到 B 为 x 轴的正向。前面已指出一个质点粒子的位置波函数可写为 $\int A\exp \mathrm{i}(kx)\mathrm{d}k$,这里用的是一个平面波,积分限是无限大,因为位相只和波矢及距离有关,而波是布满整个空间的,所以质点 A 的波也会分布在质点 B 的位置处,从而对质点 B 产生作用。为了计算质点 A 对质点 B 间的作用力,设由 A 点发出的一个波 k_0 作用在质点 B 的 k_2 波上。由于质点 A 的波到达 B 处时已经传过了一段距离 R,它的位相会有变化,所以这时在 B 处实际作用在 B 上的波是 $A_1\exp \mathrm{i}[k_0(x+R)]$。即这时两个波的作用为:

$$A_1\exp \mathrm{i}[k_0(x+R)]A_2\exp \mathrm{i}(k_2 x) = A_1 A_2\exp \mathrm{i}[(k_0+k_2)x+k_0 R]$$
$$= A_1 A_2\exp \mathrm{i}(k_0 R)\exp \mathrm{i}(kx)$$

显然,这是个振幅和距离有关的位置波,即这时波作用的具体情况与距离 R 有关,这应是近距离处波作用的特征。这里 A_1、A_2 分别是质点 A、B 傅立叶波的系数,对质点而言这些系数都是常数。显然,这时波矢 k_0 变为 $k=k_0+k_2$,其变化量仍为 k_2。按倒易理论,波矢的变化就是力,力的大小和方向就是 k_2,它在 R 方向的投影即为 A 对 B 沿 R 方向的作用力,所以由于 k 波的产生,会产生一个作用力,k 波的振幅这时为 $A_1 A_2\exp \mathrm{i}(k_0 R)$。即会有这么多的波产生这个作用力,力的强度是这个波振幅的平方,这个波在 AB 轴上的投影就是 AB 间 k_0 波产生的相互作用力,即作用力应是 $A_1 A_2\exp \mathrm{i}(k_0 R)k_2\cos\alpha$,为具体计算这个力的大小,这里也考虑弹性散射情况。

8.3.1 质点粒子间的作用

对分开的两个物体,作用时物体的结构不发生变化,位置波间的作用也不会发生能量交换,这种情况也称弹性作用。这时波矢的绝对值不发生变化,只是方向可

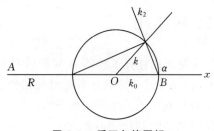

图 8-4 爱瓦尔德图解

发生变化,所以满足爱瓦尔德作图法的要求(图 8-4)。

(1) 考虑到球对称粒子的倒空间仍是球对称的,对每个大小为 k_0 的倒易矢量,它与 B 的波作用可产生力 k_2,此力在 R 方向的投影是 $k_2\cos\alpha$。按衍射理论,凡是落在反射球上的 k_2 都能与 k_0 起作用,所以一个 k_0 波会激活多个 k_2 波,因为激活哪个波是概率性的,所以其产生的作用力为对所有可能 k_2 波的平均值,因为反射球是球形,每个可能的 k_2 波会和 k_0 形成 α 角,所以也可以是对 α 的平均,这里先计算这个力的平均值:

$$\langle k_2\cos\alpha\rangle = \frac{1}{2k_0}\int_0^{2k_0} k_2\cos\alpha\,\mathrm{d}k_2 \tag{8-10}$$

积分是对产生 k_2 的所有可能区间。因为 k_2 是空间矢量,按衍射的几何关系,凡落在爱瓦尔德反射球上的波矢 k_2 都是可能的衍射,由图 8-4 可见,这些波应分布在一个半张角为 $-\alpha$ 的立体角上,它和反射球的交线是一个半径为 $k_2\sin\alpha$ 的圆环,由于这个圆环与入射波 k_0 是对称的,所以可只取其中任一个方向积分即可。这样式(8-10)的积分就可只对 k_2 进行,不考虑它的方向。由图 8-4 可见 $\cos\alpha = \dfrac{k_2}{2k_0}$,于是得积分的平均为:

$$\langle k_2\cos\alpha\rangle = \frac{1}{2k_0}\int \frac{k_2^2}{2k_0}\mathrm{d}k_2 = \frac{1}{2k_0}\frac{k_2^3}{6k_0}\Big|_0^{2k_0} = \frac{2k_0}{3} \tag{8-11}$$

积分限是由 0 积到 $2k_0$(反射球的直径),所以其平均值是除以 $2k_0$,最后 k_0 波产生的作用力平均为 $\dfrac{2k_0}{3}$。加上球面波的衰减,到达 B 处时 k_0 波的振幅是 $\dfrac{1}{R}A_1 \cdot \exp\mathrm{i}(k_0R)$,$k_2$ 波的振幅是 A_2,而每个 k_0 波平均都可以产生式(8-11)的作用力,所以总的作用力是将它们相乘后再对 k_0 积分,因为质点的倒空间是全部倒空间,包括所有的波,原则上积分限可取到无限大,即作用力 $F(k)$ 可写作:

$$F(k) = \frac{2}{3R}\int A_1 A_2 \exp\mathrm{i}(k_0R)k_0\,\mathrm{d}k_0$$

$$= \frac{2}{\mathrm{i}3R^2}A_1 A_2\left[\exp\mathrm{i}(k_0R)k_0 - \int\exp\mathrm{i}(k_0R)\mathrm{d}k_0\right] \tag{8-12}$$

上式最后一项的积分是一个 δ 函数,只在 R 等于零时有值,可不考虑。最后得到作用力波的振幅为:

$$F(k) = \frac{2}{\mathrm{i}3R^2}A_1 A_2 \big[\exp \mathrm{i}(k_0 R) k_0 \big]_0^\infty \tag{8-13}$$

上式的积分值无限大,这是因为振幅 A 被看作是一个常数,又把 k_0 的上限取作无限大,这相当于是取到波长等于零处,也可说当波长取到零时,质点粒子间的作用力会是无限大,所以任何力量都不能使两个质点完全重合在一起。实际上对波长小于 R 的波就没有必要考虑这个位相因素了,因为这时当波传到 R 处时,波走的距离已经超过一个波长。因为只考虑到 R 处的位相变化(作用),所以这里可近似地取 k_0 的最大值为 $\frac{1}{R}$,即不考虑波长小于 R 的波矢,于是可得:

$$F(k) = \frac{2}{\mathrm{i}3R^2}A_1 A_2 \left(\frac{1}{R} \right) \exp \mathrm{i}\left(\frac{1}{R^2} \right) = \frac{2}{\mathrm{i}3R^3}A_1 A_2$$

力的大小是振幅的平方,所以实际的作用力是与距离 R 的六次方成反比,即力 $F(k)$ 为:

$$F(k) = F(k)^2 = \frac{4}{9R^6}A_1^2 A_2^2 \tag{8-14}$$

可见质点粒子间的近程作用力随着质点间距离的增大衰减得很快,这种情况和核力有些相似。

以上结果只对质点粒子做了一个估计,因为把振幅 A 看作常数。实际上粒子也都是有一定大小的颗粒,为能进一步估计这个问题,把 k_0 上限 k_d 作为作用波波矢的最大值。有一定大小的粒子 k_0 集中在一个有限的区域内,一般来说它是与粒子的大小和形状都有关的。对内部均匀的球形粒子,设粒子的半径为 r,则 k_0 的最大值可近似取为 $\frac{4.5}{r}$,把这个值代入式(8-13)中,可得半径为 r 的粒子和质点间的作用力为:

$$F = F(k)^2 = \frac{4}{9R^4}A_1^2 A_2^2 \left(\frac{20.25}{r^2} \right) = \frac{9A_1^2 A_2^2}{r^2 R^4} \tag{8-15}$$

近似计算是把积分上限和粒子的大小 r 联系起来,当质点粒子半径 r 趋近于零时,上式仍会趋近于无限大,这就是粒子 A、B 间近距离处的作用力。式(8-15)可认为是半径为 r 的粒子对 R 处一个质点粒子的作用力,出现这个结果是因为计算了入射波到达 B 点时的位相变化,其物理意义相当于计入了波的主要作用,即计算的是第一个周期内的作用,这相当于是计算其干涉函数主值区的情况。如果把这个力看作核力,就可看到核力可能是由于主值区作用产生的,它不仅与距离有关,还与核子的半径 r 有关。

(2)当粒子较大时,不仅其最大波矢 k_d 会减小,而且每个波矢的权重(振幅)也不同,因为波的作用只限于其波动部分,所以这里还需讨论一下得到这个力的情

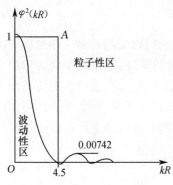

图 8-5 $\varphi^2(kR)$ 和 (kR) 的关系

况。式(8-15)给出的是粒子 A 对外作用力和 R 的关系,而力的大小则由振幅 A_1、A_2 来定。现讨论如下:首先,前面考虑的是一个内部均匀、半径为 r 的球形颗粒,其波矢满足 $rk_d < 4.5$ 的关系,即得式(8-15),这可近似地看作是一个半径为 r 的球形粒子对一个质点粒子的作用力随距离 R 的关系。之所以称近似,是因为只用 $rk_0 = 4.5$ 作为 k_0 的最大值,而实际上,随着粒子 r 的增大,k_0 波的振幅在不断缩小,式(8-15)中的近似没有考虑这个减小,相当于将形散函数用一个如图 8-5 中的

矩形函数来近似,其振幅在 $rk_d < 4.5$ 区域内都取值为常数 A_1,在这个区域以外 A_1 取值为零,所以这个力只存在于 $rk_0 < 4.5$ 以内,当 $rk_0 > 4.5$ 时,因 k_0 波不存在,这时就无作用力了,因此这个力只是一个短程力。而实际上 A_1 的值是一条如图 8-5 中所示的曲线,对一定半径 r 的粒子,随着 k_d 的增大其 A_1 的值是很快减小的,到 $rk_d = 4.5$ 时降为零,这种情况对讨论式(8-15)的影响并不太大,因为它只会使这个区域的积分值增加一个比例常数,但由图可以看到,它在 $rk_d > 4.5$ 时仍会有值,且一直会延伸到无限大。其次,由推导过程还可以看到,当 R 较大时,属于长程情况,这时力和距离的平方成反比关系,和牛顿的万有引力相当,这个力可一直延伸到无限远。显然质点颗粒间会有强的作用力,力图将质点结合在一起。随着质点颗粒的增多,粒子的半径将越来越大,这样 k_0 的有值范围将越来越小,对外作用力也将越来越小,到一定程度当 $rk_d = 4.5$ 时会降到零,即粒子的可能大小应当由 $rk_d = 4.5$ 来定,如果把它对应的看作是核子,则核子的大小就是限定在这个范围内,即核力只限在这个范围内,在这个范围以外是牛顿的万有引力。由图 8-5 还可见,形散函数在 rk_d 更大的区域还会出现一系列次极大值,但它们的概率都很低,其最大的第一个次极大值也只有千分之几,很难在实际中观察到。但毕竟还是有一定的概率,这可能就是存在产生人造元素的原因。所以一般来说粒子只能形成一个有基本大小的颗粒。这里没有讨论 A_2 的影响,所以是把粒子 B 当作质点,当粒子 B 不是质点时,它也会影响 k_2 的分布,这样上面的计算都应适当改变,但可看到当粒子 B 较大时,由于两个颗粒间的距离总会大于两颗粒半径之和,即 $R > r_1 + r_2$,因此核子对较大的颗粒也不会有很强的作用力,这应是只有很小的粒子才能结合成核子的原因。

8.3.2 粒子的对外作用

前面计算了粒子间的作用力,因为它不含时间,所以是指不动颗粒间的作用力,也就是颗粒整体的对外作用,式(8-14)给出的是两个质点间的作用,可以看到

它与距离的六次方成反比,作用很强,所以质点总要结合在一起形成一个粒子;式(8-15)是一个半径为 r 的颗粒对质点的作用,这一点还可以商榷,因为有了体积,就会有结构,计算中是把颗粒当作是一个连续均匀分布的球体,所以它只适用于均匀球体的情况。式(8-15)只与距离 R 有关,也可将它看作是限制质点粒子的势阱,从而也是粒子被限制的情况,这点还可再讨论。

8.4 推 论

由以上理论可以推出以下几个结果:

(1)由于横波没有质量,它一旦受力,就会很快地加速到可能的最大速度向外飞去,因此,实际上在有限的空间中,人们有可能看到只有质量而无电量的中性物质,却看不到只有电量而无质量的纯电量物质。实际上看到的电量都要依附于一定的质量一起存在,这就是常称为电荷的原因。光可看作是一个纯电量的粒子,它无质量,稍一受力就会加速到最大的速度,因为作用总是到处存在的,因此光总是以最大的速度飞驰着,无法静止下来,它对外的作用就是只有波动性的光波。

(2)因为粒子的运动是速度波作用在粒子的傅立叶波上的结果,所以光能达到的最大速度也就是傅立叶波的最大传播速度,而物体间的作用又都是傅立叶波的作用,所以真正的最大速度是作用的传播速度。任何速度都不会超过作用的速度,因为超过这个速度就不会有作用,没有作用就体现不出物质的存在。光无质量,本应能把速度加速到无限大,但也不会超过作用所允许的速度,所以正确的说法是:只有光才能达到这个最大的速度,而不应是光速是最大速度。

(3)由于傅立叶波是一个纯数学波,所以它的传播速度是不需任何介质的,即可在真空中传播,作用可通过真空作用,这就会导致相对论的结果。相对论的一些推论实质上是由于作用有一个最大速度得到的,这点将在相对论一节再作说明,其中指出,只要用波的作用来表示物体性质,就能直接得到相对论的基本内容,无需作光速不变的假设。在介质中传播的波是机械波,因为介质的每个质点间也都要按作用波的速度再相互作用,这就像接力赛跑一样,其总的传播速度还受各质点间接力快慢的影响,接力快则波的传播速度就快,接力慢则波的传播速度也慢,但绝不会超过作用的传播速度。介质间的接力速度和介质的弹性有关,详细讨论要牵扯到物体的结构和弹性,这里从略。但可以看到各介质质点间的作用也是以有限速度传播的,因为若作用是以无限速度传播的话,就不可能有波了,因为波传播必须在一个周期移动一个波长,所以波长无限大的波就不是波,周期等于零也就没有时间这个概念。这些结论也都是和现有的科学结论一致的。

(4)在前面的计算中只计算了物体 A 和物体 B 间波的相互作用,而波的作用是与位相有关的,前面忽略了物体 A 波由 A 点到 B 点的位相差,因此,这个结果也只对短波有效。前文曾指出,对宏观物体,其倒易点是很小的,即它的对外作用集中在长波区,因而真正物体间傅立叶波有值区的作用还未表现出来,但可以看到这部分作用是短程的,因为有一定大小物体傅立叶波的有值区是和粒子半径的三次方成反比的,即式(8-5)中的 $F_a(k)$ 等于 $\dfrac{3}{kR^3}\left[\sin(kR)-kR\cos(kR)\right]$,它与半径的三次方成反比,其平方就与半径的六次方成反比,R 稍大就减弱到可以忽略不计了,因此当 R 很小时就不能不计算这部分的作用。因为笔者认为物体的一切作用都是波的作用,可以预计如果计入了 R 很小时的波,也有可能对核力的性质做一些有用的估计。

9　量子效应和包里原理

　　量子现象主要来自能级的不连续现象,如氢原子光谱的分立谱、势阱及谐振子的分立能级等,这些事实用牛顿力学是不能解释的,必须用量子力学来解释。量子现象的实质是物体间的作用都是波的作用,而波的作用总是以周期为单位进行的,因此,作用时交换的最小单位就是一个周期的作用能量。前面已经证明一个周期的作用所交换的能量是常量 h,这就是说能量的交换总是一份一份进行的,即是量子化的。

　　前文已经指出量子力学是倒空间的力学,当然就应当用倒空间的原理来解释。在常规量子力学中引入一定的作用势,用求解薛定谔方程的方法来解释能级的不连续现象,并且已指出薛定谔方程是波动满足的方程,所以实际上它给出的就是粒子在势场中的波动状态。而按倒易原理,粒子在势场中运动就是运动粒子和势场的相互作用问题,作用都是波的作用,所以这种作用就是粒子的粒子波和势场波的作用,薛定谔方程只考虑了粒子的波动性,而忽略了势场的波动性(倒易空间),因此,只能看到粒子波和势场的作用结果,即只能看到运动粒子在势场中的存在状态,看不出波作用的直接物理意义。

　　本章用倒易原理的方法,对一些典型的量子现象进行处理,不仅能得到和求解薛定谔方程同样的结果,而且也能得到粒子和势场的全面作用情况,且它的概念明确、易于理解,是一个容易接受的好方法。如关于零点能的问题,它是求解薛定谔方程的结果,对它的物理意义不好理解,很难想象一个速度为零的物体还会有能量,本章可以看到这是由谐振子的特性决定的。粒子动能为零时,振子恰好处在势能的最大位置,而且势能和动能共一个周期,前半个周期动能变成势能,后半个周期势能又变成动能,而波的作用总是一个周期一个周期进行的,只有这样才能形成谐振。因此,要想产生谐振就必须有这部分能量,它把一个量子的能量分成两半,在速度为零点时会具有半个量子的势能,从而出现在零速度点有能量的现象。

　　把运动粒子用波表示,就是用倒空间进行描述。倒空间的量只能和倒空间的量发生作用,所以它和物体的作用就是和物体的傅立叶波发生作用,和势场的作用也是和势场的傅立叶波发生作用,就像 X 射线会在晶体的傅立叶波上散射(作用)一样,本章指出正是这些波的作用才产生量子效应。为能和一般教科书上的结果比较,下面就几种量子力学书中常见的情况,具体计算其作用的结果,以便比较讨论。

9.1 一维情况

一维是最简单的情况,其计算简单、容易解释,且能反映出想要得到的量子效应,所以常用来作为典型代表进行讨论。

9.1.1 一维方势阱的束缚态

一维方势阱是量子力学中最基本的实例,是最简单的势阱,其势场分布形象的示意如图 9-1 所示,在正空间它可用分段函数 $f(x)$ 来表示,可写作:

$$\left.\begin{array}{ll} f(x) = 0 & |x| < a \\ f(x) = U_0 & |x| > a \end{array}\right\} \tag{9-1}$$

略去其傅立叶变换常数系数,即是:

$$F(g) = \int f(x)\exp(\mathrm{i}gx)\mathrm{d}x$$

积分范围由负无限大到正无限大。这个函数的积分在单狭缝衍射中已做过计算,是矩形函数的傅立叶变换,参见式(7-3),这里不再重复,其结果是:

$$F(g) = -\frac{U_0}{\mathrm{i}g}2\mathrm{i}\sin(ga) = -\frac{2U_0}{g}\sin(ga) \tag{9-2}$$

这就是方势阱倒空间的波谱分布,是方势阱可能对外作用的波谱。它和单狭缝衍射波谱一样,如图 9-2 所示,它是方势阱整体结构的傅立叶波谱,式(9-2)给出的是势阱可对外作用波的振幅,其每个波都应将式(9-2)再乘以波动部分 $\exp(-\mathrm{i}gx)$,即势阱的每个可对外作用波的数学表达式可写作:

$$\psi(g) = -\frac{2U_0}{g}\sin(ga)\exp(-\mathrm{i}gx) \tag{9-3}$$

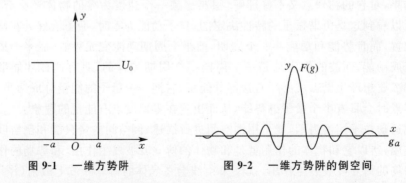

图 9-1 一维方势阱   图 9-2 一维方势阱的倒空间

这就是方势阱整体具有的位置波,也是方势阱可以对外作用的作用波(方势阱的倒空间表示)。入射的粒子波和势阱的作用,就是和势阱这些波发生作用。在狭缝衍射

中波矢 g 沿 y 方向分布,而这里的波矢 g 沿 x 方向分布,即这里研究的势是沿 x 方向分布的势,粒子也是沿 x 方向运动的。按前面所说,粒子与势阱的作用就是粒子的傅立叶波与势阱这些傅立叶波的作用,也可说是粒子波在势阱傅立叶波上的散射。式(9-3)中包括很多个波,其中每个 g 值都是一个可能的作用波。等速运动粒子的傅立叶波是一个平面波,若取粒子初始位置为坐标原点(取相因子为零),在一维情况下运动粒子波的一般表示可写作:

$$f(x,t) = A\exp[-\mathrm{i}(k_0 x - k_0 vt)]$$

这样,它和势阱式(9-3)的作用结果是:

$$f(x,t)\psi(g) = -A\frac{2U_0}{g}\sin(ga)\exp[-\mathrm{i}(k_0 + g)x]\exp(\mathrm{i}k_0 vt)$$

$$= -A\frac{2U_0}{g}\sin(ga)\exp[-\mathrm{i}(kx - k_0 vt)] \tag{9-4}$$

即作用结果是波矢为 $k_0 + g = k$ 的行进波,其行进速度就是粒子的运动速度 $v(k_0 v$ 是能量)。若再把常系数 A 取为1,其系数就是式(9-2),即式(9-2)就是散射波振幅的分布(以波矢为变量的函数)。振幅是表示这个波出现的概率,因式(9-4)是可在空间传播的行进波,它布满整个空间,若它的振幅不为零,就表示粒子在整个空间都有一定的出现概率,即表示这时的粒子会被散射到势阱以外的地方去,这是研究衍射要计算的情况,所以说式(9-4)就是粒子在方势阱上的衍射波。显然,这样的粒子不可能长期存留在势阱内部。但当式(9-4)的振幅等于零时,就表示在全空间中没有这些衍射波存在,即表示这时粒子不能被散射到势阱以外的空间去(在势阱外空间这个波出现的概率等于零),或可说势场不会散射这种状态的粒子,即这种粒子这时就会被限制在势阱内形成束缚态。狭缝衍射讨论的是粒子离开狭缝的情况,所以是计算式(9-2)不等于零的情况,得出的是出现在空间的衍射花样。这里讨论的是粒子束缚在势阱内的情况,所以考虑的是式(9-2)等于零的情况。按公式的推导过程看,式(9-2)中的结果 $2\mathrm{i}\sin(ga)$ 是来自两个势阱边界处沿相反方向传播的两个平面波$[\exp(\mathrm{i}ga) - \exp(-\mathrm{i}ga)]$合成的结果[参见式(7-3)],两个反向的波就相当于两个相反方向的运动粒子,是粒子在阱内来回反射运动的整体情况。因为散射就是波作用的结果,所以理论上散射为零就说明运动粒子和势场间的作用是零,即它们之间没有能量交换(作用)。具体地说是它们的速度波在和阱壁作用时传递给阱壁的能量,在反射时又全部被吸收回来,整体看就是没有作用。其波动解释是:这样的波对外作用时有半个周期是正作用,另半个周期是负作用,而波的作用总是以周期为单位进行的,所以整体上看等于没有作用。正因没有作用,两个波频率相等,方向相反,这样会形成一个驻波,这个驻波只会存在于势阱内,这表示这时粒子只会在势阱内运动,不会脱离势阱,即只在阱内来回运动形成一个束缚态,这可以说是形成束缚态的物理机理。按式(9-2)，散射波等于零的条件为 $ga = n\pi$，n 只取整数，且 n 不能等于零，就是说当粒子的波矢 k_0 和这样的波矢 g 合成一个方向相反的波时，将会被限制在势阱内部，不会被散射出去。因为入射粒子的运动方向和阱壁垂直，因此这个条件只能是粒子在阱壁上的反射。设入射波的波矢为 k_0，按反射关系，反射时有

$$k_0 + g = k = -k_0$$

于是可求得
$$k = \frac{g}{2}$$

这就是满足反射时粒子速度波波矢和势阱波矢间的定量关系，即只有这样的波才能在势阱内形成驻波。因 k 是波矢量，需把它化为能量才能和一般教科书上的能级结果比较，因 k 和牛顿力学定义的动量间的关系是

$$k = \frac{mv}{h}$$

于是按束缚态形成的条件 $ga = n\pi$ 可得：

$$ga = 2ka = \frac{2mva}{h} = n\pi$$

由此可求得这时粒子速度为：

$$v = \frac{hn\pi}{2ma}$$

从而可得到束缚在方势阱内粒子运动的动能是：

$$E = \frac{1}{2}mv^2 = \frac{m}{2}\left(\frac{hn\pi}{2ma}\right)^2$$

因为在方势阱内势能为零，只有动能 E，n 只能取整数，E 只能取分立的值，所以在方势阱内束缚态的粒子只能处于分立的能级中，其动能为：

$$E = \frac{1}{8}\frac{(hn\pi)^2}{ma^2} \qquad n \neq 0; n \text{ 为整数} \qquad (9\text{-}5)$$

这就是一维方势阱内运动粒子的量子效应，当粒子以这种能量在方势阱内运动时，它和势阱间既没有能量交换，也不能离开势阱，所以粒子一旦具有这样的能量，它将会在势阱内按一定的能级 E 一直运动下去，这就是定态。这里得到定态的能级公式和一般教科书上的公式完全一致(参见参考文献[3])，但它的物理概念非常明确，可见量子效应就是波作用的结果，其产生的数学原因就是在阱壁上两个相反方向传播波形成的驻波，其物理原因是势场对以这样能量运动的粒子不产生作用(其作用波的系数等于零)。具体的物理过程是当粒子以这样的速度运动时，它传给阱壁的动能在反射时又全部被吸收过来，物理上也常称其为弹性碰撞。因倒空间讨论的都是整体问题，所以从整体上看势阱对粒子不产生作用，因此粒子可以以这种能

量在势阱内长期运动下去。量子力学中是用求解薛定谔方程的方法得出上述结果的,薛定谔方程是波动满足的方程,它得到的是势阱内可能存在的波动解,因为每个波表示一个量子态,所以说是定态,即束缚态。因为它是由微分方程解出的,所以其物理意义不易看出。在其他情况下,如若式(9-4)中的波矢 $k_0 + g \neq -k_0$,这样的粒子将不会在阱壁上发生全反射,因而可能会飞向其他方向,这种变化就表示势场和粒子产生了作用,有能量变化(交换),若是吸收能量则粒子可能会飞出势场,若是放出能量也会最终静止在势阱内,这个静止的状态,在狭缝衍射推导中将它略去了,所以这里看不到。其作用的程度由式(9-2)中这个波的系数来定,式(9-2)能决定粒子和阱壁作用(碰撞)的全部情况。可以看到这里的结果比求解薛定谔方程要简单得多,其物理概念也明确得多,且能同时给出散射态和束缚态的全部结果。而求解薛定谔方程只能得到定态的结果,即只能得到分立能级的结果,该方程只讨论在势场内可能运动的粒子波动状态,散射出去的波不满足具有这种势场的薛定谔方程,所以它得不出这种全面的结果。由于传播波能交换的是能量,所以定态也只由能量决定,与具体运动状态无关。

用薛定谔方程只能给出定态的能级,且不易看出粒子和势场具体作用的全部情况。式(9-4)可全面地给出势场和粒子的作用,及其可对外作用的波,其系数的平方就是这个波在空间出现的概率,可以估计出其作用的情况,其系数的平方是:

$$\frac{4U_0^2}{g^2}\sin^2(ga)$$

由此还可以推导出以下几个结果:

(1)从整体上看,这些概率与 U_0^2 成正比,和 g^2 成反比,因此势阱越深,粒子动量越小,则相应的能态将越稳定(处于这个态的概率越大)。又因为这里的 g 对应能量,在同样的势阱内,低能态(g 越小)出现的概率较大,所以粒子总倾向于优先处于低能状态,g 越高则越不稳定,其极限情况是当 g 趋于无限大时,任何束缚态都将不存在(其概率为零),这一点用薛定谔方程是不能直接看到的,这个规律虽无理论证明,但也是人们熟知的常识。

(2)势阱深度 U_0 是一个常量,由于傅立叶系数可以乘上任意常数都不影响它的分布,所以 U_0 的大小不影响倒空间的波谱结构,因而也不影响其能级的分布结构,即各能级的相对能量分布与势阱深度无关,只能反映实际作用的程度。

(3)正弦项 $\sin(ga)$ 的变量是 ga,对同样的动量 g,a 越大则频率越高,因此势阱越宽则能级分布就越密。考虑到能级也有一定的宽度,当能级间的距离小于能级的宽度时,就会没有分立能级,会过渡为经典情况。同样,g 越大则能级分布也越密,所以高能态的能级分布也越密,随着能级能量的增大也会过渡到连续分布的经典情况。量子力学中只看到动能大时会过渡到连续状态,这里看到势阱宽时也会过渡到连续分布状态。

（4）束缚态的形成就是由于正负 a 点反射波形成的驻波，对于方势阱这是一个正弦驻波，即定态的波函数是一个驻波。如果把式（9-2）中的正弦项提取出来，则它的系数 $\dfrac{2U_0}{g}$ 就表示形成驻波的程度（振幅），因为正弦函数的最大值是 1，所以说当 $\dfrac{2U_0}{g}$ 大于 1 时都会形成全部的驻波，而当 $\dfrac{2U_0}{g}$ 小于 1 时，则只会形成部分驻波。因为驻波表示的是束缚态，所以当 $\dfrac{2U_0}{g}$ 小于 1 时，则只有部分波会形成束缚态，或者说这时形成的束缚态只能是不稳定的束缚态。而按量子力学的要求，束缚态是指稳定的定态，因此，当 $2U_0 < g$ 时，就不会形成稳定态的束缚态。又因束缚态要求 $g = 2k$，所以当 $U_0 < k$ 时就不会有稳定能级的束缚态。即当 U_0 小于动量 k 时就不会形成稳定的定态。按照这个说法也可看到，并不是任何方势阱都会形成束缚态，当势阱的深度 U_0 小于最低能级的动量 k 时也不会形成稳定的束缚态，即不会形成定态。在实际问题中也可看到这种现象，如一个车子可被陷在一个方坑中，但若是一个浅坑则可能只会被陷一下，很快就能出来。由此也可估计定态的稳定程度。

（5）若把式（9-2）系数的分子分母同时乘以 a，则可得：

$$\frac{2U_0 a \sin(ga)}{ga}$$

这时 $U_0 a$ 就是一个宽度为 a 的势垒，即势垒的散射和势阱的散射有相同的波谱，它们都是矩形函数的傅立叶变换波谱，所以其对外的作用也是相同的，这种现象在 X 射线分析中称为**互补效应**。因此式（9-4）也可说就是一个矩形势垒的散射波，显然，在一般情况下它也不为零，即粒子在势垒外面也会有一定的出现概率，这就是**隧道效应**；方势阱的阱壁为无限厚，所以没有隧道效应。但对有限势垒而言，这时的"束缚态"就被势垒吸收，可见吸收也是量子化的。关于势垒问题后面还会再作讨论，届时会看到势垒和吸收更为详细的性质。

应当强调，倒空间表示的都是整体性质，与单次的反射无关。具体地说，这里把倒易矢量 g 当作一个确定的矢量，只是为了数学计算，实际上倒易点都有一定大小，所以 g 也有一个变化范围，因此相应的能级也会有一定的宽度，实际上并不要求每次与阱壁都是完完全全的全反射，只要从统计的角度来讲是全反射就行了。因为波的作用总是波动的，这次碰撞损失一点能量，下次又会得到一点能量，因为束缚态只由能量决定，与具体运动方式无关，所以同一能级也可有多个运动状态，只要整体上保持式（9-5）的能量就可以了，且能级都会有一定的宽度。

9.1.2　方势阱束缚态粒子的波函数

前面看到束缚态的产生就是在势阱内粒子对外的作用波形成了驻波,现在讨论能形成什么样的驻波。按式(9-2),这些驻波必须使 $\sin(ga)$ 等于零,即 ga 必须等于 $\pm n\pi$,n 可正可负,但不能等于零。因为驻波的周期是半个波长,因此如果要使 g 波能成为驻波,则其驻波的节点位置 x 将在 $gx = \dfrac{n\pi}{2}$ 处。显然满足这个条件的有两种情况,即当 n 为奇数时是余弦函数,因为 $\cos(gx)$ 在 $x = a$ 处等于零,是一个节点;当 n 为偶数时是正弦函数,因为 $\sin(gx)$ 在 $x = a$ 处等于零,也是一个节点。但对粒子而言,处于束缚态的粒子其波矢 k 需等于 $\dfrac{g}{2}$,因此,处在束缚态的粒子其波函数可有两个,一个是 $\cos(2kx)$,它有奇数个节点,因为它是一个偶函数,量子力学中称其为偶宇称;另一个是 $\sin(2kx)$,它有偶数个节点,因为它是奇函数,又称其为奇宇称。图 9-3 表示出了 $n = 1$、2、3 时的示意波形,这些结果也和一般量子力学教科书上的结果一致。

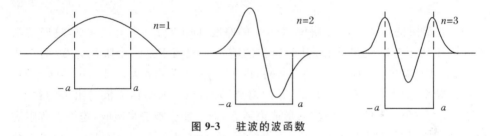

图 9-3　驻波的波函数

9.1.3　隧道效应和吸收

按式(9-3),在很多情况下散射波并不为零,这些波是势阱系统整体能对外作用的波,即这些波与粒子波作用后会将粒子散射出势场。因为这里考虑的是方势阱,所以散射出去就是指到势阱外的势垒中去,表示势阱壁和粒子波间可有作用,即它们之间可能会发生能量交换。若交换中粒子损失能量,它将逐渐减速,最终会停留在势场内,被势场吸收;若粒子得到能量,它将会被散射出势场。

对势阱来说,所谓散射出去只是说它不会在阱壁上再沿原路反射到阱内,而可能会进入阱壁内部,这时的情况就像一束 X 射线在晶体内部传播一样。由于进入阱壁内的粒子波是在实体内部传播,不仅它每前进一步都会再遭受散射,而且它的散射波还会在阱壁内发生再散射,这种情况在 X 射线分析中是用衍射的动力学理论来处理的,其结果是入射 X 射线进入晶体并在晶体内传播,其能量流密度将按指数规律衰减。动力学理论可计算具体的散射过程，但计算比较麻烦，且也只限双光束近似，缺乏一般结果，这里按互补原理，不计算具体散射过程，只做定性的物理说明。

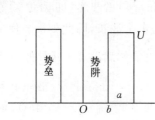

图 9-4　有限厚度方势阱

隧道效应讨论的是粒子会穿过势垒的情况，在方势阱例子中，阱壁为无限厚，所以没有隧道效应。这里讨论一个厚度为 a 的阱壁的一维方势阱结构，这时的势阱形状如图 9-4 所示，它由两个方势垒组成，两个势垒之间是一个方势阱，它的傅立叶变换和双狭缝的傅立叶变换相同，是两个矩形函数傅立叶波再相互干涉的结果。按式(7-7)，它由两个波动项组成，这里直接写出其两种形式的结果，前一式是两项和的形式，后一式是两项积的形式，即：

$$F(g) = -\frac{2U_0}{g}\{\sin(gb) - \sin[g(b+a)]\}$$

$$= \frac{2U_0}{g}\left\{2\cos\left[g\left(b+\frac{a}{2}\right)\right]\sin\frac{ga}{2}\right\} \tag{9-6}$$

式中 b 是势阱的半宽度，a 是阱壁（势垒）的厚度。同上讨论，由上式可见，这时的情况相当于两个势阱波谱的和，其两项和的前一式相当于是一个阱宽为 $2b$ 的方势阱，后一式是宽度为 $2(b+a)$ 的方势阱，由于 $(b+a)$ 总比 b 大，所以 $\sin[g(b+a)]$ 的振荡频率总比 $\sin(gb)$ 高。因此，按照对势阱的讨论，被势阱 b 散射出去的粒子，也有可能在 $(b+a)$ 组成的势阱内形成束缚态，即可能会被势垒吸收，跑不出有限阱壁以外。具体地说，即使是 $\sin(gb)$ 不等于零，而 $\sin(gb) - \sin[g(b+a)]$ 也可能会等于零（即没有散射波）。同样理由，当式(9-6)等于零时，粒子就不能离开势场系统（包括势阱和势垒），它或者在阱内成为束缚态，或者被阱壁吸收，总之不能离开势

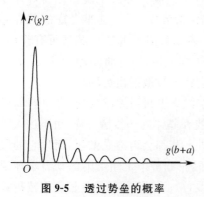

图 9-5　透过势垒的概率

阱和势垒系统的整体；但当式(9-6)不等于零时，粒子就会穿过势垒，形成散射，这就是**隧道效应**。由于发现粒子的概率是振幅的平方，图 9-5 所示为一个透出宽度为 $b+a$ 势阱波的振幅平方分布。由公式(9-6)可以看到这时隧道效应会有以下几种情况：

（1）若取式(9-6)为两个正弦项的和［即式(9-6)的中间部分］来讨论，则当前一项 $\sin(gb)$ 等于零时，后一项不一定也等于零，即还会有一定的概率将波散射到阱外，因为

$\sin(gb)$ 等于零是粒子在势阱内的束缚态[参见式(9-4)],这说明即使对在阱内全反射的束缚态(那里认为它的阱壁是无限厚),也会有一定的概率穿透势阱壁(笔者认为阱壁是有限的厚度)散射出去。即也会有一定的隧道效应,其穿透的概率与阱壁的宽度 a 有关,当 a 趋于零时,势阱也就消失了。这应是存在放射性元素和原子能自发电离的原因。或者也可说阱壁的结构也会影响阱内束缚态的稳定性。

(2) 若取式(9-6)为两项的积,再令其和等于零可有两种情况,即:

$$\sin\frac{ga}{2}=0, \text{或} \cos\left[g\left(b+\frac{a}{2}\right)\right]=0$$

都可形成束缚态,这两项都有不连续的零点。因为 a 是阱壁(势垒)的宽度,按式(9-4),这里前一个零是在势垒(阱壁)内的束缚态,这说明也会有一些粒子被束缚在阱壁中,被阱壁吸收,即被阱壁的吸收也是量子化的,它的速度波也可以是在阱壁内来回反射的驻波,也可以说被吸收的粒子会在阱壁内形成"定态",不一定是静止不动的才叫吸收,只要是不能离开阱壁就是被吸收了。当然,这里说的势垒不是指由原子组成的物体,而是一般的一个连续体,这里都没有考虑势垒不连续的原子结构的影响。

(3) $\sin\frac{ga}{2}=0$ 是势垒的吸收(束缚态),所以只要是被势垒吸收,不论粒子是否是阱内的束缚态也都不会离开势场,即对势阱和势垒这个系统而言,它还是一个束缚态,只是它在阱内的运动方式和纯势阱不同而已,这种状态也不能和外界发生作用,因为在阱外没有这个波(感知不到这个波)。

(4) 图9-5中的横坐标变量是 $g(b+a)$,它是由两个变量共同组成的变量,所以这个吸收曲线既可看作同一厚度 $(b+a)$ 对不同波矢 g 的吸收曲线,也可看作同一波矢 g 对不同厚度 $(b+a)$ 的吸收曲线,这两种情况产生的吸收效果是同样的。就一个固定的波矢 g 而言,图9-5表示的可看作是厚度 $(b+a)$ 对吸收的影响。显然,这个影响不仅与势垒的宽度 a 有关,而且也与势阱的宽度 b 有关,确切地说是和整个系统有关,系统内的任何结构都会影响吸收的情况。对临界吸收的情况,它的包络是一条指数衰减的曲线,这说明在一般情况下,透射波是随阱壁厚度按指数衰减的,这是指正常的吸收情况,或者说是正常的隧道效应。

(5) 因为粒子出现的概率是振幅的平方,将式(9-6)平方可得:

$$\left(-\frac{2U_0}{g}\right)^2\{\sin(gb)-\sin[g(b+a)]\}^2$$
$$=\left(\frac{2U_0}{g}\right)^2\{\sin^2(gb)-2\sin[g(b+a)]\sin(gb)+\sin^2[g(b+a)]\}$$

此式不等于零,就是粒子透过势垒系统的概率,其值越大则透过率也越大。显然,这

里除了阱 b 和阱 $(b+a)$ 的效应以外,还有一个交叉项 $2\sin[g(b+a)]\sin(gb)$,这是势阱的束缚态对隧道效应的相互影响,因为只要是束缚态,$\sin(gb)$ 就等于零,其交叉项就总是零(不存在),这时产生的是正常的吸收情况。但对非束缚态,即 $\sin(gb)$ 不等于零,就可以看到,如果交叉项是负值,还会使透过波的概率再进一步减小,隧道效应就减小;反之,如果这个交叉项是正值,就会使透过波的概率再进一步增大,使隧道效应增大。所以一般来说,交叉项的作用会对正常的吸收曲线再加上波动的调制,使一些波特别容易被吸收,而另一些波则特别容易透过,这就是产生反常吸收、反常透射的原因。量子力学中只讨论一个单势垒的情况,不能得到这种反常吸收和反常透射的情况。

在 X 射线分析中有一个互补效应,即一个颗粒的衍射和一个同样形状空洞的衍射是完全相同的。这里由图 9-3 看到一个势阱有两个势垒,两个势垒的傅立叶波谱就是双狭缝的波谱,单个势垒的波谱就和单狭缝的波谱一致,也就是和方势阱的波谱一致。前面讨论束缚态时,是指散射波等于零的情况,这里讨论势垒的隧道效应,是讨论势阱散射波不等于零的情况。对单个势垒,式(9-6)中 $\sin[g(b+a)]$ 中的 $(b+a)$ 就相当于是势垒的宽度,所以图 9-5 表示的也可以说是单个势垒的透射概率。可以想象多个势垒的波谱也会和多个狭缝的波谱一致,特别是当多个势垒在空间呈周期分布时(如晶体),其吸收和透过的情况就会和光栅散射一样,对一些波长特别容易吸收(反常吸收),而对另一些波长则吸收得特别少(反常透射),这些现象已在完整晶体的 X 射线衍射中观察到,称为鲍尔曼(Borrmann)效应。这里计算势阱的两个阱壁就是想说明隧道效应也与势垒系统的分布结构有关,当粒子穿过周期排列的势垒时(同时也会有一个周期的势阱),并不总是按指数衰减,还可能会产生反常的隧道效应,电子在晶体的电子衍射中就能经常看到反常透射和反常吸收的情况。晶体有一个周期势场,对反常透射情况,其电子可透过势垒,形成自由电子,这就是导体,如金属材料;而对反常吸收情况,其电子是被束缚在势阱或势垒内,这就会是绝缘体材料;如果其隧道电子会有一个相对的分布,则也可将它做傅立叶展开,若其展开中有一个常数项,则它就可被任何速度波激活,而且激活后的运动是集体的平动,这就有可能形成超导态。

9.1.4　包里原理的物理原理

原则上粒子可能被束缚在势阱的任何能级上,但因低能态的概率大,所以通常粒子总是倾向处于较低的能级。按以上分析,如果势阱的最低能级已被一个粒子占据,因为这个能级是势阱允许的,即这个已占据的粒子和势阱之间没有能量交换,所以原势阱的能级结构没有变化,若后来再进来的粒子也是以这个能量占据这个能级的话,也应是势阱允许的。但因此时势场内该能级上已被一个粒子占据,这个被束缚的粒子就和原来的势阱组成一个新的势阱系统,因此对其他再来的粒子而言,它们受到的散射势就不只是原来势阱的势,而是原来势阱的势再加上一个已占据能级的粒子形成的势(它的位置波),即再来的粒子是处于原势阱和先到粒子共同组成的势场中,这样对再来的粒子而言,整个系统的最低能级就可能不是原来的最低能级了,因此,再来的粒子就可能会处于较高的次能级,这就是产生包里原理的一般物理原因。

在势阱的例子中,若其第一个能级已被第一个粒子占据,当有第二个粒子再来时,它所受到的势就是原来势阱的势再加上第一个粒子的势,因为第一个粒子是处于势场允许的能级上,势场的能级结构没有变化,所以再来的第二个粒子就只受第一个先来粒子势的作用,如果第一个粒子的势对再来粒子的作用也是零,则再来的粒子就仍会处于第一个粒子的能级上;但如果第一个粒子的势对后来粒子的作用不为零,这样第二个粒子再来时,它会受到第一个粒子的作用,这样它就不能再处于第一个能级了。

第一个粒子对外的作用波也是它所处状态的傅立叶波,对束缚态,通常一个粒子所处的状态就是波矢为 k 的谐振态,即占据第一个能级的是动量为 $k_0 = \dfrac{g}{2} = \dfrac{\pi}{2a}$ 的谐振态,它的傅立叶变换是一个 $\delta(k-k_0)$ 函数,它只对波矢和它相同的谐振态有作用,对其他状态不起作用。因此对再来的粒子而言,只要它不是 k_0 谐振态,就仍可处在势场原有的能级上,但若它也是 k_0 谐振态,就不可能再占据这个已被第一个粒子占据的能级。因此,原子中处于同一能级的电子,都只能是处在不同的谐振态中。

如果用量子数来表示这些谐振态的话,则原子中就不可能有相同量子数的电子状态,这就是**包里原理**。可见包里原理就是波相互作用的必然结果,只对束缚态有效,因为只有束缚粒子才能和原势场组成一个新的系统,才能改变整个系统对外作用的波谱,才能对后来的粒子产生新的影响。前面已经指出:方势阱的波谱和单狭缝的波谱是同样的,但对狭缝衍射的情况,因为先来的粒子是通过狭缝被散射出去,没能停留在狭缝的缝中形成束缚态,它不仅没有改变原狭缝的能级结构,而且也没有任何狭缝能级被粒子占有,所以后面再来的粒子仍是只受狭缝势场的单一影响,仍可处于和前面先来粒子同样的状态,即可由同样的速度和同样的方向散射出去。这样,不论是一大群粒子同时发射,还是单个粒子的多次发射,都会只按狭缝的要求散射,形成狭缝本身特有的衍射花样,即使在波矢等于零的情况下,也不会形成束缚态,更不会像在束缚态中那样逐个地按能级填充,这时包里原理就没有用了。所以,对同样的粒子,若其能被势场散射出去,则不会遵守包里原理。

按这样理解,包里原理是束缚态粒子波作用的结果,如果后来的粒子与束缚态粒子波不发生作用,后来的粒子将仍能处于第一个粒子占据的能级上,当粒子有自旋时,因为一个转动波有两个方向,同一能量的自旋可有两个转动状态,且这两个状态是相互独立的,因此每个这样的能级上会有两个粒子。一般来说,对同一能量若有 n 个独立的运动状态,则这个能级上将可能会允许有 n 个粒子。

因为粒子只能在空间运动,所以广义地讲,一个自由粒子也可看作是被束缚在一个无限大空间内的束缚态,即在外场不存在的自由空间,粒子波也会对外有作用,它的作用也应是不允许其他粒子和它处于同一个状态。在倒空间,所谓同一状态就是有相同的波谱,因为作用都是波的作用,两个相同波矢的作用是会产生共振干涉的,共振的结果就会破坏这个状态,使这个状态不能长期存在下去。因此,还可更广义地来理解包里原理,即可以说"在空间的任何位置上也不可能同时出现两个同样状态的粒子",对质点而言,空间的两个质点也不能处于同一个位置点上,必须分开一定的距离。如果按前面所说,在这个分开的距离之间是一个驻波,则这个分开的距离还必须至少是半个波长,它被激活后还会储藏有 $h\nu$ 的能量,因为波长越短则频率越高,所以粒子越小其内部各质点间的距离也越小,分裂时释放出的能量就越高,这也是已知的事实。化学反应是将分子中的原子分开或重组,从而产生化学能,核反应是原子核的分裂或重组,从而释放出核能,两原子间的距离是 10^{-8} cm,原子核的大小是 10^{-13} cm,二者相差数万倍,所以核反应能会比化学反应能大数万倍。

形式上式(9-2)和狭缝衍射的公式一样,只是运动粒子的入射方向和狭缝情况不同,这里看到,虽然一维方势阱和单狭缝的倒易空间都是矩形函数的傅立叶变换,但它们的散射性质是不一样的,这也和 X 射线的散射一样;衍射花样不仅与入射波的能量有关,还与波的入射方向有关,即使有满足式(9-3)能量的粒子,如果它入射的方向不对,也不能成为束缚态,也一样会被散射出去,或者会被吸收掉。

9.1.5 一维谐振子的势阱

一维谐振子的势,略去其比例系数,可写作:

$$f(x) = \frac{x^2}{2}$$

其傅立叶变换是:

$$F(g) = \int_{-\infty}^{\infty} f(x)\exp(\mathrm{i}gx)\mathrm{d}x = \int_{-\infty}^{\infty} \frac{x^2}{2}\exp(\mathrm{i}gx)\mathrm{d}x$$

$$= \frac{1}{2\mathrm{i}g}\int_{-\infty}^{\infty} x^2 \mathrm{d}\left[\exp(\mathrm{i}gx)\right]$$

$$= \frac{1}{2\mathrm{i}g}\left[x^2\exp(\mathrm{i}gx) - \int_{-\infty}^{\infty} 2x\exp(\mathrm{i}gx)\mathrm{d}x\right]$$

$$= \frac{1}{2ig} \left\{ x^2 \exp(igx) - \frac{2}{ig} \left[x\exp(igx) - \int_{-\infty}^{\infty} \exp(igx)\mathrm{d}x \right] \right\}$$

上式最后一个积分是一个常数 1 的傅立叶变换,它只在 $g = 0$ 时有值,相当于一个不动的粒子,即在谐振势场中也会存在一个静止的不动状态,这个状态常可以不考虑。所以一般有:

$$F(g) = \frac{1}{2ig} \left(x^2 - \frac{2x}{ig} \right) \exp(igx) \Big|_{-\infty}^{\infty} \tag{9-7}$$

原则上这里积分限是无限大的,但对一个真实的谐振,x 的最大值不会超过其振幅 A,即有效的谐振势是限制在正负 A 之间的,所以这里也把积分限取为由负 A 到正 A,即假定势场也只限定在正负 A 之间。代入式(9-7) 中可得:

$$F(g) = \left[\frac{1}{2ig} \left(A^2 - \frac{2A}{ig} \right) \exp(igA) \right] - \left[\frac{1}{2ig} \left(A^2 + \frac{2A}{ig} \right) \exp(igA) \right]$$

$$= \frac{A^2}{2ig} \left[\exp(igA) - \exp(-igA) \right] + \frac{A}{g^2} \left[\exp(igA) + \exp(-igA) \right]$$

$$= \frac{A^2}{2g} \left[2\sin(gA) \right] + \frac{A}{g^2} \left[2\cos(gA) \right]$$

$$= \frac{A^2}{g} \left[\sin(gA) \right] + \frac{2A}{g^2} \left[\cos(gA) \right] \tag{9-8}$$

这就是谐振子势场的傅立叶波谱,是谐振势整体可对外作用波的波谱。它由两项组成,分别是由振幅最大点 A 处发出的两个方向相反波 $\exp(igA)$ 和 $\exp(-igA)$ 的合成,这种情况和在方势阱壁上波的反射一样,但这里看到入射在"势壁"上的有两个波,一个波反射后与入射波同相,其合成是余弦驻波;另一个波反射后和入射波反相,其合成后是正弦驻波。不同的是在方势阱内的波,在阱内运动时不会再激活其他的波,只是会形成一个驻波,只限制在势阱内部。而在谐振子势场中,粒子运动到不同位置处还会激活其相应位置波,所以说这两个波中一个是位置波,是由粒子在不同位置激活的位置波,另一个是由速度激活的速度波,是粒子自身状态的这两个波相互作用、相互激活。因为在 A 点反射前后,位置的符号不发生变化,所以在反射点 A 处入射波和反射波是同位相的,其合成是余弦波,又因势能只与位置有关,所以这里也说余弦波是**势能波**;而速度则在 A 点会反向,它的合成是正弦波,所以也说正弦波是**动能波**。为形象地说明问题,把这里的波矢 g 也暂写成 g_1 和 g_2,分别代表速度波的波矢 g_1 和位置波的波矢 g_2。此外,与方势阱不同的是这时的"势阱宽度"a 也不是一个固定的常量,而是随总能量增大而增大的变量。当有一个动量为 k_0 的粒子进入势场中时,和 g 波作用产生一个 $k = k_0 + g$ 的波,由于 k 波的产生,将会激活粒子的速度波 g_1,产生一个位移,使粒子位置发生变化,因此又激活一个位置波 g_2,因为它是由粒子自身速度波激活的,所以速度波必须交出一部分动能给

g_2，从而使 g_1 波矢减小，到位置最大值 A 处时，g_1 波降为零，粒子停止运动，这时速度变为零，位置则达到最大值 A 处，以后位置波再把这部分能量交给 g_1 激活速度波。由于一个行进波通常包括速度波和位置波，如果把这两个波看作是一个传播波的话，则这种变化只是一个传播波内部自身的能量调整，没有与外界发生能量交换，所以，总的看来这个波没有与外界（势场）发生作用，尽管运动中有速度的变化，即会产生加速度，但对带电粒子也不会产生轫致辐射。应当说一个波只有一个波矢量，这个波矢量就是式(9-8)中的 g，这里把它分为两个只是想说明位置和速度间的关系，后面会说明谐振运动的波矢实际上是角动量 L，它是指向另一个方向，在整个谐振中它不变化。

一般来说，若把式(9-8)中的 A 看作是积分限，即认为势场只限制在正负 A 以内，则其中包括两个波，这时若在 A 点处还有速度波存在，即若速度没降为零，粒子就会跑出势场，形成散射；但如果把 A 理解为是振子的振幅，则因在 A 处速度必降为零，所以这时相应的波矢 g_1 等于零，而位置则达到最大值，其波矢就是 g_2。因此在振幅 A 处的波（它对外的作用波），按式(9-8)实际上就只有一个波，即谐振势能对外作用的波只是：

$$F(g_2) = \frac{2A}{g_2^2}\cos(g_2 A) \tag{9-9}$$

因为速度波不能出现在振幅以外，所以能传播到势阱以外的就只有这一个波，即谐振势阱可与外面作用的就只有式(9-9)中的一个波，它可说是粒子在谐振子势上可能的散射情况，其振幅是谐振子对外作用的可能程度。

确切地说，在谐振势阱内可能有式(9-8)中两个波，而在势阱外则只有式(9-9)中的一个波（假定 A 是振幅的话）。显然，若式(9-9)不等于零，表示粒子也会出现在势场外，产生散射；而当式(9-9)等于零时，就表示不能向外散射，粒子将被限制在势阱内形成束缚态，这种情况也表示势场对这样粒子状态的整体作用为零。式(9-9)等于零的条件是：

$$g_2 A = \left(n + \frac{1}{2}\right)\pi \tag{9-10}$$

这里 n 只取整数，但可正可负，也包括零；A 是谐振子的振幅，一般教科书中表示能级的是能量，为了能和一般教科书上的结果比较，需将式(9-10)也化为能量关系。

若取谐振平衡位置为坐标原点，以粒子在原点处为时间起点。设在原点有一个速度为 v 的粒子与势场作用，作用后运动粒子的波函数是：

$$\psi(x,t) = \exp[\mathrm{i}(kx - kvt)]$$

这里的 k 就是 $k_0 + g$，因为这里不考虑作用强度，所以也忽略了波中的归一化系数（即振幅）。显然这里也有两个波，一个是只与 x 有关的位置波，另一个是只与时间

有关的速度波。按前面的讨论,它们相应的波矢分别为:

$$g_2 = k, \ g_1 = kv$$

只是这里的波矢都是随着时间变化的。显然,在原点时,$x = 0$,只有速度波 g_1,有速度就会产生位移,如果这个位移对运动无任何影响,则粒子将按这个速度一直运动下去,直到再次反射为止,这就是方势阱的情况;如果位移对运动有影响,则会在不同位置激活不同的位置波,使速度波的波矢发生变化,直到速度波变为零时,位移才停止,不可能再激活位置波,这时的位移恰为振幅 A。以后位置波再激活速度波产生运动,所以在谐振势场内波函数的波动部分一般可写成:

$$\psi(x, t) = \exp[i(g_2 x - g_1 t)] \tag{9-11}$$

波的波动部分是用来进行能量交换的,这个波虽然对外没有能量交换,但会有 g_1、g_2 间的能量转换,如上讨论,虽然这里的 g_2、g_1 都是随时间和位置而相互转化的,但它们只是在一个波内动能和势能间的变化,因为与外场之间没有能量交换,所以其总能量是不变的,即动能加势能是一个常数。为求出 $g_2 A$ 的值,考虑在 $x = A$ 处的情况,当粒子由零点运动到 A 处时,其经过的时间 $t = \dfrac{T}{4}$,这里 T 是振子的周期。因为在原点时 $g_2 = 0$,只有一个速度波 $\exp(-ig_1 t)$,而在 A 点处 $g_1 = 0$,只有一个位置波 $\exp(ig_2 x)$,因为总能量不变,所以在 A 点的势能就是在原点的动能,由此可得到 $g_2 A = \dfrac{g_1 T}{4}$ 的关系。

因为:

$$g_1 = kv = \frac{mv^2}{h} = \frac{2E}{h}$$

所以有:

$$g_2 A = \frac{g_1 T}{4} = \frac{2E}{h} \times \frac{T}{4} = \frac{2E}{h} \times \frac{2\pi}{4\omega} = \frac{E\pi}{h\omega}$$

这里 $\omega = \dfrac{2\pi}{T}$ 是谐振子的圆频率。代入式(9-10)中得:

$$g_2 A = \left(n + \frac{1}{2}\right)\pi = \frac{E\pi}{h\omega}$$

从而可得振子的能量 E 取值为:

$$E = \left(n + \frac{1}{2}\right)h\omega \tag{9-12}$$

这就是谐振子的能级公式(这里的 h 都应是被 2π 除的普朗克常数),和一般教科书上求解薛定谔方程解出的结果完全一致。这里在求能量关系时用了粒子总能量不变的条件,是因为这里讨论的是粒子和势场作用为零的情况,至于速度波和位置波之间的转换,只是一个谐振波内部的微观过程,因为这种转换在一个周期时又会回到原来状态,而物体间作用的能量交换又总是一个周期一个周期进行的,因此这种转换尽管有速度的变化,但总能量不会变化,即使是带电粒子也不会因为有加速度而发射能量。因为没有散射,和势场间又没有能量交换,所以粒子将能保持这种能量状态长期运动下去,形成一个束缚在谐振势场内的定态。由式(9-12)也可看到,虽然能级不同,但频率都是相同的,这也和经典力学一致。按经典力学,谐振子的频率只与振动系统有关,而能量则是与振动的振幅有关,不同的能级相当于不同的振幅,因此也可说在谐振势阱里处于束缚态的粒子就是在做谐振运动,只是它们只能有不连续的振幅(处于不同的能级)而已。显然这里的振幅是和能量对应的,并不是只有相对意义,这说明量子力学中的波和一般的数学波没有什么区别,它的振幅的平方对应着相应波的强度,只是为了一般性讨论,在理论上把振幅用百分比表示,这样,振幅的平方就只有概率的意义了。

这里和方势阱不同的是,当 $n = 0$ 时仍有能量 $\frac{1}{2}h\omega$,常称为零点能。产生这种情况的原因,从波动的观点看,入射粒子是一个平面波 k_0,进入势场后与势场的位置波发生作用,使速度发生变化,即有力作用在粒子上,这样就有能量交换,但这时的能量并没有交给势场,而是变为粒子自己的势能。或形象地说,是粒子将能量交给势场,势场又把这部分能量变为粒子的势能,这就和粒子在方势阱壁上的反射一样,粒子把动能交给阱壁,阱壁又把动能反射给粒子,所以整体上看粒子没有对外交换能量。又因这种交换也是以波的作用进行的,在一个周期内交换的能量是常量 h,与作用力的大小及波矢量都无关,因为速度波能对外交换的就是其动能,动能大就可多交出几个量子的能量给位置波,因此速度波能交给位置波的能量只能是 nh。同样,位置波能交给速度波的能量也只能是 nh。因为谐振子的圆频率都是 ω,所以单位时间能交换的能量也应是 $nh\omega$,因此振子的能量应当是 $h\omega$ 的整数倍。但因最后一个周期发生的反射是在 A 点位置波的反射,这个反射是反射前后位置 x 的符号不变,即要求是同位相的反射,反射点是波腹的反射,即反射前后共同组成一个周期,没有半波损失,反射后的波是反射前波的延续。

形象地说,这最后一个周期有一半在反射前,另一半在反射后,反射前把动能变为势能,反射后又把势能变为动能。这样就把交换的能量量子 $h\omega$ 分为两半。一半在反射前,另一半在反射后,由于反射前位置波吸收能量,反射后又放出能量,所以这半个量子的能量实际上并没交换,只是借它完成一个反射而已,但是若没有这半个量子的能量则不能完成反射产生谐振。同样,如果粒子不是恰好接受这半个量子的能量,它将不会在零点达到速度最大值而继续谐振。同样理由,如果速度波交给位置波 n 个量子后,剩下的不是半个量子,它也将会跑出势场。因此,能束缚在势场内的粒子必须有式(9-9)的能量,这就是谐振子能级出现半个量子的物理原因。按这样理解,这半个量子并不是零点才有的零点能,而是每个能级都有的,是在振子动能为零时完成势能反射必需的。可以这样说,假如把谐振运动看作是一个圆周运动在其直径上的投影,因圆周运动的变量是无量纲的角变量 θ,对这个变量而言不存在动能、势能间的转换,因此这时的运动就和在一维方势阱中一样,粒子以不变的(角)速度运动,但因对一个圆而言,其零点和 2π 是一个点,粒子运动到 2π 点时也不需要反射,所以这时就没有半个量子的零点能了。因此对二维情况,粒子可做圆周运动时,粒子经过 2π 点后势能不再变为动能,就不存在零点能了。

人们总感到奇怪,为什么粒子不动,还会有能量(零点能)。这实际上是一个错觉,粒子不动当然不会有动能,但粒子不动更不会产生谐振,要想做简谐振动,就必须至少有半个量子的能量(势能)。形象一点讲,假如有一个做简谐运动的单摆,摆锤在平衡点不动是不会有谐振的,要想产生振动必须将摆锤升到一定高度,在经典力学中,随便升多高都可产生振动。而在量子力学中,这个势能必须至少升高半个量子,因为只有这样才能保证粒子运动到零点时能激活一个原来的速度波,否则,如果当速度为零时,粒子不在势能最大位置就无法再激活原来的速度波,这样,这个振动就不能长期继续下去,即不能形成定态了。应当说量子力学给出的是一个谐振的运动状态,速度为零只表示在这个谐振状态的某些点上的速度等于零,并不是粒子处于能量为零的状态。从理论上讲,式(9-10)的能级条件考虑的只是势能,所以最低谐振能级必须有半个量子的能量。实际上动能为零是一个不动粒子,这个 $g=0$ 的波,在推导式(9-7)时把它丢掉了,原则上它也是束缚态,但不是谐振态。

从波的观点看,一个前进的波碰到势场时会发生反射,如果反射波和前进波能形成驻波,则这个波将被限制在势场内,这就是方势阱内粒子形成束缚态的波动条件。而反射波能够形成驻波的条件有两个:一是在反射点是波节的反射,它会产生半波损失,形成的是正弦驻波,这就是一维方势阱反射的情况;二是在反射点是波腹的反射,这种反射没有半波损失,形成的是余弦驻波,这就是谐振势反射的情况。驻波只有这两种,一般来说在陡壁上反射时形成正弦驻波,在自由的"壁"上反射时形成余弦驻波。所以可以这样说,正弦驻波是粒子波在势场壁上硬性全反射形成的,粒子借助势场的壁产生全反射,使波矢由正直接变为负,产生一个半波损失。而余弦驻波则是势场逐步地将动能波转换为势能波,它不需要直接的反射,是通过位置的连续变化自然形成的反射结果,它是同一个波的自然延续,没有半波损失。一般也可以形象地说,要想把运动束缚在一定区域内形成定态,只有两种可能,一种是硬性的,当粒子运动到一定距离时再硬性地把它拉回来,这就是阱壁全反射的情况。对方势阱,它把一个周期的作用能作用给阱壁,阱壁再把这部分能量又反作用还给粒子,形成全反射,使运动只能在一定区域内进行。另一种是柔性的,粒子自身也只准备在一定区域运动,所以边运动边减速,到边界后又自动按原路返回,在一维情况下,这就是谐振,在二维情况下,还可能是圆周或椭圆等只在一定范围内的运动,这些都是有余弦波式的反射。

9.1.6　一维谐振子的波函数

一般来说,运动粒子的波函数都可写作:

$$\psi(r,t) = F(k)\exp i(kr - kvt) = F(k)\exp i[k(r - vt)] \qquad (9-13)$$

即粒子平动的波函数。其中 k 是波矢量,$(r - vt)$ 是粒子存在的运动状态,不同的运动状态,会有不同的表现形式,也会有不同的对外作用。对一维的谐振,可看作是一个圆周运动在其直径上的投影,转动的运动状态是在一个面上的圆周运动。这时的坐标变量是角度 θ,移动距离是 $r = r' \times \theta$,运动速度是 $v = r' \times \omega$,这里 r' 是圆的半径,ω 是转动的角速度,$\times$ 表示叉乘积。于是用矢量表示可得转动粒子的波函数为:

$$\begin{aligned}
\psi(r,t) &= F(k)\exp i(k \cdot r' \times \theta - k \cdot r' \times \omega t) \\
&= F(k)\exp i(k \times r' \cdot \theta - k \times r' \cdot \omega t) \\
&= F(L)\exp i(L \cdot \theta - L \cdot \omega t)
\end{aligned}$$

这就是转动粒子波函数式(3-27)中的一个波,L 是角动量,这其实只是对坐标做一个变换。对一维谐振运动,其运动方程为:

$$r = A\cos(\omega t + \varphi)$$

这里 A 是振幅,ω 是圆频率。如果取 $t = 0$ 时粒子位在坐标原点,即 $r = 0$,则有:

$$r = A\sin(\omega t) ; v = A\omega\cos(\omega t)$$

这时是取初位相 $\varphi = \dfrac{\pi}{2}$。代入式(9-13),并取 $F(k) = 1$,即得这个波的波动部分是:

$$\psi(r,t) = \exp i\{(k \cdot A)[\sin(\omega t) - \omega\cos(\omega t)t]\}$$

这是谐振波的波动部分,它的系数是式(9-8),对束缚态这个系数等于零,即在空间没有这个波,所以它只存在于势场内部,这时满足 $k \cdot A = \left(n + \dfrac{1}{2}\right)\pi$ 的关系。这样这个波函数的变量就只是 ωt,这是一个无量纲的量,若令 $\omega t = \xi$,则得谐振子的波函数是:

$$\psi(r,t) = \exp i\left[\left(n + \frac{1}{2}\right)\pi(\sin\xi - \xi\cos\xi)\right] \qquad (9-14)$$

对每一个 n 值,只有一个谐振态。在一般情况下,$k \cdot A$ 是两个矢量的标积,对三维的直角坐标系有:

$$k \cdot A = k_x x + k_y y + k_z z$$

一般来说,三维空间有三个坐标变量,这时每个能态在三个坐标轴上的任一分布都是一个可能的谐振态,因此,这时对一个 n 值会有多个谐振态,其总数可以是 n 取 3 的组合,因为 n 代表能量大小,所以一个能级可有多个能态,其能态的多少与 n 的大小有关。

9.2 二维情况

为了能和实际一致,下面再逐步讨论二维和三维的问题。

9.2.1 二维方形方势阱

二维系统有两个独立变量,对二维方形方势阱其势场分布可一般写作 $f(x, y)$。设它的傅立叶变换是 $F(g, j)$,则有:

$$F(g, j) = \int_{-\infty}^{\infty} f(x, y) \exp[-\mathrm{i}(gx + jy)] \mathrm{d}x \mathrm{d}y \qquad (9\text{-}15)$$

对二维方形方势阱 $f(x, y)$ 是可分离变量的,即这时的势阱可表示为两个一维方势阱 $f(x)$ 和 $f(y)$ 的乘积。这里每个一维函数都是一个分段函数,即都可写作:

$$f(x) = 0 \qquad |x| < a$$
$$f(x) = U_0 \qquad |x| > a$$

代入式(9-15),得:

$$F(g, j) = \int_{-\infty}^{\infty} f(x) \exp(-\mathrm{i}gx) \mathrm{d}x \int_{-\infty}^{\infty} f(y) \exp(-\mathrm{i}jy) \mathrm{d}y$$
$$= 4U_0^2 \frac{\sin(ga)}{g} \frac{\sin(ja)}{j} \qquad (9\text{-}16)$$

这是两个衰减的正弦函数的乘积,它表示二维方形方势阱可能对外作用的波谱。当有一个粒子进入这个势阱时,可将它的波矢分解为 k_x 和 k_y 两个方向,分别指向 x 和 y 方向,每个方向都是一个一维的方势阱。按一维方势阱的讨论,其全反射条件是 $k = \dfrac{g}{2} = \dfrac{mv}{h}$,所以这时有:

$$k_x = \frac{g}{2} = \frac{mv_x}{h}$$

$$k_y = \frac{j}{2} = \frac{mv_y}{h}$$

又因为作用为零的条件是:

$$ga = n_1\pi, ja = n_2\pi$$

代入 k 中,可得:

$$v_x = \frac{hn_1\pi}{2ma}, v_y = \frac{hn_2\pi}{2ma}$$

这样可得到定态的动能是：

$$E = \frac{1}{2}mv^2 = \frac{1}{2}m(v_x{}^2 + v_y{}^2) = \frac{m}{2}\left(\frac{h\pi}{2ma}\right)^2(n_1^2 + n_2^2)$$

$$n_1, n_2 \text{ 是整数，不能同时为零} \tag{9-17}$$

可见这时的粒子还是处于分立的能级上。但可看到这时的能级需由两个整数 n_1、n_2 共同确定，分别表示两个方向的驻波数，这些驻波在 gj 平面上形成驻波点阵，这就是二维方势阱的倒易空间结构。因为式（9-16）等于零的条件是：

$$ga = n_1\pi, \quad ja = n_2\pi$$

所以如果分别用 $g = \dfrac{n_1\pi}{a}, j = \dfrac{n_2\pi}{a}$ 作为倒空间两个分量的变量单位，则就可以得到以 $g = \dfrac{\pi}{a}, j = \dfrac{\pi}{a}$ 为基矢的二维方阵，如图 9-6 所示。

这个方阵中的任一个阵点的位矢都满足式（9-16）为零的条件，即每个阵点都对应一个可能的定态能级。其物理意义也很明确，因为这时阱壁对粒子的反射条件并不是直接将波沿原路返回，而是只反射其和阱壁垂直的分量，只使一个分量返回，另一个分量继续向前运动，但这个分量又会在另一面阱壁上被反射，所以也不能离开势阱，只要这些反射经过一段反射后又能回到原来的位置，则这种反射就会重复并长期进行下去，使粒子只能在阱内运动，形成束缚态。图 9-6(a) 中所示的两个矢量 1 和 2，其连续反射的结果就相当于是图 9-6(b) 中的两个回路。矢量 1 是以 $45°$ 的角入射在阱壁上，它连续反射的结果，会形成一个方形回路[图 9-6(b) 中虚线所示]；另一个以接近 $60°$ 的角入射在阱壁上，它连续反射的结果是形成一个类似 "8" 字形的回路[图 9-6(b) 中实线所示]。显然它们都只能在势阱内周期地来回反射，不能离开势阱，被束缚在阱内形成束缚态。可以证明，不在阵点上的波矢量，连续反射后不会形成一个可重复的回路，这样它们最终或将离开势阱，形成散射，进入阱壁内；或者被势阱吸收（在阱内停止下来），不会长期在势阱内运动形成稳定的束缚态。牛顿力学研究的是局部的问题，只是单次反射的局部情况，不考虑整体的

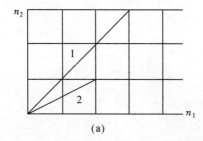
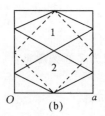

图 9-6　二维方势阱的反射

多次反射状态,但它可形象地来理解具体的反射过程,人们多习惯于这样来理解具体的运动,所以这里就以此进行类比说明,以便对定态有一个形象的理解。倒空间研究的是这种反射形成的整体状态,不考虑具体的单次反射过程,所以才说它是一个束缚态,表示它是只能束缚在阱内的一个运动状态。这里把二者结合起来考虑,既形象地考虑了局部的反射过程,又有了整体的结果,这样就容易理解了。但还必须记住,倒易点是有一定大小的,这里说的矢量只相当于倒易点的中心位置,实际上图 9-6 中方阵的每一个阵点都是有一定大小的一个区域,即每次的反射都可能不是严格的全反射,只要反射时作用的能量等于 h 就行。

类似的讨论也可写出三维立方方势阱的倒空间是一个三维的立方点阵,其束缚态能级分布为:

$$E = \frac{1}{2}m(v_x{}^2 + v_y{}^2 + v_z{}^2) = \frac{m}{2}\left(\frac{h\pi}{2ma}\right)^2(n_1{}^2 + n_2{}^2 + n_3{}^2)$$

$$n_1、n_2、n_3 \text{ 是整数,不能同时为零} \qquad (9\text{-}18)$$

它在倒空间是一个三维的立方点阵,晶体的倒空间也是这样的点阵,每一个阵点的位矢(倒易矢量)都对应一个可能的束缚态,即以这种状态运动的粒子在阱壁上反射后不能离开势场,只能在阱内循环反射,形成束缚态。对于三个方向宽度不相等的非立方方势阱,也可参考 X 射线分析中非立方晶系的倒易点阵来讨论,鉴于这些理论都已经很成熟了,可对具体问题参照应用,这里不再赘述。

9.2.2 二维圆形方势阱

二维中比较常见的还有圆对称情况。对圆形方势阱,如图 9-7 所示,其傅立叶波谱就和一个圆形孔的波谱一致。设用极坐标表示,再取倒易空间的极坐标变量为 (g,α),这里有:

$$g^2 = f^2 + j^2, \qquad f = g\cos\alpha, \qquad j = g\sin\alpha$$

按式(7-11)计算可得其傅立叶波波谱为:

$$F(g,\alpha) = \int_R^\infty u\,J_0(gr)r\mathrm{d}r = \frac{ur}{g}J_1(gr)_R^\infty = -\frac{uR}{g}J_1(gR) \qquad (9\text{-}19)$$

这里 u 是势阱的高度;R 是势阱的半径;$J_1(x)$ 是第一类贝塞尔函数,按贝塞尔函数的性质可知,它也有一系列的零点,逐渐地衰减趋于零,当 r 趋于无限大时,$rJ_1(gr)$ 趋于零。原则上由式(9-19)等于零的条件,也可求出圆形方势阱的束缚态条件,这时贝塞尔函数的零点相当于沿圆形势阱径向的驻波波节,但因贝塞尔函数的零点不易写出通式,所

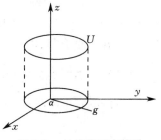

图 9-7　二维圆形方势阱

以不易得出全部能级分布的解析规律。但可看到这里贝塞尔函数的零点也是圆对称的，它只与 g 的大小有关，与它的方向无关。对一些零点的 g_0 值，不论其方向如何，式(9-19)都会等于零。即如果有一个动量为 $k = g_0$ 的粒子进入这个势场时，不论是从什么方向入射，都可形成束缚态；形象地说，因为 g_0 波只在阱壁发生反射，所以这些 g_0 波要能一直在阱内反射形成束缚态，就必定是这些反射波在圆 R 内形成一个内接正多边形，即经过几次反射后又会回到原来的位置。这样，不论粒子沿什么方向进入势场，就都会沿这个正多边形周期性地反射下去，这个多边形就是粒子在势阱内可能的一个运动状态，这个运动状态的粒子和势阱间没有能量交换，粒子会一直在圆形阱内周期性地反射运动，有一定的动能，而只要有这个动能，粒子就会长期处于这个运动状态，反之，如果不是这个动能，粒子将不能长期停留在势阱内运动，所以这时的粒子也处于一定的能级中。可见对圆形方势阱，粒子也是处于不连续的能级中，而且 R 越大，能级也越密。应当指出，这里说的多边形只是一个形象的说法，实际上因为每次反射都不是严格相同的，这里只是为形象起见用粒子性来说明具体的运动过程，实际的反射是波的反射，只能说它形成封闭正多边形的概率最大而已。

9.2.3　二维圆形谐振势

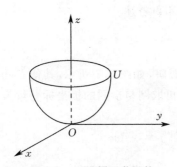

图 9-8　二维圆形谐振势

二维圆形谐振势是一个形如碗状的势，如图 9-8 所示。它只沿径向 r 有分布，沿 θ 方向没有分布，或者说是均匀分布，可看作是一个常数分布 B。对圆对称的情况，取极坐标是可分离变量的，这时的势场可写作：

$$f(r,\theta) = f_1(r)f_2(\theta)$$

对圆形谐振势可取 $f_1(r) = \dfrac{r^2}{2}$，$f_2(\theta) = B$，这里 B 是个常量，所以有：

$$f(r,\theta) = \frac{r^2}{2}f_2(\theta) = \frac{Br^2}{2}$$

它的傅立叶变换是二者分别傅立叶变换的卷积。因为常数 B 的傅立叶变换是一个 δ 函数，它只在零点有值，而 θ 是以 2π 为周期变化的，即对 θ 而言它只在 $\theta = 2n\pi$ 时有值，所以这样的函数也必须是以 2π 为周期的函数；而 $\dfrac{r^2}{2}$ 的变换，因这时波矢不一定总与 r 平行，所以不能简单地当作一维谐振势来计算，应按极坐标的变换来变换。

按式(9-19)对二维的计算法,令 $u = \dfrac{r^2}{2}$,则有:

$$F(g) = \frac{1}{2}\int_0^\infty r^2 J_0(gr) r \mathrm{d}r = \frac{1}{2}\int_0^\infty r^3 J_0(gr)\mathrm{d}r$$

$$= \frac{1}{2g^4}\int_0^\infty (gr)^3 J_0(gr)\mathrm{d}(gr) = \frac{1}{2g^4}\int_0^\infty w^3 J_0(w)\mathrm{d}w \tag{9-20}$$

这里取 $gr = w$,$J_0(gr)$ 是零级贝塞尔函数。按贝塞尔函数的递推公式:

$$J_{m+1}(w) - \frac{2mJ_m(w)}{w} + J_{m-1}(w) = 0$$

若取 $m = 1$ 可得:

$$J_0(w) = \frac{2}{w}J_1(w) - J_2(w)$$

将 $J_0(w)$ 代入式(9-20)得:

$$F(g) = \frac{1}{2g^4}\int_0^\infty w^3\left[\frac{2J_1(w)}{w} - J_2(w)\right]\mathrm{d}w$$

$$= \frac{1}{2g^4}\left[2\int_0^\infty w^2 J_1(w)\mathrm{d}w - \int_0^\infty w^3 J_2(w)\mathrm{d}w\right]$$

按贝塞尔函数的微分公式:

$$\frac{\mathrm{d}}{\mathrm{d}x}[x^m J_m(x)] = x^m J_{m-1}(x)$$

分别取 $m = 2$,$m = 3$,两边积分可得:

$$\int_0^\infty x^2 J_1(x)\mathrm{d}x = x^2 J_2(x); \qquad \int_0^\infty x^3 J_2(x)\mathrm{d}x = x^3 J_3(x) \tag{9-21}$$

把 x 换成 w,代入上式得:

$$F(g) = \frac{1}{2g^4}\left[2w^2 J_2(w) - w^3 J_3(w)\right]$$

$$= \frac{w^3}{2g^4}\left[\frac{2J_2(w)}{w} - J_3(w)\right]$$

$$= \frac{w^3}{2g^4}\left[J_1(w) - \frac{2J_2(w)}{w}\right]$$

代入原变量,有:

$$F(g) = \frac{(gr)^3}{2g^4}\left[J_1(gr) - \frac{2J_2(gr)}{gr}\right] \tag{9-22}$$

这里和一维谐振情况进行同样讨论,即认为有效的势只在有限的 r 内,把积分的上限取为变量 r。于是在极坐标的情况下,二维谐振势对外作用的波谱可写作:

$$F(g,\alpha) = \delta(\alpha) * \frac{(gr)^3}{2g^4}\left[J_1(gr) - \frac{2J_2(gr)}{gr}\right] \tag{9-23}$$

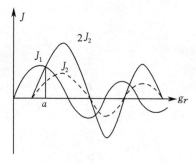

图 9-9　贝塞尔函数示意图

同样,当式(9-23)等于零时它对外的作用等于零,会形成束缚态。按贝塞尔函数的性质:"在两个相邻 $J_m(w)$ 的零点之间,必有 $J_{m+1}(w)$ 的零点。"因此,在 $J_1(gr)$ 的两个相邻零点之间,也必然有 $J_2(gr)$ 的零点,因而在 $J_2(gr)$ 和下一个 $J_1(gr)$ 的零点间,也必有 $J_1(gr) = 2J_2(gr)$ 的点,如图 9-9 中的 a 点,因此也必然有能使式(9-23)等于零的点,即 $J_1(gr) = \dfrac{2J_2(gr)}{gr}$ 的点。可见这种情况的束缚粒子也会处于分立的能级上,由相应的 gr 值也可求出相应的能级能量。式(9-23)是两个函数的卷积,其中任一个等于零都会使函数等于零,下面继续讨论这种情况。

$\delta(\alpha)$ 函数只在 $\alpha = 0$ 的情况下有值,其他位置全为零,即 α 为零除外,取任何值时都可使式(9-23)等于零,是保持束缚态的条件,因此,束缚粒子可沿 α 方向连续变化,因为 α 为零和 $2n\pi$ 是同一个点,所以这个变化的周期总是 2π,即这是一个周期为 2π 的转动波,因为波移动一个周期的距离是它的波长,所以它的量子效应要求这个转动波转动的周长恰是其波长的整数倍。因为只有这样这个波才能在转动一周后又恢复到原点,能长期存留在势阱内,形成束缚态,这就是玻尔最初对原子内电子运动的量子假设。当 $\alpha \equiv 0$ 时,就变为一维的谐振子。决定谐振的函数 $J_1(gr) - \dfrac{2J_2(gr)}{gr}$ 也有一系列不连续的零点,所以它也有沿径向的量子效应,即它必须处于一些特定的 r 值处(这时 r 是振幅),这表示谐振子只能处于一定的不连续的能态中,当粒子以这样的能量在势场中运动时,整体上看粒子与势场间没有能量交换,粒子会保持原有的能量运动,形成束缚态。但在二维的情况下,粒子还可做圆周运动,所以动能与势能之间不一定总要发生能量相互转换的谐振,粒子做圆周运动的转动波就不会和径向能量波发生作用,进行能量转换,但这时的能量 E 应是粒子动能加势能的总和。因为 α 可取任何值,所以当粒子沿切线方向进入势场时,粒子将只能做圆周运动(因为这时的平动粒子没有径向分量波,不能与径向势场发生作用),但也必须要保持一定的 r 值,即必须有一定的势能。谐振子的周期是固定的,由于圆周运动总是以 2π 为周期,这就要求这时谐振子的周期也必须是以 2π 为周期。因为一个圆周运动可看作是一个在其直径上的简谐运动,当粒子沿一般方向进入势场时,它的速度可分解为径向和切向两个矢量的和,其径向波可和径向势场作用产生一维的谐振运动,其切向波则产生圆周运动,圆周运动又可看作是一个和径向垂直的简谐运动,因此这时粒子的运动将是两个相互垂直且频率相等的两个谐振的合成运动,它一般是做椭圆运动,而且径向分量和切向分量的差别越多,则椭圆的离心率越大;只有当粒子只沿径向进入势场时,才只会形成一维的谐振运动。按一维谐振势的讨论,每个谐振的能量必须是 $h\omega$ 的整数倍,因此这时每个束缚态的能量也必须是 $h\omega$ 的整数倍。因为圆周运动必然会有一个半径 r,所以每一个圆周运动状态,除了有一个 $h\omega$ 的一维谐振能量外,还必须保持至少有一个 $h\omega$ 的势能。考虑到总能量只能是 E,可以看到若 E 是由 n 个能量量子组成,即可写作 $E = nh\omega = nE'$,n 相当于主量子数,因为这里有两个自由度,所以这 n 个量子将可分别分布在两个自由度中,但必须至少有一个是径向的能量量子。所以当 n 等于 1 时,粒子就只能做一维的谐振运动,因为这时它只有一个量子的能量 E',只够做一维简谐振动,当粒子运动到振幅最大点时它的动能会全部变为势能,要想继续运动,就只能再把势能变为动能再沿原路返回,不可能再做圆周运动,所以当 n 等于 1 时,只有一个量子态;而当 n 等于 2 时,粒子除可做一个量子的一维谐振动外,还可再做一个量子能量 E' 的圆周运动。又因为圆周运动的角动量 L 可有正负两个方向,所以这一量子的圆周运动的角动量,可以是正 L,也可以是负 L,因此,按包里原理 $n = 2$ 时可以有三个运动状态,即一个谐振运动和两个方向相反的圆周运动。同样,当 n 等于 3 时,除了可做一个量子能量的谐振运动外,还可再做两个量子能量 $2E'$ 的圆周运动。因为每个圆周运动的角动量都有正负两个值,所以这时可能会有 5 个运动状态。一般来说,对第 n 个能级就可以有 $(2n-1)$ 个运动状态。可见在二维情况中,对同一个能级就会有 $(2n-1)$ 个运动状态,如果再考虑到粒子的自旋,每个能级将允许有 $2(2n-1)$ 个运动状态。如果把转动的能量量子数用 l 表示,l 常称为角量子数,显然总有 $l \leqslant n-1$ 的关系,这就是量子力学中主量子数与角量子数间的物理关系。其物理意义也很明确,因为 n 是以能量为单位的总能量,表示粒子是具有 n 个量子的总能量,其中至少要有一个量子的能量用来做径向运动,所以能做角向运动的能量就只有 l 个能量量子了,因此 l 必须小于 $(n-1)$,这些结果都和量子力学的结果一致。

9.3　三维情况

三维立方方势阱的情况已在二维方势阱中做过说明,比较简单,不再赘述。

9.3.1　三维球对称的方势阱

三维球对称的方势阱是一个球形的空腔,对于球对称的情况,用球坐标表示时可以分离变量,这时一般可写作:

$$f(x, y, z) = R(r)P(\theta)Q(\psi) = R(r)PQ$$

它也只有径向 r 的分布,其他两个方向都是常数,这里设其分别为 P、Q,其傅立叶变换是三个函数分别变换的卷积，即这时的倒空间可写作：

$$F(g,\alpha,\beta) = G(g) * \delta(\alpha) * \delta(\beta)$$

因为 P 和 Q 对球而言是常数，这里用 $\delta(\alpha)$ 和 $\delta(\beta)$ 分别表示它们的傅立叶变换。卷积表示对每一个 $G(g)$ 值都要乘上这两个函数值。因为 $R(r)$ 只有径向分布，对空心球而言，它相当于一个内部均匀、半径为 r 的球体，若取空心球的半径为 R，则其傅立叶变换 $G(g)$ 为：

$$G(g) = \int_0^\infty R(r)\exp(ig \cdot r)r^2 \sin\theta \mathrm{d}\theta \mathrm{d}\psi \mathrm{d}r \qquad (9\text{-}24)$$

若取 g 作为极轴，取 θ 为极角，ψ 为方位角，则 $g \cdot r = gr\cos\theta$。于是上式就变为：

$$\int_R^\infty R(r)\exp(igr\cos\theta)r^2 \sin\theta \mathrm{d}\theta \mathrm{d}\psi \mathrm{d}r$$

$$= \int_R^\infty r^2 R(r)\int_0^\pi \exp(igr\cos\theta)\mathrm{d}(-\cos\theta)\int_0^{2\pi}\mathrm{d}\psi \mathrm{d}r$$

$$= 2\pi\int_R^\infty r^2 R(r)\int_0^\pi \exp(igr\cos\theta)\mathrm{d}(-\cos\theta)\mathrm{d}r$$

$$= 2\pi\int_R^\infty \frac{r^2 R(r)}{igr}[\exp(igr\cos 0) - \exp(igr\cos\pi)]\mathrm{d}r$$

$$= 4\pi\int_R^\infty \frac{r^2 R(r)}{gr}\sin(gr)\mathrm{d}r \qquad (9\text{-}25)$$

因为对一个空心球，$R(r)$ 的分布也是一个分段函数，可取在球外 $R(r) = U$，在球内 $R(r) = 0$。代入上式有：

$$4\pi\int_R^\infty \frac{r^2 R(r)}{gr}\sin(gr)\mathrm{d}r = \frac{4\pi}{g^3}\int_R^\infty rg\,U\sin(gr)\mathrm{d}(gr)$$

$$= \frac{-4\pi U}{g^3}\int_R^\infty rg\,\mathrm{d}[\cos(gr)]$$

$$= \frac{-4\pi U}{g^3}[rg\cos(gr) - \sin(gr)]\Big|_R^\infty \qquad (9\text{-}26)$$

这里把 $R(r)$ 取为 U，是把它当作径向的密度分布，考虑到这是体积问题，常将式(9-26) 乘上一个单位因子 $\frac{3r^3}{3r^3}$，则式(9-26) 就变为：

$$G(g) = -\frac{4\pi r^3 U}{3} \cdot \frac{3}{r^3 g^3}[rg\cos(gr) - \sin(gr)]\Big|_R^\infty$$

$$= -M\frac{3}{(Rg)^3}[Rg\cos(gR) - \sin(gR)] \qquad (9\text{-}27)$$

这里 $M = \frac{4\pi r^3 U}{3}$ 相当于是密度为 U、半径为 r 的球体的总质量。这就是内部均匀、球形物体的形散函数，当 R 趋于无限大时它趋于零，这里是将它又重新推导一下，目的是想说明"一个实体的颗粒和一个相同形状的空洞，其对外的作用波谱是相同的"，这一现象在 X 射线小角分析中称为互补效应，即颗粒体系的散射和同样形状的空洞体系的散射是一样的。在 X 射线分析中这是内部均匀、半径为 r 的颗粒的散射公式，这里式（9-27）就是球形空洞整体的对外作用波，二者有相同的波谱，所以表现有相同的性质。同样，当作用为零时，粒子和势场间就无相互作用，若这时粒子有相应的运动能量，它将一直按这个能量在空洞内长期运动下去，形成束缚态。式（9-27）也有一系列的零点，参看图 2-8，显然这时的束缚态也是分立的，它等于零的条件可由式（9-27）的零点决定，即有：

$$Rg\cos(gR) - \sin(gR) = 0$$

由式（9-27）可见，这里也有正弦和余弦两个波，粒子在空洞内部不会再受力，应是做直线运动，只会在洞壁上发生反射，因此应只有正弦波。这里出现余弦波，说明除了有产生反相的全反射外，还有向其他方向的非全反射，这些反射也会在空洞内反复进行，形成封闭的内接多边形，这种情况和二维的圆形方势阱相似，但这个多边形的平面还可和极轴成一定的角度，也会形成束缚态。人们可能认为只要是进入空洞内的粒子，就都应成为束缚态，因为它四周都是势垒，不可能再跑出去。实际上所谓束缚态只是指在一定范围且按一定方式运动的一个状态，由于隧道效应，粒子也可能跑出势场，即使跑不出来，也有可能被阱壁吸收掉，或改变为其他运动状态，所以能长期存在的是那些有一定分立能量的固定运动状态，即束缚态。当然，一个速度为零的不动粒子也可为束缚态，但它在任何情况下都是不动的，它可以束缚在任何势场中，所以通常不考虑这个特殊状态。

这里没有给出这种势场的能级分布，是因为这种势场主要表现的是散射，由图 2-9 可以看见其第一个零点约为 $gR = 4.5$，当 gR 大于 4.5 时，其最大值也只有主极大值的千分之几，可见其透过率是很低的。但当 gR 小于 4.5 时则透过的波较多，因为这里的波矢 $g = \dfrac{2\pi}{\lambda}$，这里 λ 是波长，所以得 $2\pi R < 4.5\lambda$ 时透过的波就越多，粗略且定性地说，波长大于 R 的波将透过得较多，而波长小于 R 的波，即使不形成束缚态也很少能透过球形方势垒。

9.3.2　三维球对称的谐振势阱

典型的三维球对称谐振势是一个有心的势场，它和二维情况类似，不同的只是又多了一个沿极角 θ 方向的自由度，这就使得在二维中每个椭圆运动的角动量可再沿极角方向有一个分量，由于量子化条件的要求，这个分量的能量也必须是 $\hbar\omega$ 的整数倍，因椭圆的角动量 L 是垂直于粒子的运动平面，所以它沿极角方向的分布也不是任意的,它必须保证在垂直于运动平面上的投影满足 L 的量子化条件。这样就形成角量子数和磁量子数间的关系,为了和实际比较,这里不考虑典型谐振势,考虑三维有心势场,为和一般量子力学的结果比较,下面也用量子力学中用的有心势场讨论原子中电子的可能束缚态,指出电子的具体运动就是谐振运动。

9.4　电子在原子内的运动

原子是由一个很小的原子核和核外的运动电子组成的,这可看作是电子在原子核产生的势场中运动,由于原子核很小,它产生的势场可看作是一个有心的球对称势场(其实只要原子核是球对称的即可认为是球对称势场),这种场也称为辏力场。要使电子能在这种场内长期运动下去,形成定态,必须使这个场和电子的运动状态之间没有能量交换才行。因为场能对外的作用就是它的傅立叶波,所以电子能在场中长期运动的条件就是场的某些傅立叶波不存在,即相应波的系数(振幅)为零。下面具体计算这种情况:由原子核产生的库仑电场势,在量子力学书中常写作 $R(r) = \dfrac{-Ze^2}{r}$,这里 Z 是原子序数,e 是电子的电荷,对球对称势场它只有径向分布,其他方向是常量,其傅立叶变换按式(9-25)即是:

$$G(g) = 4\pi \int_0^\infty \frac{r^2 R(r)}{gr} \sin(gr) \, \mathrm{d}r$$
$$= \frac{4\pi Ze^2 \cos(gr)}{g^2} \Big|_0^\infty$$
$$= \frac{4\pi Ze^2}{g^2} [\cos(g\infty) - 1]$$

同上讨论,因为实际的存在状态都是有限的,所以有效的势只能在有限的范围内。若取其最远点为 R,则上式变为:

$$G(g) = \frac{4\pi Ze^2}{g^2} [\cos(gR) - 1] \tag{9-28}$$

这就是原子核库仑势场傅立叶波波谱的系数,也是原子核势场的对外作用波的作用程度,当 $G(g) = 0$ 时,势场相应波对外的作用波为零,会形成束缚态。式(9-28)等于零的条件是:

$$gR = 2n\pi \quad (n \text{ 是整数}) \tag{9-29}$$

按计算过程可以看到,式(9-28)是 R 点的反射波与零点波的合成结果,它等于零表明是在 0 到 R 点形成驻波,R 点是驻波的波节,因为 g 是球对称的,所以在 g 空间驻波的节点是一系列的同心球,其截面是一些同心的圆,圆心位于原子中心的原子核处,如图 9-10 所示。因式(9-28)是对势场的展开,所以 gR 代表势能。势能必须等于

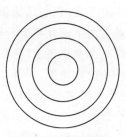

$2n\pi$ 说明电子是束缚在不连续的能级上的。前面已指出，在势场内的运动是动能、势能交互进行的，所以 $2n\pi$ 应是运动粒子的总能量，只要电子的总能量能使 gR 等于 $2n\pi$ 就会一直以这个能量存在于势场内，不管它本身是如何运动，因为这里能与势场作用的只是能量。仿照二维谐振子的情况，粒子在谐振势场中的运动就是谐振运动，所以这个波也会是一个谐振波，这里电子就是在做谐振运动，这样就可以用经典力学的方法来求其能级分布。下面按经典力学的方法讨论这种束缚态对应的能级能量。

图 9-10　球形驻波波节

设粒子就是一个谐振子，R 是振子的振幅，因为振子的总能量就是振幅最大处的势能 gR，把这个能量用经典力学中的能量单位表示时还要再除以 h。因为在 R 处粒子的动能为零，所以粒子的 g 就是在振幅最大处的势 $\dfrac{-Ze^2}{r}$，因此按式（9-29）有：

$$g_d R = \frac{g_J R}{h} = \frac{-Ze^2}{Rh} = 2n\pi \tag{9-30}$$

这里 g_d 是按倒空间的单位决定的波矢量，g_J 是按经典力学单位决定的波矢量。由此得到粒子谐振的振幅是 $R = \dfrac{-Ze^2}{h2n\pi}$。按经典力学对谐振的计算，一个谐振子的总能量关系是 $E = \dfrac{1}{2}k'A^2$。这个公式中 A 是谐振子的振幅，即 A 就是这里的 R，k' 是与振动系统有关的常量。对一个质量为 m 的谐振粒子，$k' = m\omega^2$，其中 ω 是圆频率，对位相为 gR 的波，按二维讨论，其圆频率 ω 等于 2π，于是就可求得定态粒子的能量 E 是：

$$E = \frac{1}{2}k'A^2 = \frac{m\omega^2}{2}\left(\frac{-Ze^2}{h2n\pi}\right)^2 = \frac{m\omega^2 Z^2 e^4}{8h^2 n^2 \pi^2} = \frac{mZ^2 e^4}{2h^2 n^2} \tag{9-31}$$

这个结果和量子力学书中粒子在库仑场中运动的能级完全一致，不同的只是这里的能级前少了个负号，这是因为在计算谐振子的能级时，用的是振幅的平方，严格地说应当用振幅绝对值的平方，由式（9-30）得到的是半径与负势的关系，并不是负的半径。而且按势能的定义它是以无限远点为零点，这样整个的计算都是在负能区域进行的，所以式（9-31）应是负能值。它的物理意义也很明确，式（9-28）计算的只是径向分布的势场，所以电子就是一个谐振子的运动，就相当是一个经典粒子在谐振势场中做谐振运动，只是它的能量是不连续的，对原子而言，这个谐振是在三维空间进行而已。在三维空间内粒子的能量是三个自由度上运动能量的和，所以这时对 n 个量子的能级，将会以量子为单位分布在三个自由度上，分布方式不同将会是不同的运动状态，但它们都有较确定的能量，都与势场不发生作用，这就是将 n 称为主量子数,代表总能量的物理原因.对于球对称势,当还要考虑切向运动时,粒子运动是两个相互垂直、相同频率合成的谐振运动,所以是做圆周或椭圆运动.这些人们也都猜想到了,只是未能从数学上找到证据而已.其原因就是量子力学只能给出一个统计结果,它得到的只是粒子整体运动状态的统计效果,看不到粒子局部的、单个周期的运动轨迹,因而无法说明粒子是如何运动的.而牛顿力学则是只研究局部的运动状态,不考虑这个状态总体对外的作用效果,因而它可以给出单个运动状态的局部运动轨迹,但不能给出这个状态整体对外的作用效果.这里把问题具体到一个特定能量状态中去,按经典力学的方法说明它的局部运动轨迹就是谐振运动,再扩大到统计效果的运动状态,就比较好理解了.因为倒易点有一定的大小,这里讨论的只是其中心位置的一个倒易矢量,因此,实际上它并不是一个确定的谐振运动,而是围绕着这个中心有一个扩大的不确定范围,在这个范围内的任一谐振态都属于这个束缚态.可以这样形象地来理解,比如一个圆周运动,它有一个运动轨道,但它也是一个运动状态,就一个定态而言,这个运动是要长期运动下去的,这样它每转一周的轨道就不一定都会和前一个轨道完全重合,而是会有一个分布宽度.量子力学研究的是整体状态,因此就无法说明是什么"轨道"了.其实轨道是局部运动的具体概念,比如地球绕太阳的转动,作为轨道来讲,它每年都有一个具体的轨道,但作为一个运动状态来讲,它每年的运动轨道都不会完全一致,所以作为一个状态来讲,地球绕太阳的运动也没有绝对确定的轨道.又因为对宏观物体人们接触的多是其内部具体的局部问题,看到的都是其局部的、短时的运动轨迹,而对微观的物体则多是接触其整体的、长期的运动状态,人们无法接触原子中单个电子某一周期的运动轨迹,就只能研究这种运动的整体状态了,这里说这种运动是谐振运动状态,因为着眼点不同,所以研究的方法也就不同了.下面再具体讨论粒子在这种势场中的具体运动.

设有一个粒子进入这个势场,运动粒子的波函数一般可写作:

$$\psi(k,t) = A\exp i(kr_0)\exp[-i(kr-kvt)]$$

现在在势场内将粒子的速度分解为径向速度 v_r 和切向速度 v_t 两个分量,其切向分量又可再分解为 θ 和 ψ 两分量.这样,一般速度的分量将会有三个,分别是 v_r、$v_\theta = v_t \sin\alpha$、$v_\psi = v_t \cos\alpha$.若把波矢 k 也分为三个分量,k_r、k_θ、k_ψ 略去相因子(初位相),可将粒子的波函数写作:

$$\psi(k,t) = A\exp\{-i[(k_r \cdot r - k_r \cdot v_r t) + (k_\theta \cdot \theta + k_\theta \cdot v_t \sin\alpha t) + (k_\psi \cdot \psi + k_\psi \cdot v_t \cos\alpha t)]\}$$

$$(9-32)$$

按以上分析,如果这个粒子的总能量为:

$$E = \frac{mZ^2 e^4}{2h^2 n^2}$$

则势场和粒子间将不会发生相互作用。注意这里说的不发生作用，并不是说势场对具体的粒子不起作用，而是指势场和以这种能量运动的粒子间没有能量交换，这样势场将永远保持原有的势场，粒子也将永远按这个能态运动，这就是定态。因为倒易空间研究的都是整体结果，不考虑粒子在具体运动过程中的具体轨迹，也不考虑粒子自身内部动能、势能的转换过程，所以总的来说是不起作用。显然这里有三个波，其中只有径向波 $\exp[-\mathrm{i}(k_r \cdot r - k_r \cdot v_r t)]$ 有动能和势能的转换，其他两个波都没有动能、势能间的转换问题，所以 k_θ 和 k_ϕ 都只是常量。如果把 θ 和 ϕ 都看作是一维的直线，则 k_θ 相当于是在 0 到 π 的方势阱中运动粒子的波矢量，因为这时波矢在边界上反向，所以它会形成正弦驻波。而 k_ϕ 则相当于是在 0 到 2π 的方势阱中的运动，它没有在势阱壁上的反射，但有自然的边界条件，这个条件要求这个波的圆频率只能是 2π。电子在原子内的运动具体到微观上就是这三个圆频率为 2π 的波的合成运动，下面对它们分别进行讨论。

9.4.1 径向波 $\exp[-\mathrm{i}(k_r \cdot r - k_r \cdot v_r t)]$

式(9-32)可说是粒子在球坐标中运动的波函数，当切向速度 v_t 为零时，粒子只能有径向运动，所以只有一维径向（谐振）波。对一定的动量 k_r，它运动的最远距离是 R，这时只有势能，没有动能。按式(9-30)这时的势能满足：

$$\frac{g_J R}{h} = 2n\pi$$

因为 2π 是单个谐振的圆频率 ω，所以有：

$$g_J R = nh\omega$$

又因 $g_J R$ 是振幅最大处的势能，它代表振子的总能量，所以 $h\omega$ 就是单个谐振子的能量，可见这种束缚态的总能量只能是单个谐振能量的整数倍。一个谐振也可看作是一个等速圆周运动在其直径上的投影，对一个圆频率为 2π 的圆周运动，其波长就是圆的周长，因此，对一个能量为 $nh\omega$ 的圆周运动，其轨道长度应是其简谐振动波长的 n 倍。这就是玻尔初期的量子假说，他只推想到这个关系，但没能指明这是波作用的结果，更没有考虑倒易点的大小，所以显得粗浅，量子力学中也未说明它的波动原因，只因为这个假说简单就说它粗浅。又因为 g 是径向势场的一个傅立叶波的波矢，是势场可能对外作用的一个波，所以说这个波是势场帮助粒子由动能变为势能，再由势能变为动能，从而使粒子做谐振运动的波，但这种作用只是在一个周期内进行的，到一个周期结束时这种变化又会恢复原状，整体上看等于没有变化。因此，当粒子运动的距离等于这个谐振波波长的整数倍时，从整体上看，粒子和势场间没有相互作用，粒子只是在同一个谐振波内动能、势能间作自身的转换，所以也不会产生电磁辐射（谐振的波矢是角动量，运动中虽有速度的变化，但其波矢没有变化,即没有力的作用,所以带电粒子不会发生辐射),不会有能量损失,即与外界没有能量交换,因粒子自身的总能量不会变化,所以粒子将能在势场内部以这个能量长期运动下去,形成稳定的束缚态,量子力学称为定态。因为能量都是一个周期一个周期进行交换的,若这个距离不是波长的整数倍,则到一个周期结束时,还会有一部分波存在,这样粒子将会以这部分波对外作用,于是粒子将可能会飞出势场,形成散射;或被吸到中心静止下来,形成吸收,这样都不会形成定态,这就是能级形成的物理原理。因为这里的 g 只有径向,没有切向。所以它也只能与径向波起作用,即只能与沿径向运动的粒子起作用,作用后产生的仍是径向运动波,即:

$$\exp[-\mathrm{i}(gr - gv_rt)] \tag{9-33}$$

这还是一个谐振波,尽管这里的势场不一定全是谐振势场,但傅立叶变换会把它展开为谐振势的叠加。可以看到这个谐振子的能级没有半个量子的能量(零点能),它比式(9-11)少了 $\frac{1}{2h\omega}$。这是因为这里计算的是振幅最大点和原点间的干涉,只计算了一半,所以这里的 n 和式(9-11)中的 n 不同,这里只有当 n 大于 1 时才可做谐振运动,而在式(9-11)中当 n 等于零时就可做谐振运动。

量子力学中把这种状态称为 s 态,因为这个态的电子会穿过原子中心运动,所以总觉得奇怪,电子为什么不和原子核发生碰撞呢?但由波来看这是很易理解的,因为这时原子核和电子间的作用都是波的作用,原子核内部没有 s 态电子可激活的位置波,它们之间是没有作用的,所以电子穿过原子核就像穿过真空一样,这种情况就和光子能穿透玻璃一样,玻璃的密度越大,能被光子激活的位置波就越少,因而光子的穿透能力也越强。还可以想象当原子核较大,大到一定程度能显现其粒子性作用时就不会再有这种状态了,所以实际的原子核也不可能太大,这都说明物体间的作用都是波的作用。

9.4.2 切向波 $\exp[-\mathrm{i}(k_\psi \cdot \psi + k_\psi \cdot v_t\cos\alpha t)]$

在用极坐标表示的三维空间里,切向波可有两个,这里分别以极角 θ 和方位角 ψ 为分量变量。

如果把式(9-33)中的线变量都换成角变量,即将 r 写成 $r \times \theta$,将 v_r 写成 $r \times \omega$,它就变成一个转动的平面波。

$$\exp[-\mathrm{i}(g \cdot r \times \theta - g \cdot r \times \omega t)] = \exp[-\mathrm{i}(g \times r \cdot \theta - g \times r \cdot \omega t)]$$
$$= \exp[-\mathrm{i}(L \cdot \theta - L \cdot \omega t)]$$

这里 θ 是角变量;ω 是角速度。因为是把 r 引进到波矢中,所以这时的动量 k 变成相应的动量矩 L,$k \cdot r$ 变成了转动惯量,这里又将 g 写作 k,以表示是运动的波,这也是谐振的一个状态,它是粒子沿切向运动的切向波,其波矢量和切向运动的运动平面垂直。切向波没有径向变量，对有心势场，它不会发生动能、势能间的转换，其波矢k_θ和k_ψ都是常量，原则上这和一维方势阱的情况相似，只是这时的势阱宽度都是角变量，它们的定态是分别在θ和ψ方向上形成驻波，因θ在0和π处反向，而ψ在0和2π是同一个位置（不反向），所以说在θ方向形成正弦驻波，而在ψ方向则是一个周期的边界条件，形成余弦驻波。因为每个能级的总能量都只能是2π的整数倍，即$2n\pi$，若将它们看作是n个能量量子，则这n个能量量子就可以以量子为单位分布在这三个自由度上（包括径向），每一种分布方式都是一个可能的量子定态，而每一个量子态也都可说有相应的运动"轨道"。所以一个有n个量子能级的粒子，就可以处于多个量子态中，分别按自己的"轨道"运动。当然，这里说的轨道也不是绝对的经典意义上的轨道，只是借轨道来形象地理解这个运动状态而已。再说一遍，因为倒易点都有一定的大小，这里说的轨道也总会有一个分布宽度，不是严格的几何轨道。笔者认为，具体粒子的运动在一定时间内是有一个形象的局部轨迹，对一个定态，粒子是在做重复的周期运动，而每个周期的运动轨迹都不会完全相同，因此，从整体上看其"轨道"会有一定的宽度。按测不准关系，这个宽度是与粒子的大小成反比，粒子越大则轨道越窄，牛顿力学研究的是宏观物体的局部问题，因此可认为有一个相对固定的轨道；粒子越小则轨道越宽，量子力学是把粒子看作质点，原则上这时的轨道就宽得无法看到了。

9.4.3　粒子的运动"轨道"

运动轨道是指在一个特定的状态下，粒子在空间走过的路径轨迹，因为路径只发生在一段时间内，所以它是一个局部量，对周期运动它就是单个周期的运动路线，整体上看是不存在的，所以量子力学中没有轨道问题。

对于球对称势场，在没有径向运动的情况下，粒子是在一个球面上运动，球面上的单次谐振运动轨迹就是一个大圆。前面已指出：对一个圆周运动，其量子化条件就是要求圆周周长等于其波长的整数倍，即玻尔的量子假说。所以这里说的轨道也可说就是玻尔假定的量子轨道，只是由于倒易点有一定的大小，这里把这个轨道扩大成有一定粗细的管道而已。玻尔把粒子看作经典粒子，因而用具体的运动轨道来说明。这里也把粒子当作经典粒子，但因研究的不是它的单个谐振轨道，也不是它具体的运动轨迹，而是它运动的整体状态以及这个状态可对外的作用，所以不论是它的具体位置还是它的单个轨道都变得只有概率意义了。实际上从整体上看，因为倒易点总是有一定的大小，所以这个所谓的轨道也不会是一个确定的轨道，形象地说可把它看作是有一定粗细的管道，粒子的运动轨迹就限制在这个管道内，有一定的不确定范围（管道的粗细），这个范围的大小与粒子体积的大小成反比。量子理论把粒子看作是一个质点，这样它的不确定范围将会非常大，因而就失去了轨道的意义,只能给出一个存在的概率了。

因为人们习惯于总是用轨道来理解运动,为便于理解,这里结合轨道的形象来讨论其概率意义,能使它的物理概念更清楚,状态更形象,因而也更容易理解和接受。

因为波的作用总是以周期为单位进行的,一个波长就是一个周期,一个周期也就有一个量子的能量,n 个波长就是 n 个量子(这里一个量子是指一个周期作用的能量量子 h)。对一个球面而言,在球极坐标系中,能够标定作参考的只有一个极轴,其变量有极角 θ 和方位角 ψ。对一个有 n 个周期的谐振态,按定态条件,n 个周期必须是整周期地分布在 θ 和 ψ 方向上。设在 θ 方向有 l' 个周期,在 ψ 方向有 m 个周期。因为 θ 是在 0 到 π 之间变化,所以 θ 方向的波相当于沿极轴方向的谐振波,因此 l' 应是正整数,也包括零;而 ψ 则是整周的转动运动,一个转动的波只可有正负两个方向,它们的角动量方向分别指向极轴的正向和负向,因此对每一个 m 都有正反两个转动波,即 m 可是正负的整数值,也包括零。这样,切向波的分量应是 θ 和 ψ 两个方向的和,若假定沿 θ 方向有 l' 个量子,沿 ψ 方向有 m 个量子的话,则切向波真正的周期数应是二者的和,即应有 $l = l' + m$,所以 m 不能大于 l。通常称 l 为角量子数;m 为磁量子数。于是得到这两个量子数可取值的关系为:

$$\left. \begin{array}{l} l = 0, 1, 2, 3, \cdots \qquad\qquad 整数 \\ m = 0, \pm 1, \pm 2, \pm 3, \cdots \qquad m \leqslant l \end{array} \right\} \tag{9-34}$$

这可以说就是球谐函数的量子化条件。由这些条件可将粒子在球面上的运动轨迹形象地概括如下:当 $m = 0$ 时,ψ 不会变化,粒子只能沿子午线运动;当 $m = l$ 时($l' = 0$),θ 不变化,粒子只能沿赤道运动。在一般情况下,粒子是在大圆上运动,大圆面的取向由量子数 l 和 m 共同来确定。因为任何一个大圆都必须有一个半径,即总要保持一定势能,所以每一个谐振态中都至少有一个量子能量的径向分量。设一个能态共有 n 个量子(周期)的能量,则其切向分量最多只能有 $(n-1)$ 个量子的能量,即 l 的最大值只能是 $(n-1)$,n 称主量子数,它是表示粒子能级的总能量。所以又有:

$$l = 0, 1, 2, 3, \cdots, (n-1) \qquad n 是整数,且不等于零$$

的关系。当考虑到粒子还有径向运动时,这些大圆会变成椭圆,椭圆的离心率由 n 和 l 的差值来定,差值越大则椭圆的离心率也越大。

还需强调指出,这里说的轨道只是形象地来理解一个运动状态的细节,它给出的只能是单个周期的局部运动轨迹,因为不同时间的轨迹在空间不一定总会重合,而一个状态是指很多个周期的总体体现,特别是对微观粒子的运动状态,根本无法说明是有多少周期的总和,所以就一个状态来讲是无法给出一个确定的空间轨迹的,只能给出粒子在空间出现的概率,这里这样说只是照顾到人们的习惯认识,做一个对照比较,虽然并不严格,但可使其便于理解罢了。

9.4.4 粒子在空间出现的概率

由于粒子是处在运动的状态中，而且不同周期的轨迹也不会在空间完全重合，因此不可能确定粒子某个瞬时的具体空间位置，只能估计在全部时间内各不同周期的轨迹在空间的统计结果，理论上是用概率表示，这也是整体量的特征。量子力学研究的都是整体性质，可对每个运动状态来确定粒子在空间各位置点出现的概率，这个概率可以指该状态的统计平均值，因为平均值的具体数值是与具体的运动状态有关的，所以对一般情况，理论上只能给出一个概率值。本节按轨道的设想，粗略地估计粒子在空间出现的概率。

按前面的讨论，由于径向波的作用只是使圆变为椭圆，所以这里只需讨论圆形运动在空间出现的概率，对椭圆可作相应的类比参考。上面指出的一个"轨道"只对应一个量子态的单次运动，它可以是指干涉极大时的状态，或可说是倒易点的中心位置的轨道。实际上倒易点都有一定大小，所以实际的轨道也都应是有一定粗细的管道。如图 9-11 所示的一个球形倒易点形成的管道，其截面相当于粒子在空间出现的概率。因为圆周运动的倒易矢量是角动量，倒易点的大小也表示角动量有一个分布范围，这就相当于圆周运动的轨道有一个相应的分布粗细（范围）。所以图 9-11 中认为轨道可近似为一个圆形的管道，即认为其轨道的截面是一个圆（图中注明的轨道截面）。而且在截面上的分布也不是均匀的，而是有一定的分布，图中用"轨道分布"曲线粗略地表示截面上轨道的概率分布，一般来说其中心最大，向边缘连续减小。因为圆形截面在空间的分布还是一个圆形，所以就截面来看它应还是一个圆。但因在球坐标系中，空间体积是与半径的三次方成正比，而概率是与体积有关的，所以即使对一个空间均匀分布的管道，其实际表现的概率值在小半径处和大半径处是不一样的。图 9-11 中画的"体积"曲线就是一个与半径 R 成三次方的反比曲线，实际的概率分布可看作是圆形截面分布沿这条体积曲线的投影，或可说是二者的乘积，显然其结果会使实际表现的概率分布向中心方向拉长，图中最下面画阴影的部分就相当于这个实际截面概率分布的示意图。图中最上部的轨道分布曲线也可说是倒易点自身大小的分布曲线。下面将按这种思想说明几个典型能态中粒子出现的概率密度分布。

（1）当 $l=0$ 时，m 也只能等于零，这时只有一个运动状态，即粒子的 θ 位置不变，ϕ 位置也不变，粒子没有切向运动，只有单一的径向

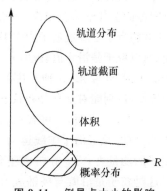

图 9-11 倒易点大小的影响

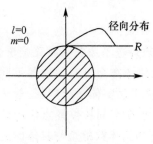

图 9-12　概率密度分布

运动。在球坐标系中，径向 r 是球对称的，所以这时粒子在空间出现的概率也是球对称的，如图 9-12 所示。它在空间某个平面上的投影是一个圆，圆的半径由主量子数 n 来定，n 越大则半径也越大。又因为谐振运动时粒子的速度是随着距离的增大而减小的，一般来说粒子在速度小的地方停留的时间较长，所以它在空间实际表现出的概率会有一个沿半径方向的分布，在振幅最大处达到最大值，图中上部的曲线表示概率沿径向的分布情况。在量子力学中称这种状态为 s 态，它在空间出现的概率呈球对称分布，在半径最大处概率应达最大值。

（2）当 $l=1$ 时，m 可有 0 和 ± 1 三个组合，分别对应三个运动状态。现讨论如下：当 $m=0$ 时，ψ 不会变化，粒子只能沿子午线做圆周运动。它在某个面上的截面投影应当有两个截点。但因为讨论的都只是干涉极大的位置，所以实际的轨道应是一个管道，有一定的分布宽度，即倒易点的大小，实际的截面应当是以这两个截点为圆心的两个圆。如图 9-13 所示，图中把轨道画成圆形管道，其截面就是两个圆。又因为轨道内圆的半径比外面的半径小，所以

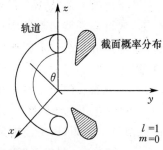

图 9-13　轨道截面的概率分布

就概率密度来讲，这两个圆在轨道内圆的密度比轨道外圆的密度要大些，它相当于是一个圆在一个双曲面上的投影，如图 9-11 所示。考虑到倒易点还有一个径向分布，即它在圆外是缓慢地降到零，这样就概率密度来讲其轨道截面的圆就会向球心方向拉长。图 9-13 所示的是一个示意的空间分布，图中画阴影的截面就是拉长后的概率密度分布的截面，因此，若要表示出它在空间按角度出现的概率密度，形象地说，在一个空间截面上其整体分布像一个竖直的"8"字形，它是一个管道的两个截面合成的结果，这就相当于是一般量子力学书中对量子态画的角分布图。当 $m=\pm 1$ 时，因这时 θ 不变，所以粒子是沿赤道转动，和上面同样的讨论它在空间出现概率密度的投影会是一个水平的"8"字形。这种形状在一般教科书上也都有描述，这里为形象起见只做定性的说明，以期能对这种分布状态有一个形象、清晰的理解。

（3）当 $l=2$ 时，m 可有 0、± 1 和 ± 2 五个运动状态，这时当 $m=0$ 时，和前面讨论的一样，粒子沿子午线运动。但当 $m=\pm 1$ 时，因为这时粒子除了沿 φ 方向有一个量子的能量外，沿 θ 方向也还有一个量子的能量，粒子要同时满足这两个条件，所以这时粒子是沿着与极轴成 $45°$ 的大圆运动。因为 $\cos 45°$ 和 $\cos 135°$ 是等价的，所以满足这个条件的大圆会有两个，但这两个大圆实际上只是一个运动状态，因为如

果取极轴的反向为起点,则 135° 的圆就变成 45° 的圆了。所以,这里完全可以说粒子是沿 45° 的大圆运动。但在计算粒子在空间出现的概率时,则必须按两个大圆计算,因为不可能在同一个坐标系中,时而取正向为极轴,时而又取反向为极轴。因此,这时粒子出现概率的投影是一个和极轴成 45° 的两个正交的"8"字形。因为这里 m 的最大值是 2,所以当 $m = \pm 2$ 时,就是 θ 不变的情况,这就和前面讨论的 $m = l$ 的情况一样,粒子只沿赤道运动,只是因为 l 较大,其椭圆的离心率也较大罢了。这一点前面已经讨论过,不再重复。

这些投影的图形在一般量子力学书中都有描述,这里只作形象的解释。但要记住,这里讨论的是空间的概率密度分布,而一般教科书上是把它分成径向分布和沿角度分布两种。二者可参考比较,应该说这里的一致仅仅是形象地定性,不是定量的结果。因为运动轨道的扩展情况是与倒易点对应的,当倒易点是一个几何点时,轨道不会扩展,这就是玻尔提出的轨道;而当倒易点非常大时,轨道会扩展到整个空间,这就是量子力学的结果。在一般情况下,倒易点的形状与粒子的大小及形状都有关,没有粒子的形状就很难找出一个定量的扩展轨道。但一般可这样说,当粒子体积较大时会趋于有一个明显的玻尔轨道,而当粒子体积较小时轨道就模糊得看不到,就只有概率意义了。在原子中运动的粒子是电子,它的体积非常小,所以它的轨道将会模糊得几乎看不到了,这就是只能称它为电子云的原因。

以上讨论只是因为人们习惯于用轨道来考虑运动,因此就形象地说明轨道概念和量子态间的关系,实际上量子力学研究的是整体性质,它不仅不考虑轨道,而且连坐标也不考虑,只研究一个状态的整体,研究这个整体的对外作用。比较起来可以这样说,牛顿力学研究的是局部问题,局部位置的变化就是轨道;量子力学研究的是整体问题,对整体量的描述只能是波,有波才能对外有作用,有作用才会有整体,所以不管粒子的结构和位置,只要对外是一个谐波的作用,它就是一个量子态。

由以上情况可见,各种有限势场都会出现能级不连续的现象,这都是因为作用就是傅立叶波作用的结果,按傅立叶变换,任何一个有限区间的傅立叶展开都会是一个周期函数,而每个周期区间的运动状态都会有其相应的能量,如果它们之间没有能量交换的话,这个状态就会按这个能量重复出现形成定态。不同的周期会有不同的能量,这就是能级,原则上只有在无限区间的运动状态才会有连续能级分布,在有限区域内的运动都会(理解)有分立的情况。

9.5 结果讨论

9.5.1 量子效应是波作用的结果

一个匀速运动的粒子用平面波来表示,运动粒子和其他物体的作用,就是这个平面波与其他物体傅立叶波的作用,正是这种波的作用才产生量子效应。作用后若还是一个平面波,则这个波仍会在整个空间存在,仍可再与其他物体(系统)发生作用,显示为波动性,如狭缝衍射,就是运动粒子的速度波与狭缝系统傅立叶波的作用,形成狭缝特有的衍射花样。若作用后波动消失,即被干涉掉,则在整个空间就不再有这个波,对粒子而言,就是粒子不能再用这个波对外作用;对势场而言,就是势场对这个波的粒子不起作用,粒子将不能飞出势场外(粒子在势场外出现的概率为零),粒子会被限制在势场内按已有的状态运动,即形成束缚态。常说的量子效应实际上是指这些束缚态的能量是不连续的情况,其实质是波的作用总是以周期为单位进行的,即量子化的现象。

9.5.2 包里原理是束缚态的结果

因为每一个占据束缚态的粒子也会对后来的粒子产生作用,使后面再来的粒子不能再占据前面粒子已经占据的状态。又因为原子中是用量子数描述束缚态的,如果用量子数表示状态的话,则相同量子数就表示是相同量子态,相同量子态间是会相互作用的,所以会有相同量子数(能量)的粒子不能处于同一状态的结果。当然,如果量子数不同,即这个束缚态粒子对后来再来粒子不发生作用,也还会使后面再来的粒子处于和原束缚态粒子同样的状态。在三维空间中能量可分布在三个维度上,这样同一能级的能量子就可能有多个分布方式,因此同一能级可以有多个运动状态,这些状态也是相互独立、没有相互作用,所以同一能级会具有多个状态,但这也只表明它们有相同的能量,每个具体状态中也还是只有一个粒子(一个波),满足包里原理。显然,不在束缚状态内的粒子,就不受包里原理的限制。

9.5.3 外来势场的影响

因为波是充满整个空间的,因此,严格地讲空间中的任何变化都会影响作用的情况,但在一定范围会有一个主要势场。其所以是主要势场,是因为它的傅立叶波受其他空间位置变化的影响较小,因此在研究作用时就可忽略其他部分的影响,只考虑主要势场了。

力学上粒子和势场的作用效果就体现在它们的能量(物理量)交换上,没有能量交换,就等于是没有作用,粒子和势场就都会保持原有状态,对具有一定能量的粒子就会以原有能量一直运动下去,这就是定态。但其他势场也可能会对不同的状态有不同影响,这种影响可能不会太影响主要势场,但也可能会使不同状态的能级产生不同的能量变化,这就是在外场中能级会分裂的原因。这里没有讨论自旋,自旋和轨道耦合产生的能级分裂,也是为了保持一定的总能量,使其不会与势场发生作用(能量交换),才能保持稳定的定态。同样,当势场变化偏离有心势场时,也要求

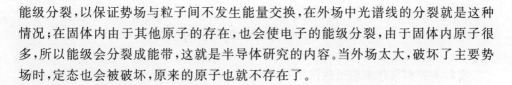

能级分裂,以保证势场与粒子间不发生能量交换,在外场中光谱线的分裂就是这种情况;在固体内由于其他原子的存在,也会使电子的能级分裂,由于固体内原子很多,所以能级会分裂成能带,这就是半导体研究的内容。当外场太大,破坏了主要势场时,定态也会被破坏,原来的原子也就不存在了。

9.5.4 势场对内的作用

当势场傅立叶波振幅为零时,可形成束缚态,这时场对外没有作用,但占据束缚态的粒子会对外产生作用。对原子因其电子的运动是谐振态,这个态只可有正负 k 两种对外作用的波矢,相当于正旋和负旋两个态,所以原子的每个能态中可有两个态,相当于电子的正负自旋,由于这两个波矢是大小相等、方向相反,其合成就为零。所以,当这个能态只有一个电子时,它将沿一定方向对外产生作用,这就是键,化学上也说是原子的价;但当这个能态有两个电子时,就不会再对外作用。所以原子的价数只由能态中成单的电子数目决定。当然,由于价的存在,原子会对外作用形成分子,而分子的出现又会形成分子的能态结构,这些应是量子化学讨论的内容,量子化学也指出分子内各原子是被一个驻波网联系在一起的,即作用都是波的作用。

9.5.5 波粒二象性的关系

由于宏观物体多是粒子性的,所以人们多是由粒子性来认识物体,而实际上物体的存在是由物体的性质体现的,人们能感知的都是性质,人们都是通过性质才能认识物体存在的。抽象的存在是不能被感知的,为了便于理解,这里用粒子性和波动性的结合来解释问题,只是使其能和人们的习惯接近、便于理解而已。但必须记住,即使用粒子性解释时,它也是波作用的结果,是波的作用才体现出粒子的存在;而用波动性解释时,也必须记住它可以是粒子性运动,波的传播就显示是粒子的运动。

粒子可看作是波的原点、出发地,但粒子不能对外作用,所以单纯粒子是不能被感知(发现)的,人们能够感知的只是粒子对外的作用(性质)。一个质点粒子具有全部的波,即它具有无限多的波,可有任何性质,随着质点聚集得越多,则被干涉掉的波也越多,这些被干涉掉的波就把各质点连在一起形成一个颗粒(驻波网),这些被干涉掉的波不能再以波来对外作用,它的作用只能发生在接触到颗粒以后,人们正是感知到这种作用,才认为物体具有粒子性;而那些未被干涉掉的波则会在全空间存在,能对外作用,人们感知到波动性,就认为物质是波。

9.6　一般情况的讨论

实际上颗粒与外来粒子的作用都是其傅立叶波的作用,如果把颗粒间的作用力看作是一个势,即把力随距离的变化看作是一个势场,按势场和力的关系,将势场按傅立叶展开,则其每一项都是势场可对外的作用,即它会对外来粒子产生作用。反之,若展开项是零,则表示势场对这种波不起作用,如果外来粒子是以这种状态进入势场,则它将不受势场作用,可在势场内形成定态,或自由地穿过势场。

应当说明这里强调的是状态,即一个运动状态。因为物体间的作用就是指一个状态的对外作用,而傅立叶展开中的一个波也是一个状态可对外作用的波,若这个波的概率为零,就表示这种状态不会对外作用。这种状态将会在这种势场中保持原有状态,即定态。但若粒子不是以这种状态进入势场,则仍然不能形成定态。

前面讨论的方势阱的能级,只是对沿势阱方向运动的粒子而言,并不是只要有这样的能量就会形成定态,如若粒子是垂直于势阱底部运动进入势场,即使它的能量满足势场的能级要求,也不会形成定态(而是散射)。方势阱中只有平动,但平动也有方向,谐振中还有转动,这些合起来会形成一个运动状态。一般来说,人们能研究的(感知的)都是一个状态,所谓波粒二象性应是指一个状态对外的作用有波动性和粒子性两种表现。

10　相对论的物理实质
—— 不用光速导出的相对论

爱因斯坦的相对论是比较抽象且不易理解的,其基本前提是光速最大和光速不变的假设,不要说由它推出的时间相对性和空间相对性不易理解,单就这光速最大和光速不变的假设本身也不易接受。为什么光速会是最大的速度呢?是什么因素限制光的速度呢?限制了光的速度,为什么又能限制所有物体的速度呢?本章用倒易原理讨论这个问题,自觉可以给出一个易为大家接受的合理解释。

10.1　任何速度都不能超过傅立叶波的传播速度

前面指出,物体的存在是通过其性质体现出来的,物体的性质就是其傅立叶波对外作用的体现,这些波被激活后对外作用的情况就表现为物体的性质,如速度就是一个速度波作用在物体存在的傅立叶波(位置波)上的结果,这种作用就是激活物体波中一个波矢为 $k = mv$ 的波才向外传播的,正是由于这个传播波的对外作用,才体现出物体是以速度 v 运动的运动性质。速度波的一般数学形式可写作:

$$F(k)\exp \mathrm{i}(-k \cdot r + k \cdot vt) = F(k)\exp \mathrm{i}(-k \cdot r + \omega t) \qquad (10\text{-}1)$$

这是一个传播的傅立叶波。式中 ω 表示频率,按定义,波的传播速度是其等相面的移动速度,设波位相的等相面是常数 b,即假定 $-k \cdot r + \omega t = b$,于是得到位相的移动速度 u 为:

$$u = \frac{\mathrm{d}r}{\mathrm{d}t} = \frac{\omega}{k} = \omega\lambda$$

对于一个波来讲,频率与波长是成反比的,所以波的相速度是一个常量 $C = \omega\lambda$。其物理意义是,能量波要想能激活位置波,必须使这两个波的波数相等才行,即要求频率每振动一个周期,就要求波位相向前移动一个波长。因此,波的传播速度是一个与波的波长及频率都无关的常量,即频率越大则其激活的波长越短,其积是一个常数。由于波矢 k 是位置波,它由物体的空间存在确定,而能量波波矢则与其传播空间有关,所以波在不同的空间中的传播速度也不同,如水波有水波的速度,声波有声波的速度,电磁波也有电磁波的速度。但运动的粒子波不同,它是由粒子速度激活的波,它在粒子的位置波中不是一个波,它是傅立叶展开中的常数项,因为一个常数的傅立叶变换是一个 δ 函数，δ 函数包括全部的波，无论用什么速度来激活，都可激活一个相应的波，因为这个常数项是傅立叶变换中波矢为零的项，是粒子中各点同步运动的结果，所以其传播速度就是激活它的波的速度（它是波整体的平移，与空间无关），即粒子的运动速度。而一个纯数学的傅立叶波，它可在真空中传播，因为真空是不变的，波的传播速度又只与其传播的空间有关，所以傅立叶波也是以有限的固定速度传播的，为和习惯一致，这里也用 c 表示这个速度。对一个有限传播速度的傅立叶波，当物体再以速度 v 运动时，因为 v 是物体自身的运动速度，而波又都是发自物体本身的，就波来讲，这就相当于是波源的运动波，因此，这时的传播波会产生多普勒效应，按多普勒效应，物体的每个傅立叶波的频率 ω 都会变为 $\dfrac{\omega}{1-\dfrac{v}{c}}$，由于频率 ω 不能是负值，所以 $\dfrac{v}{c}$ 必须小于 1，即任何速度 v 都不能超过傅立叶波的传播速度 c。其物理意义可以这样理解：因为傅立叶波就是性质波，物体移动就必有移动速度，如果这个移动速度超过其性质波的传播速度，则当物体移动到一个新位置时，其性质波还来不及变化到新的状态，这样就不能在新位置处体现出有物体的存在，物体的存在是由它的性质体现的，既然性质波还来不及到达新的位置，就体现不出物体已经到达了这个新位置，没有性质体现的物体就等于没有这个物体，所以说物体实际体现出的运动速度不可能超过其性质波的传播速度。性质波就是傅立叶波，性质波的传播速度就是傅立叶波的传播速度，这是在空间可能表现出来的最大速度，一切物体的速度都不可能超过这个速度。因为一切作用都是傅立叶波的作用，所以说这个速度实际上可说是"作用"的传播速度。光子的质量为零，受到作用后它的加速度会是无限大，但它也只能加速到这个空间允许的最大速度，因此笔者认为不是光速最大，而是只有光才可能达到这个最大的速度。按这种理解，光速 c 可说就是速度空间的定义域，达到光速就等于达到这个空间的无限远点（边沿）。因为如果把傅立叶波看作是一个弹簧，将弹簧的一端连着粒子，另一端伸到无限远点，若在弹簧上波的传播速度是 c，设这时粒子也以速度 c 运动，则按多普勒效应这时的频率会变为无限大，即这时在弹簧上波的周期会变为零，这相当于粒子一下子就运动到无限远点，即它的速度就是无限大，这实际上是说速度空间本身就只有 0 到 c 这么大，大于 c 的速度是无意义的（不能被感知的）。爱因斯坦利用光速不变得到相对论的结果，实际上在具体推导过程中就是把光当作物体间的作用来处理的。所以说相对论中的光速 c 应理解为是"作用"的传播速度，因为只有光才能达到这个速度，所以也可以说光速是最大速度。下面具体用倒空间的理论来讨论相对论中的基本问题。

10.2　任何等速直线运动的体系都是等价的

在倒空间里,物体的运动是用一个速度波的作用来实现的,一个匀速运动物体的对外作用,是用一个平面波来表示。一个平面波可以有任意的初位相而不改变其波动的性质,也就是说初位相不会影响物体的运动性质,或可说任何初位相不同但波矢相同的波,都可体现出相同的运动性质,即它们都是等价的。

前面已指出,初位相在倒空间是表示坐标的平移,它相当于坐标原点的选取不同。就坐标而言,其原点是可以任意选取的,因而表示物体整体性质的倒空间,其坐标原点也是可以任意选取的,即对同一个波谱可以放在倒空间的任何位置表示,只要它的波谱不变,就会体现出同样的性质。而运动物体的倒空间就是速度空间,这个空间的不同位置表示的是不同的速度,所以用不同速度来做倒空间的原点,都不会改变其原有的波谱结构,即都会体现同样的性质。又因其倒空间的原点常取速度为零的点,所以把任何速度取作零速度用来描述物体的运动性质也都是等价的。

用习惯的话说是:任何等速运动的系统都是等价的。这就是爱因斯坦的相对性原理:**任何等速直线运动的系统都是等价的**。这里说的等价是指其对外作用同样都是波谱的作用,表现同样的作用性质,因而是等价的,即由其作用引起的所有物理规律也都是相同的。

10.3　傅立叶波的传播速度就是 c

任何一个实际物体的空间分布,都可用一些傅立叶波的叠加来表示,因为波是充满整个空间的,这样就存在一个问题:当这些波发生变化时是瞬时发生的还是要有一个持续过程呢?即傅立叶波的传播速度是有限的还是无限的呢?

具体地说,当一个物体的波矢 k_0 与另一个物体的倒易矢量 g 发生作用后,会产生一个衍射波矢 k,它们之间的关系是 $k = k_0 + g$,这时的波矢会由 k_0 方向转到 k 方向。因为原 k_0 方向的波是一直延伸到无限远处,现在要改变到 k 方向再延伸到无限远处,这个过程是否需要有一定的时间呢?这就是傅立叶波是否是有限传播速度的问题。应当说它也是以有限速度传播的。由物理上讲,波是振动能的传播,如果传播速度等于零,则振动就不能传播出去,就无法显示振动体的存在;如果传播速度是无限大,则无限远处的物体也会和振源同步振动,这样任一个振动都会牵扯到整个空间的振动,使整个空间都做同步振动,这样也不会形成波动。因此,只要是一个波就只能是以有限速度传播。从数学上看,虽然傅立叶波是一个纯数学波,但它有一

定的波矢 k，因为波矢 $k=\dfrac{\omega}{c}$，如果其传播速度 c 是无限大，则 k 将恒等于零，不会是一个有限的值，前面已指出波的传播速度是一个常量 $c=\dfrac{\omega}{k}$，因此，只要是一个波就都是以有限速度传播的。这个传播速度只与波传播的空间有关，在介质中其传播速度还和介质的弹性有关，会受介质弹性的影响，而傅立叶波是在真空中传播的，所以它的传播速度是由空间的频率 ω 决定的，因为波每振动一次，就要移动一个波长，而波的作用总是以周期为单位进行的，且其表现的速度又和波长无关，所以如果没有介质的限制，只要是真空中的波，就只有一个速度 c。此外，实验已指出光速是有限的，因为光的静止质量是零，它受力作用会产生一个无限大的加速度，如果傅立叶波可以以无限大的速度传播，则光速也应能加速到无限大，因此，光速的有限也说明傅立叶波的传播速度是有限的，光速的不变也说明傅立叶波的传播速度不变，而且这个极限速度就等于光速 c。

实际上，如果作用会以无限大速度传播的话，任何作用过程都不会有弛豫，这样也就不会有时间这个概念，因为作用的时间是以作用波的周期为单位来计量的，速度无限大则要求作用波的周期等于零。这里是假定傅立叶波有最大传播速度，从而得到光速有限的结果，爱因斯坦是假定光速最大来说明各种作用速度都是有限的，这两种理解其实也是等价的，但爱因斯坦没能指出光速最大的物理原因。

10.4　波的传播和多普勒效应

既然波是以有限速度传播的，那么这个速度由什么决定呢?前面已指出，波的传播速度只与传播的空间有关，与波源及观察者的运动速度无关。这实际上是对同一个传播系统而言的。如一般的机械波，它是靠介质传播的，虽然当介质整体运动时，也会改变波在欧氏空间表现的传播速度，但它在介质内仍保持固有的速度。如一阵强风可使声音的速度沿风吹的方向走得更快些(风速加波速)，但声音在空气中的传播速度总是固定的，不受风速的影响。而傅立叶波是一个可对外作用的位置波，它发自波源(物体)并作用到观察者(另一物体)，这样这个波在空间的真实移动速度(即其作用的传播速度)就会受到两种运动的影响，如运动粒子的德布罗意波的速度，实际上它的速度就是波源的运动速度，只是因为它是以频率出现的，形式上是波的传播速度，但它要把粒子的速度作用给另一物体也是以波作用的。一般来说，波源及观察者的运动虽不能改变波固有的传播速度，但它可以改变实际接受的波动频率，这就是多普勒效应，它是波总是以有限速度传播的必然结果。多普勒效应是传播波的普遍特性，表明观察者和波源间的相对关系。一般的机械波是在介质中传播,若波源或观察者相对于介质有一个相对运动,则观察到的频率就会发生相应变化,如当一个人站在原地,听到高速驶过火车的鸣笛时,会听到它的音调先由低变高(火车向此人驶来),再由高变低(火车离此人而去)的变化,这就是声波波源移动的多普勒效应。这是由于波在介质中的传播速度是固定的,对一定的频率,单位时间传过的波长数也是固定的,但当波源相对介质有一个相对运动时,观察者实际接收到的波长数会因速度的不同而不同。同样,当观察者运动时,也会产生这种效应。假定傅立叶波是一个有限速度传播的波,则运动物体速度激活的傅立叶波就也会有多普勒效应。而物体的傅立叶波是发自物体自身的,物体运动就相当于是波源运动。由于傅立叶波不是在介质中传播,所以这里只有观察者相对于波源的运动,没有相对于介质的运动。为简化计算,设波源和观察者都在同一直线上,并设波源相对于观察者的运动速度为 v_s。因一个质点的傅立叶波是各个方向都有的,所以总有一半的波其波矢是向着观察者,而另一半的波其波矢则是背离观察者。一般来说,总是这两种效应同时发生,它们对外作用体现的效果也是这两种效应的共同效果,为简化计算,下面只具体计算一维情况时多普勒效应的影响。

10.4.1　一维的多普勒效应

由于傅立叶波是在真空中传播,没有介质,只有观察者和波源的相对运动。设观察者不动,波源以速度 v_s 向着观察者运动,因为相邻两个同相波阵面间的距离为一个波长 λ,波阵面传播一个波长的时间为其周期 T,在这段时间内波源又移动了一个距离 $v_s T$,所以观察者实际感知到的相邻两个同相波阵面的移动距离 λ' 是:

$$\lambda' = \lambda - v_s T$$

而单位时间内波传播的距离仍是 c,即波速是 c,设波的实际频率为 v_0,则观察者实际观测到的频率 v 为:

$$v = \frac{c}{\lambda - v_s T} = \frac{cv_0}{c - v_s} = \frac{v_0}{1 - \frac{v_s}{c}} \tag{10-2}$$

即这时实际感知作用波的频率会比原波的频率要大。

10.4.2　背离情况

同样,如果波源背离观察者运动,则检测到的频率 v 会减小,同上讨论,其结果是:

$$v = \frac{c}{\lambda + v_s T} = \frac{cv_0}{c + v_s} = \frac{v_0}{1 + \frac{v_s}{c}} \tag{10-3}$$

前一种情况相当于物体运动方向和波矢同向,后一种情况相当于物体运动方向和波矢反向。因为一维波只能有向前或向后两种传播,所以影响波矢的也只有这两种情况。又因物体是一个整体,所以物体运动时,由物体发出的波矢(被激活的波)总是增加和减小同时存在。即当物体运动时,如果它向前传播的波频率增加,则它向后传播的波频率就会减少,即运动物体整体的对外作用要同时考虑这两种效果的共同影响。这里不再考虑观察者运动的情况,因为运动是相对的,观察者的运动和波源的运动也是等价的,可都归并到波源的运动中去,即可看作是二者的相向或背离两种情况,这两种传播波的对外作用,就体现出运动物体体现的性质。

10.5　物体的长度

对一维而言,所谓长度是指物体在一维方向上占据的空间大小,常用线段 L 表示,称为长度,它在正空间是用 L 两端笛卡尔位置坐标的差值来计量的,因为物体运动时,坐标系不会发生变化,所以这里运动物体的长度也不会发生变化。但因坐标是用来描述事物而人为确定的,所以用它来描述的这个长度也会受到人为的限制,确切地说因为坐标是不动的,所以这样表示的长度只能是物体静止时的长度。长度是一个整体量,整体量就应当用倒空间描述,长度在倒空间的表示就是一系列傅立叶波(位置波)的叠加,对一维来讲,其叠加后的振幅是只在物体长度范围内有实值,在其他地方叠加为零。因为人们都是只在正空间理解长度,所以物体真实的长度应是倒空间这些波的叠加在正空间的体现。按这种理解,在物体不动时,这两种表示是完全相等的,这就是所谓的**静止长度** L。但由于多普勒效应,当物体(波源)运动时波的频率会发生变化,因而它的波矢也会变化,所以这时它在正空间体现的长度也会发生变化,这里称变化了的长度为**运动长度**。这就是相对论中产生长度变化的物理原因。

为计算运动时长度的变化,这里也只讨论一维的情况:在一维的正空间中,一个长为 L 的线段,是用一个分段函数表示的。设取 L 的一端为 x_0,另一端为 x_0+L,则其分布函数为:

$$\left.\begin{aligned}f(x)&=1 \qquad & x_0<x<x_0+L \text{ 时}\\f(x)&=0 \qquad & x<x_0 \text{ 或 } x>x_0+L \text{ 时}\end{aligned}\right\} \qquad (10\text{-}4)$$

这里取有值区的函数值为1,这只是任选的一个代表值,实际上它可以是任意的函数值,因为只讨论长度,不讨论定义性质的函数值,所以可取它是常数1。一般来说,它在正空间的表示是 $f(x)$ 与一个 $\delta(x)$ 函数的卷积,即 $f(x)*\delta(x)$。其傅立叶变换为 $f(x)$ 和 $\delta(x)$ 分别进行傅立叶变换的乘积。$\delta(x)$ 的傅立叶变换是常数1,所以

线段 L 的变换就只是 $f(x)$ 的傅立叶变换，显然在数学上这就是一个矩形函数的傅立叶变换，这里再重复计算一下，其变换就是：

$$F(g) = \int_{-\infty}^{\infty} f(x)\exp(-igx)\,dx = \int_{x_0}^{x_0+L} \exp(-igx)\,dx$$

若取 L 的中点作为坐标原点，即取 $x_0 + \dfrac{L}{2} = 0$，则有 $x_0 = \dfrac{-L}{2}$，则得积分是：

$$\int_{x_0}^{x_0+L} \exp(-igx)\,dx = \int_{-\frac{L}{2}}^{\frac{L}{2}} \exp(-igx)\,dx$$

$$= \frac{1}{ig}\left(\exp\frac{igL}{2} - \exp\frac{-igL}{2}\right)$$

$$= \frac{L}{2}\frac{\sin\dfrac{gL}{2}}{\dfrac{gL}{2}} \tag{10-5}$$

这个结果和一维方势阱的变换完全一样，都是矩形函数的傅立叶变换，只是那里讨论的是限制在势阱内部束缚态的波，只讨论其傅立叶波系数为零的情况；而这里计算的是传播到外面的波，即讨论它的对外作用波，所以要取其傅立叶波系数不为零的波。式(10-5)就是系数不为零的傅立叶波波谱，它是长度 L 对外作用的波谱分布，也就是长度用倒空间表示，或者说是长度 L 的波包，它在正空间的体现就是长度 L，这是一个静止长度。现在假定物体 L 沿 x 方向以速度 v_s 运动，则这些波的波源将都要以速度 v_s 运动，这就是波源运动的情况，波源运动就会产生多普勒效应。由于傅立叶波是以有限速度 c 传播的，因此按多普勒效应，这时每个波的频率都会按 $\dfrac{v}{1\pm\dfrac{v_s}{c}}$ 的关系变化，其中的正负号由波矢的负正来确定。频率是单位时间振动的次数，而波矢 g 是单位长度上的振动次数，所以将频率的变化化为波矢的变化就有：

$$g_s = \frac{v_s}{v_s\left(1\pm\dfrac{v_s}{c}\right)} = \frac{g}{1\pm\dfrac{v_s}{c}} \tag{10-6}$$

显然波矢变化也分为两种，一是对于正的 g 由于它的方向和运动方向相同，因此频率取式(10-6)中的负号，即取

$$g_s = \frac{g}{1-\dfrac{v_s}{c}}$$

而对于负的 g 则是与运动方向相反，频率减小，即取

$$g_s = \frac{g}{1 + \dfrac{v_s}{c}}$$

因为式(10-5)是长度为 L 的傅立叶波谱分布,它在正空间的体现才是长度 L,所以要求长度就需将它再反变换到正空间才会得到实际表现的长度 L。

10.5.1　运动物体的长度

考虑到多普勒效应,运动时作用波的波矢都发生了变化,当然由变化了的波谱体现的长度也会发生相应的变化。按变化后的波矢分布,再反变换回正空间,就得到考虑运动后体现出物体的运动长度,即运动物体的运动长度。式(10-5)的反变换为:

$$f(x) = \int_{-\infty}^{\infty} \frac{\sin \dfrac{gL}{2}}{g} \left[\exp(-igx)\right] dg \tag{10-7}$$

因式(10-7)中被积函数是一个矩形函数的傅立叶变换,多普勒效应只与波源的速度 v 及波的传播速度 c 有关,与波矢的具体分布无关,因为它只是改变波矢的大小,并没有改变其波谱的分布,所以再将它反变到正空间还会是一个矩形函数,只是这时因变量 g 的度量尺度(大小)有了变化。按频率尺度变化的傅立叶变换公式(相似定理),可直接得到其结果,尺度变化的傅立叶变化公式是:

$$\int_{-\infty}^{\infty} H(sg)\exp(-igx) dg = \frac{1}{|s|} h\left(\frac{x}{s}\right) \tag{10-8}$$

这里 $H(g)$ 就是 $h(x)$ 的傅立叶变换,s 是变量尺度的变化比,它由多普勒效应的强弱来决定,H 可以是个任意函数,若取 $H(sg)$ 就是矩形函数的傅立叶波谱 $\dfrac{\sin \dfrac{gL}{2}}{g}$,

则 $h\left(\dfrac{x}{s}\right)$ 就仍是个矩形函数。当 s 等于 1 时,二者就是一般的傅立叶变换对关系,其

有值区限制在 $|x| \leqslant \dfrac{L}{2}$ 区间;当 s 不等于 1 时,x 的绝对值会大于或小于 $\dfrac{L}{2}$。对一

维来讲,频率的变化只会改变这个矩形区间的长度,不会改变其对外的作用谱。下面具体计算这个长度的改变,因为 g 有正有负,所以有以下两种情形:

(1) 对于沿运动方向的正 g,这时(实际感知)的 g 会变为:

$$g_s = \frac{g}{1 - \dfrac{v_s}{c}}$$

这时的变化比 $s = \dfrac{1}{1 - \dfrac{v_s}{c}}$,波矢增大,所以有:

$$\int_{-\infty}^{\infty} \frac{\sin\frac{g_s L}{2}}{g_s} \exp(-igx)\,\mathrm{d}g = \frac{1}{|s|}h\left(\frac{x}{s}\right)$$

即它还是矩形函数 $h\left(\dfrac{x}{s}\right)$，只是这时它的有值区不是 $|x| \leqslant \dfrac{L}{2}$，而是：

$$|x| \leqslant \frac{L}{2}\left(1 - \frac{v_s}{c}\right) \tag{10-9}$$

（2）对于与运动方向相反的负 g，这时的 g 变为：

$$g_s = \frac{g}{1 + \dfrac{v_s}{c}}$$

这时

$$s = \frac{1}{1 + \dfrac{v_s}{c}}$$

所以，这时它的反变换也还是一个矩形函数，但是这时它的有值区变为：

$$|x| \leqslant \frac{L}{2}\left(1 + \frac{v_s}{c}\right) \tag{10-10}$$

运动物体是一个整体，运动时同时有正 g、负 g 两组对外作用波的波矢发生变化，因此对运动物体必须同时满足这两个不等式要求。将式(10-9)、式(10-10)的不等式等号两端分别相乘就可得：

$$\frac{L}{2}\left(1 + \frac{v_s}{c}\right) \times \frac{L}{2}\left(1 - \frac{v_s}{c}\right) = |x| \times |x| = |x|^2 = x^2 \tag{10-11}$$

于是就得到确定 x 范围的方程是：

$$x^2 = \left(\frac{L}{2}\right)^2 \left[1 - \left(\frac{v}{c}\right)^2\right]$$

这里 v 就是 v_s，两边开方就得：

$$x = \pm \left(\frac{L}{2}\right)\sqrt{1 - \left(\frac{v}{c}\right)^2} \tag{10-12}$$

这里 x 的有值区就是运动时物体表现的长度，若用 L' 表示运动长度，就得到：

$$L' = x - (-x) = 2x = L\sqrt{1 - \left(\frac{v}{c}\right)^2} = L\sqrt{1 - \beta^2} \tag{10-13}$$

这就是相对论中运动物体长度缩短的公式。式中 $\beta = \dfrac{v}{c}$，同时也得到：

$$|s| = \sqrt{1 - \left(\frac{v}{c}\right)^2} = \sqrt{1 - \beta^2}$$

此外,在式(10-8)中还除以 $|s|$,所以运动不仅使这个有值区的长度缩短,而且也会将这个有值区域内定义的所有函数值都改变为 $\dfrac{1}{\sqrt{1-\beta^2}}$,即不再是原来定义的1,即它的各种性质也都会发生相应的变化,这一点下面还要继续讨论。

前面是用波源运动的多普勒效应得出的结果,这相当于将空间看作是静止坐标系,而波源是运动坐标系的情况,这正是狭义相对论考虑的问题,其结果也和狭义相对论的结果一致,说明相对论的实质就是由波动传播的多普勒效应造成的。傅立叶波是在真空中传播的,因为真空不会变化,所以其波速 c 也不会变化,不会因观察者的运动而变化。多普勒效应是波动普遍都有的,这里的讨论也符合一般情况,而且它概念明确,计算简单,容易接受,不需要去考虑两个惯性系的相对运动问题,因而也是人们易于理解和接受的。同样的讨论对时间也会得到类似的结果,这里只简单说明一下。

设一个事件持续了一段时间 t,这也可以在正空间用分段函数表示。即在 0 到 t 间函数有值(作用),其他时间函数为零,这是一个以 t 为变量的矩形函数。和长度一样,它在倒空间也是一系列波的叠加。只是这时是以频率为变量的倒空间。由于物体运动时其频率会变化,所以这段时间的间隔也会发生变化。和对长度同样的讨论,用频率的变化代替波矢的变化也可得到:

$$\Delta t' = \frac{\Delta t}{\sqrt{1-\left(\dfrac{v}{c}\right)^2}} = \frac{\Delta t}{\sqrt{1-\beta^2}} \tag{10-14}$$

为了和一般教科书上一致,这里用 Δt 表示 0 到 t 的一段时间间隔。$\Delta t'$ 是运动时变化了的时间,这就是相对论中时间变长的结论。当然,相对论的结论很多,但时空观是它的基本结论,有了这两个结论就可推出其他的结论,所以说这就是相对论的物理实质。了解了这一点,对相对论的物理意义就容易理解了。

10.5.2　长度变化的物理意义

综上分析,可以这样说,物体的长度在正空间看,是两个位置点坐标的差值,即 $L = x_2 - x_1$,而由倒空间看则是一系列波的叠加,式(10-5)就是叠加为 L 的波谱。因为物体间的作用都是波的作用,所以正空间的长度 L 实际上也是由于这些波的作用才体现出来的,因波中与长度有关的只是波长,波作用能体现长度的也是波长,因此物体实际的长度应当是用波长为单位来度量,不应当用笛卡尔坐标点间距离来度量。由于笛卡尔坐标点是与物体运动无关且固定不变的,它只适用于不随时间变化的静止物体,所以用它表示的长度是不会变化的。又因为通常物体运动的速度不大,对长度的影响也小得难以被观察到,所以人们总认为物体的长度是不会因运动而变化的；可是倒空间的波矢是与物体的运动速度有关的，会因多普勒效应而变化，而且这种变化是随速度的增大而增大，因此由波长度量出来的长度也会因运动速度而变化。物体的长度是物体存在状态的一种表现，正空间和倒空间都只是数学描述形式。但在正空间用来度量长度的度量单位是离开物体而独立标注和度量的，即按笛卡尔的分割法，把空间分成坐标点，再用数轴给坐标轴赋值即可用来度量了。可见正空间是以抽象的数轴上规定的单位作为度量单位，它是与物体及物体运动都无关且固定不变的，不会因运动而改变。而在倒空间则是以相应波的叠加来体现长度，它可以说是直接和物体的存在状态相联系，是物体对外作用波体现出来的长度，是用相应作用波的波长作为度量单位，这个度量单位会随波矢的变化而变化，因此用它度量出来的长度也是会随运动而变的。因为物体间的作用都是物体整体的作用，即都是其傅立叶波的作用，所以能够体现出来的物理量都是以波矢为基准的，长度也是一个整体量，因此实际体现的长度应都是由倒空间确定的。按这样理解，当物体以光速运动时，度量其长度的单位会变成无限大，这时无论多么长的物体，其对外的作用就都和一个质点的作用一样，即这时体现出的物体就无长度了，也可说物体的长度缩短为零，这可说是倒易原理对运动长度缩短的解释。按这样理解，长度的缩短是因为测量它的度量单位增大的缘故。倒空间度量长度的尺子是波长，它是随速度的增大而变大的，所以随着速度的增大，用它量出的空间长度值就会变短。因为倒空间表示的是事物的整体性质，所以运动时物体表现出的整体长度就变短了。或者说物体在正空间的长度只是物体的静止长度，而实际表现的长度是物体和其他事物作用时体现的长度，它不仅与物体的存在状态有关，而且还与物体的运动状态有关，所以物体的真正长度是由其傅立叶波的叠加决定的。同样理由也可以类似地说明时间的延长，倒空间时间与频率有关，是用周期来度量的，频率增大则周期变短，所以对同一时间间隔度量出的时间间隔就增大了。

　　应该说速度是相对的，所以它到底多大也是相对的，如果用笛卡尔坐标来度量长度，这无形中是假定存在一个绝对静止的空间，运动速度是在这个空间确定的，但实验指出这个绝对静止的空间是不存在的，所以只能将空间看作是相对静止的，速度是运动物体在相对空间的体现，这个体现只能是由其波的作用来体现。

　　有人会问，前面讲速度只会激活一个速度波，对其他的波不起作用，这里又讲速度会影响所有的波矢，这不是相互矛盾吗？物体的傅立叶波会体现物体的存在，也是物体可能的对外作用波，运动也是一种存在形式，速度直接和频率对应，一个速度只对应一个频率，所以等速运动只激活一个速度波，它对外的作用是以这个速度的对外作用，它体现的也是物体的整体运动速度，所以前面讨论运动时，只讨论这一个波，即由速度激活的这个波，任何时刻整体速度只有一个，所以只激活一个位置波。长度也是一种存在形式，也是一个整体量，它是由存在位置激活的位置波，一个质点位置就是很多波的叠加，所以位置可以同时激活很多个波，这些波同时对外作用才能体现出长度。这里讨论长度，就要讲这一系列的波，这些波因为未被速度激活，所以一般说它不会以速度与外面发生作用，也不会影响速度波的对外作用。由位置激活的波，只体现物体的位置，由多个位置点激活的波，它一般体现的是物体的形状和物体整体的空间存在位置。当这些波中再有一个被速度激活时就会体现出物体整体位置按这个速度移动，这就是速度波体现的运动状态，但物体一旦运动就会使其所有的位置波都运动（波源运动），从而使这些波都产生多普勒效应，因此讨论长度就必须考虑运动速度对所有位置波的影响。因它们都是倒空间的量，所以它们之间会相互影响。这里讨论速度对长度的影响，讨论的都是运动的位置波，这样才得出相对论的结论，如果在前面讨论运动时也考虑速度对"长度"的影响，那就会得出相对论的力学，因为在常规速度下这个影响很小。为突出运动，通常将其忽略不计，或分别另作处理。

10.6 时间和空间的相对性

既然空间是用波长度量的，时间是用周期度量的，而波长和周期又都会随运动速度的变化而变化，因速度只有相对意义，所以时间和空间也都只有相对意义，这里再进一步讨论这一问题。

10.6.1 产生相对性的物理原因

两个相对性来自同样的物理原因，为简化讨论，这里只讨论空间的相对性问题。按上面的讨论，这里用的倒空间就是傅立叶空间，因为它是笛卡尔定义的正空间的倒易变换，而笛卡尔的正空间是绝对的，它给出的是离开实际物体而独立的空间坐标系，所以其空间是绝对的，其中用来度量长度的单位也是绝对的。但实际上在空间度量物体长度用的单位应是傅立叶波的波长，它是随运动变化的，所以严格地说，笔者认为空间没有相对性，仍是绝对的，但其使用的度量单位（波长、周期）是相对的（随速度变化），物理量的量值会因所用度量单位的变化而变化。而在爱因斯坦的理论中，所用的度量单位则是由数轴定义的笛卡尔坐标单位，即度量单位是绝对不变的。虽然也是在笛卡尔绝对坐标空间讨论问题，但把各惯性坐标系中运动物体移动的距离用统一不变的光速来度量，这样就得出空间的相对性。所以，实际上爱因斯坦认为空间是相对的，即空间中两坐标点间的距离是相对的，是随速度的变化而变化的，而度量距离的单位是绝对的，就是两个点的坐标差值。因为决定一个客观长度的量值，是由其存在的空间长度和度量的单位共同决定的，所以这两种观点是等价的，只是侧重的方面不同而已，所以能得到同样的相对论结果。例如用一个绝对长度的尺子去度量同样长的距离,发现在不同运动空间,度量出的长度值会不相等,这就是爱因斯坦得出的相对论,它是指对一个绝对的坐标系,其两个坐标点间的距离,在不同空间是不同的;但如果度量用的尺子也随着空间的不同,按同样的规律变化,则在不同空间量出的长度就绝对相等了,这就是爱因斯坦假设"在不同惯性系中,测量的光速相等"的物理原因。爱因斯坦就是用两个惯性系的光速相等的假说来校准度量长度用的单位;而这里指出度量单位本身就是会随速度的变化而变化的波长(多普勒效应),由此也能得出在不同惯性系内度量出的光速是相等的结果。就倒空间而言,距离就是作用波由这点传到另一点时传过多少个波长的总长度,而波长是随着速度的变化而同步变化的,所以尽管相对运动的两个坐标系内的距离发生了变化,但因度量它的波长也发生同样的变化,所以度量出的光速总是不变的。就这个意义讲也不能说哪一个观点一定正确,哪一个观点一定欠缺。但谁都知道爱因斯坦之所以能得出相对论,就是用了光速不变的假设,前面指出光速就是傅立叶波的传播速度,是物体间相互作用的传播速度,而作用就是波的作用,因此都离不开物体的倒空间,不理解物体间的这种作用,就无法理解**空间**。或者用哲学的话说,空间是物质广延性的表示。广延性实际上是物体存在状态在空间的延伸性质,状态就包括物体的存在形式和它的运动状态,所以不能离开具体物质来定义空间,也不能把空间看作是脱离物质的空袋子,物体的长度只是占据其中一定的距离。实际上,长度是物体在和其他物体作用时显示的空间范围,这个范围的线度,应当用相应作用波的波长来度量。就这个意义讲,用倒空间对相对论进行解释要更合理些,也更容易被人们理解和接受。如爱因斯坦用光速不变来校准两相对运动坐标系中的距离,人们总觉得不易理解,为什么在两个坐标系中光速不会变,而运动物体的运动速度又会变呢?而用倒空间来理解就容易了,因为物体间的作用都是波的作用,波的传播速度只与空间性质有关,与相对运动速度无关,所以作用的传播速度在任何惯性系中都是相同的,各惯性系间的相对运动速度只会对波产生相应的多普勒效应,这个效应会使波在不同惯性系中有不同的波长,即会有不同度量长度的度量单位,使其测出的物理量间都有相同的规律,这些都是经典力学中已证实的结果,所以容易接受。

10.6.2 爱因斯坦相对论假设的物理意义

为了说明本章讨论的相对论和爱因斯坦的相对论的一致性,直接用波的作用和多普勒效应导出爱因斯坦的基本假设"光速在任何惯性系内都是相等的"。考虑两个做相对运动的惯性坐标系 s 和 s',设 s' 系以速度 v 沿 s 系的 x 轴运动,如图 10-1 所示。设开始时 $t = 0$ 两个坐标系完全重合,现设在 s' 系中有一点 p 发出一束光,设 p 点距 s' 系坐标轴的距离为 L',因为 p 点在 s' 系是静止的,所以在 s' 系测得光走过

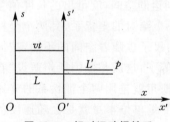

图 10-1 相对运动惯性系

的距离是 $L' = ct$。这个长度应当用相应波的波长 λ' 来度量,当用波长来度量时,这个长度就是相应光波波长的整数倍,设其为 $n'\lambda'$,即有 $L' = ct = n'\lambda'$。而在 s 系度量时,因为 p 点已移动了一段距离 vt,这时光走过的距离是 $L = L' + vt$,它也是相应光波波长 λ 的整数倍,设其为 $n\lambda$,n 是 t 时间内波振动的次数,对应于频率。因为这里的光源是远离观察者运动,按多普勒效应,所以有 $\lambda = \lambda' + vT$,这里 T 是光波的周期,两边同乘以 n 即得:

$$n\lambda = n\lambda' + nvT = n\lambda' + vt \tag{10-15}$$

nT 是运动经过的时间 t,这里看到,因为在同一时间内光波振动的次数是固定的,所以无论在哪个惯性系内测得的波长数也是相同的,即有 $n = n'$ 的关系,所以有:

$$n\lambda = L = n'\lambda' + vt = L' + vt$$

即在 s 系中 n 个波长的长度,就等于 s' 系中同样数目波长的长度再加上系统移动的距离,如果把这个距离再除以时间,就得到它们都等于光速 c,可见在同一个时间内,在两个系统内测得的光速总是相等的,即**光速在不同的惯性系内是相等的**。爱因斯坦就是假定在不同惯性系内光速不变的情况下得到狭义相对论的,这里看到,之所以如此是因为这里的度量单位(用来表示距离的单位)是光波的波长,它是随着惯性系的不同而同步变化的,人们实际测量的光速其实就是光的频率与其波长的乘积,即都是:

$$\frac{n\lambda}{t} = c$$

它是单位时间光波传过的距离。对一个波来讲,它的频率和波长都是固定不变的,所以这个量在任何惯性系内都是不变的,只是在不同惯性系内观察时,同一个光的波长由于多普勒效应会有相应的变化,而且这种变化恰好符合伽利略的速度合成规则,而两个惯性系的速度也符合伽利略的速度合成规则,所以光速在任何惯性系内都是不变的。实际上因为傅立叶波的传播速度是一切作用波的传播速度,由于它的不变就使得在这些系统内的力学定律会有相同的形式,因为这些规律实质上都是波作用的具体体现,这也就是称它们为惯性系的物理原因,所以用波的作用来讨论物理问题要更本质、更合理,也更容易理解。

10.7 量 $\sqrt{1 - \beta^2}$ 是不同速度中度量单位的变化率

因为是度量单位的变化,按尺度变化的傅立叶变换,在式(10-8)中还要除以 s 的绝对值,这点前面还未讨论。可以看到它的作用是使得在 x 有值区内定义的一切函数值都不再是1,而是 $\dfrac{1}{\sqrt{1-\beta^2}}$。这和开始设定的在 x 的有值区 $x_0 < x < x_0+L$ 内函数值 $f(x)=1$ 不一致,这进一步说明,因为是度量尺度发生变化,所以不仅是长度发生变化,时间发生变化,而且使一切在该区域内定义的物理量也都会发生变化(增大)。这个因子说明运动时不仅长度会缩短,而且定义在这个长度上的一切物理量也都要随运动而变化,而且其变化率都是 $\dfrac{1}{\sqrt{1-\beta^2}}$。式(10-4)中设定函数值为1,只是为了计算方便所做的一般假定,只表示是一个均匀分布的性质,并没有赋予具体的物理内容。因此可以这样说,这个结果表明定义在这个长度上的任何函数(物理量)值,都要随速度 v 的变化而变化,且其变化率都是 $s=\dfrac{1}{\sqrt{1-\beta^2}}$。比如物体的质量就是定义在这个空间中的物理量,它也会随速度的增加而增加,如果把上面在正空间定义的函数值取为1,设定义的就是物体的密度分布,则物体的静止质量 m_0 就相当于是 $1L$(均匀分布的密度和长度的乘积),就可直接得到运动时物体的质量是 $m=\dfrac{m_0}{\sqrt{1-\beta^2}}$ 的相对论结果。前面曾指出,质量是单位长度上单位时间内的波数,是纵波的性质,当物体等速运动时,虽然其速度未变,但由于多普勒效应使其波矢发生了变化,因此波数也发生变化,即质量会发生变化。这种变化就和推导多普勒效应的机理一样,因为质量是纵波的性质,当波源运动时其振幅被波切割的次数就增多,导致质量的增加。此外,按倒易原理,物体的能量是 $h\nu$,现速度不变但频率增大,所以物体的能量也增大。将二者结合起来就得到,一定的质量增量,相当于一定的能量增量,这就是相对论中产生质能关系的物理原因。按这种理解的机制,横波就不会有这种效应,因为速度对横向振幅无影响,横波表示电量,因此电量不应有这种相对论效应,电量不会随速度的变化而变化,这些推论都是和实际一致的。但必须指出的是,多普勒效应本身就是一个纵波效应,因为它计算的是将波沿波矢方向对波长的压缩或拉伸,即这个速度效应显示的就是纵波的性质,所以,尽管光子的静止质量是零,但运动时它的波长也是会沿纵向发生变化的,所以光子也会有运动质量。总之,可以说其物理原因是度量的单位发生了变化,所以由它度量出的一切物理量也都发生相应的变化。前面的长度 L 是在正空间定义的,将它变到倒空间就是一系列波的叠加(波包),这时两个空间度量出的结果是一致的,都未发生变化,这是因为在傅立叶变换公式中是用正空间的度量单位来校准倒空间的度量单位。后因多普勒效应使波矢发生变化,因而也改变了度量单位,再用变化了的波矢将它反变换回来,这就等于用倒空间变化了的波矢来度量长度,这样就使原来的长

度 L 缩短了。显然，度量单位变化的大小就决定长度缩短的大小，所以量 $\sqrt{1-\beta^2}$ 可理解为是度量单位的变化率。但多普勒效应只改变波矢量，不改变其波谱分布，也不改变正空间的坐标分布，所以原来的长度仍是 L。应该说 L 的大小是客观存在的，这里说的缩短只是用两种度量单位测得的结果不一样。既然长度缩短了，若再用同样的速度和静止的时间间隔运动，则移动的距离就会比 L 小，不能达到 L 的客观大小，因此就要求使这个过程持续得长一些，即时间的尺度要放大一些，这就是时间膨胀的物理原因。因为物体的运动都是发生在时间和空间中的，所以有这两个量就可全面地描述物体的运动了，这就是产生相对论的物理原因。这里是用多普勒效应得出量 $\dfrac{1}{\sqrt{1-\beta^2}}$ 是运动时度量单位和静止时度量单位的比值，它的作用就像 h 在以速度作倒空间时一样，只要 h 出现就是量子力学的结果，它使所有的物理量都变化 h 倍，否则就不是量子力学的结果；这里看到只要量 $\dfrac{1}{\sqrt{1-\beta^2}}$ 出现，就是考虑了相对论效应，否则就是未考虑相对论效应。实际上狭义相对论也可说是假定在两个坐标系中的度量单位不同推得的，爱因斯坦用光速不变来校准两个坐标系中的距离，实际上也就是在校准两个坐标系度量单位间的关系。这里直接指出这个度量单位的变化，比用两个惯性坐标系来比较会更容易使人理解，也更容易让人接受。

这里假定的是傅立叶波的传播速度不变，比假定光速不变要更本质、更广泛，也更容易让人接受。这里也没有提出相对运动的惯性坐标系，显然，只要是运动的物体，其表现的长度都会缩短。这是因为在正空间，时间和空间是独立于物体以外且固定不变的，所以会显示长度与运动无关；而在倒空间，时间和空间则是相互关联的，它们直接体现在傅立叶波的波谱中，在一个行进的波中就包含有时间和空间两个变量，它们共同组成一个传播的波，传播波可以对外作用，体现的就是这个传播波表现的性质，物体的存在状态也是由这些波的作用才能体现出来的，这样体现出的长度也就自然会随运动而发生变化了。人们总认为物体的存在状态是固定不变的，性质只是这个存在状态的一种表现，这种看法是错误的。性质体现存在，物体的存在状态是由它的性质体现出来的，当性质受到影响时，它所体现的存在也会受到相应的影响。再重复一遍，一个传播波可写作：$\exp \mathrm{i}(ut - gr)$，尽管这里用的是常规时间和笛卡尔的坐标，但在波中它们必须用频率、波长作单位来度量。所以其表现的性质也都应以频率、波长作单位来度量。

10.8 波和它携带的能量

物体要运动，波要传播，就必须具有能量，能量是表示能运动的物理量，所以一个传播波必定携带能量，也只有有能量的波才会传播。有能量的波是一个活波，因为它会随时间变化；而没有能量的波是一个死波，它不会随时间变化，更不会与外界有能量交换。

10.8.1　波和波的传播

有了以上的结果，就可更具体地讨论质能间的关系，这些在一般教科书中都有推导，不再赘述，这里只想说明产生这个关系的物理原因。物体间的作用都是波的作用，要作用必然要有物理量的交换，这里把能用来交换的物理量称为能量。静止的波只与坐标位置有关，它能和外界交换的物理量是势能，即位置具有的能量，但静止物体的坐标位置是不会变化的，所以如果没有运动，是不能有势能用来交换的，它必须结合位移才能交换能量，所以说静止的波是一个死波；传播波必然有速度，它与外界交换的是动能。因此，一个传播波必然会携带能量，只有被激活的波才是能起作用的波，所谓激活就是要给这个波灌输一定的能量，使一个静止的波变为一个传播波，具体地说是将波变为一个可随时间变化的波，因为对外作用是一个时间过程，所以只有会随时间变化的波才能与外界有交换，才可说它是一个活波。否则波只是一个表示可能作用的数学符号，是不会起实际作用的，所以实际起作用的波必须被激活。下面再做具体讨论。

一般情况下一个传播波可写作：

$$\varphi(x,t) = A\exp\mathrm{i}(vt - gx) \qquad (10\text{-}16)$$

这里 v 是波的频率，g 是波矢，$(vt - gx)$ 是波的位相。物理上通常认为波的传播速度就是波位相的传播速度，但仔细分析就知道并不全是这样。因为位相速度是波的整体速度，应是波的一个等相面在空间的移动速度；因为波是在整个空间传播的，它的真实速度应包括波自身的传播速度和波源的移动速度；因为位相中有两个变量 t 和 x，它们都是自变量，都是可以独立变化的，当只有 t 变化时原来在 x 点的位置可不变，只是 x 点会随 t 变化而变化，从而使 x 点的位相向前移动，这是波自身的传播速度，虽然这时 x 点的物质质点并未移动，但变化是由能量引起的，会把能量传递出去，使波成为一个传播波，有一定的传播速度（把能量传播出去的速度），机械波就是这种情况。

如果形象地把一个波看作是一个弹簧，则这种情况就相当于是弹簧上每个质点的空间位置 x 不发生变化，但弹簧上每个质点都在随时间 t 发生变化，这样波在 x 点的位相也会发生变化形成一个传播波，其传播的是势能。同样，当只有 x 变化时，虽然 t 不变化，但原来 t 时刻的位相也会因 x 变化而发生变化，因为 t 时刻的波形就是弹簧本身，t 不变就表示是弹簧自身不发生变化（形变），只有 x 变化才相当于是整个弹簧在随 x 变化而移动，这是波源移动形成的传播波，其传播速度也是波源的移动速度，它可以是任何速度，这就是德布罗意波（粒子波），其传播的能量是动能。在介质中运动时，一个波在空间的速度还应包括介质整体的流动速度。把位相速度当作波的传播速度，这只是经典机械波的情况，因为机械波不考虑波源和介质的运动，所以位相的速度就是波的传播速度，这时处于波上的各介质质点的位置 x 是不变的，只有 t 变化（质点是在平衡位置振动），确切地说这是波在介质中的传播速度。

一般来说，一个传播波的位相是由两项组成的，式(10-16)中 x 和 t 都是独立变量，所以引起位相变化的也会有两种独立情况。如把波比作是一个弹簧，当 x 不变，只有 t 变化，这种情况就相当于是弹簧不运动，只是弹簧上的每个质点按频率 υ 随时间变化，这种波的特点是波源的位置不变，但它必须有传播介质（弹簧），波源将部分能量作用给介质，在介质中激活介质的位置波，这个波就带着这部分能量在介质中传播，其传播速度由介质的性质决定（与波的频率无关）。没有介质就没有这种波的传播，这里也称它为介质波，因为这里被激活的不是波源自身的傅立叶波，而是传播介质的傅立叶波，所以称为介质波。如在空气中传播的声波，它必须在空气中传播，其传播速度只与空气的密度有关，与声源速度及声波的频率无关。

另一种是 t 不变，只有 x 变化，这相当于"弹簧"自身保持不变（不随时间变化），只是弹簧整体按波矢 g 的要求运动，这样也会使波的等相面向前移动形成一个传播波。因为这种波就是波源的直接运动，所以它携带的能量是波源的全部能量，而且这个能量不能离开波源单独将能量传播出去（因为弹簧就是波源，其上的每个质点都没有相对运动，没有能量沿弹簧的传播，只是弹簧本身的运动），其波的传播速度就是波源的移动速度。

如果一个粒子的速度能激活其自身一个傅立叶波的话，粒子的运动就会是这种波的整体运动，它不需介质，可在真空中传播，其速度就是波源的运动速度，德布罗意波就是这种波，这里称这种波为粒子波。当 x 和 t 都发生变化时，波的传播速度应是二者所合成的速度。就粒子波而言，因为它相当于弹簧整体的移动，要能实现这种运动，就必须使弹簧一端的移动量也要能瞬时传到弹簧的另一端，即还需波在弹簧上的传播，即粒子波必须同时也兼有介质波（在粒子内的传播），即弹簧自身运动的波必须同时还兼有能量沿弹簧的传播，因此粒子波的对外作用可有两种，即粒子自身的直接作用和粒子波的作用。因为傅立叶波的传播速度很大，所以对低速运动的情况常可不考虑其介质波部分。为进一步了解粒子波，这里再对它的激活重述一遍，在傅立叶变换波谱中，粒子波是波矢等于零的常数项，它不是一个波，所以不能用波来激活，倒空间的常数在正空间是一个 δ 函数，它具有全部的位置波 $\exp \mathrm{i}(g \cdot r)$，任何速度都会使 r 变化，即都能激活一个相应的位置波，所以粒子波会有任何速度，可以以速度对外作用。所以可以这样说，如果不考虑作用，则它仍是一个运动的粒子,而要考虑作用,就必须将它表示为一个波,因为只有波才能作用,这也是称它为粒子波的原因。

10.8.2　传播波的能量

传播波都有一个传播速度,它对外作用的也会是与速度有关的物理量。为计算传播波携带的能量,可认为波的整体移动速度就是波等相面的移动速度,它包括介质波和粒子波两种,因为这里位置 x 和时间 t 可同时变化,为计算此速度,设 $b = \upsilon t - gx$ 是波的等相面,这里 b 是常数,从而可解得:

$$x = \frac{\upsilon t}{g} - \frac{b}{g}$$

即这是在等相面上 x 和 t 间的关系,这里 x 是等相面在空间的位置(注意这里的 x 是指等相面在欧氏空间的位置,不是波上某个质点的空间位置),于是得等相面的移动速度 u 为:

$$u = \frac{\mathrm{d}x}{\mathrm{d}t} = \frac{\upsilon}{g} = \frac{h\upsilon}{hg} \tag{10-17}$$

这里把分子、分母同乘以 h,表示是做了一个正、倒空间之间的单位换算。对德布罗意波来讲,hg 是粒子的动量 $P = mu$;$h\upsilon$ 是能量 E,所以凡是传播波,其能量都有 $E = Pu = mu^2$ 的关系。在倒空间 g 是波矢,它是波长 λ 的倒数,所以传播波的速度应是 $u = \upsilon\lambda$。对一个波,频率与波长呈反比关系,所以传播波的速度 u 是一个常量,与频率及波长都无关。对介质波的情况,这个常量只由介质的性质决定,与频率无关;对粒子波的情况,也只与粒子波传播的速度(空间性质)有关。如果把这时的 u 看作是粒子的运动速度(速度 u 激活的一个粒子波),则也能得到 $E = mu^2$ 的一般关系。就一个传播波来讲,它有两个变量,一个是位置 x,另一个是时间 t,整体上看也无法区分位相的变化是由哪个变量变化引起的,所以说任何一个频率为 υ 的传播波就都带有 $h\upsilon$ 的能量。同样也可以说这个波的对外作用,就相当于是一个质量为 m、速度是 u 的粒子,这就是波粒二象性的物理意义。但就波形成的物理过程来讲,介质波是波源对介质有了作用才形成的,也说它是由波源的能量激活了介质的位置波,它所携带的能量就是波源作用给介质的能量,因为每个波所携带的能量都是 $h\upsilon$,所以波源能传递给介质的总能量与实际能激活这种波的多少(概率)有关,而激活波的多少表现为该被激活波的振幅(该波出现的概率和总作用量子数的乘积)大小,作用的强度与振幅的平方成比例,所以这时每个波携带的能量与其振幅的平方成正比。显然这时波所携带的能量与波源的作用程度有关,如果波源有足够大的作用就会产生能量足够强大的波,但不管有多么强大的作用,介质波所携带的能量也只能是波源能量的一部分,即作用时波源交给介质波的一部分,当然如果波源不能激活介质的这个波,则这个波就不可能成为传播波,这时也就没有介质波了。而粒子波则不同,因为它是粒子自身运动速度的波动性造成的,它携带的是运动粒子的全部能量,由粒子自身的能量大小决定,粒子和它的波一同运动,如果粒子的速度可同时激活多个波,则它的全部能量也只会按一定的概率分布在各个被激活的波上,因此这种波的振幅就只有相对的概率意义,反映的是这个波被激活的程度,但它真实的能量量值还应是将这个概率再乘以粒子的总能量,这就是量子力学说的概率波的概率意义。因为粒子波中包括粒子的质量和能量,所以要研究质能关系就只能研究粒子波,这时波的能量就是粒子的质量 m 和波传播速度 u 的平方的乘积,当波以光速 c 传播时,这个能量就是 mc^2,这就是相对论的结果。下面说明粒子波作用的传播速度也可以是光速 c。

单纯的粒子波是不可能单独存在的,存在的只是它的位置波,位置波必须被速度激活才是一个速度波,粒子才能和速度波一起运动,单纯的粒子运动只是波源的运动,如果速度波也是按波源的速度运动,这表示速度波也只是一个波做整体移动,自身内部没有波的传播,这就相当于假定波源就是一个弹簧在做整体移动的理想情况,在弹簧上没有波的传播,如果这时在弹簧的一端有一个位移,它将不需时间而使另一端也做同样的位移,这就表示移动的信号可以以无限大的速度传过弹簧,这实际上是不可能的,因为如果信号可以以无限大的速度传播,就不可能形成任何波。因此任何波都只能以有限速度传播,而且这个传播速度只与"弹簧"自身的性质有关。粒子要体现它的运动就必定要被激活其一个傅立叶波。德布罗意波就是速度激活一个粒子的傅立叶波,而且傅立叶波也只能是以有限速度传播,因而这种波在空间的实际传播速度应是粒子的运动速度和傅立叶波传播速度二者的合成速度,因为傅立叶波的传播速度就是光速 c,按相对论的速度合成关系,不论粒子是以何种速度运动,其和光速的合成速度仍是光速 c,因此实际粒子波的传播速度也是光速 c,所以它所携带的能量就是 mc^2。按上面推导,当粒子运动时由于速度的影响会使其上定义的一切物理量都变为 $\dfrac{1}{\sqrt{1-\beta^2}}$,所以得:

$$E = mc^2 = \frac{m_0 c^2}{\sqrt{1-\beta^2}} \tag{10-18}$$

当粒子的运动速度 v 为零时,就得到 $E_0 = m_0 c^2$,这就是质能关系。因为当速度等于零时粒子不运动,所以能量 E_0 只是用来激活能体现粒子运动的傅立叶波,是不动时粒子位置波所具有的能量,它不参与速度波的对外作用,因此在一般的速度状态变化中,这部分能量是释放不出来的,或者说它不会参与以速度对外的作用。但粒子波的速度是 v 激活的,所以当粒子以速度对外作用时,它的能量应是 $E = mv^2 = \dfrac{m_0 v^2}{\sqrt{1-\beta^2}}$。光子是特殊的粒子波,它的静止质量 m_0 为零,总能被激活为粒子波,且以任何速度运动的光子,其表现的合成速度都是光速 c,光子的不同速度体现为有不同的频率(能量),即会产生多普勒效应,所以光子携带的能量只能按频率来计算。

其物理意义可这样来理解,运动粒子并不仅仅是粒子自身的运动,粒子必须携带着它的傅立叶波(位置波)一同运动,因傅立叶波的传播速度是有限的,这样由于多普勒效应,粒子要运动必然会改变其傅立叶波的频率,频率的变化就需要能量,即粒子必须具有这部分能量后才能开始运动。笔者认为,这就是静止能量的由来。似乎可以这样说,当位置波被干涉掉时,粒子单独运动,没有波动性,则它的粒子性动能是 $\dfrac{m_0 v^2}{2}$。

由此可见,任何作用波的传播速度都是固定的,不同波携带的能量都只与它的频率有关,与波源的运动速度无关,机械波的波源不动,其传播速度只由介质的性质决定,粒子波的传播速度则是光速。这里说的粒子波速度是指粒子以速度对外作用波的速度,而粒子的速度仍是激活它的速度。顺便指出,量子力学中把波的能量化为粒子的动能而得出波包会扩散的结论,是一个概念性的错误,因为能量中包括质量 m 和速度 v,量子力学认为质量是不会变化的,因此能量(频率)不同的波会有不同的传播速度,从而使波包扩散。实际上因为傅立叶波的传播速度是光速,粒子以任何速度运动,其作用(速度)波总是以光速传播(对外作用),粒子运动的动能只会使质量(波数)发生变化,不会改变波的传播速度,波包是不会扩散的。实际上,海啸可看作是一个机械波的波包,它可传播上千千米也不会扩散就是一个证据;白光也可看作是一个波包,其中不同能量的光子会有不同的颜色,但它们的传播速度也总是光速 c,这些都说明波包是不会扩散的。

10.9　多维空间和相对论

综上所述,物体表现的一切性质都是其傅立叶波对外作用的体现,而波的作用就只表现在其位相上,什么样的位相就有什么样的作用,什么样的作用就显示出什么样的性质,什么样的性质也就体现出什么样的存在状态,因此,波的位相结构就全面地决定了物体的存在和性质。

实际上牛顿力学就是只研究传播波位相中表现出的那个存在状态,并未考虑这个存在状态的对外作用,因为没有作用就体现不出整体的存在状态,所以牛顿力学研究的只能是局部物体的局部运动,所以也只适用于能用局部代表整体的运动(存在)状态。人们想尽各种办法来利用牛顿力学,最后也不得不承认牛顿力学只适用于**质点**,于是称它为质点力学。对于单个质点,其局部和整体是一致的,实际上应说质点力学是局部和整体相同的力学。

一般说一个波的位相部分常可有多项组成,按波的性质,每一项都可单独看作

是一个波,如一个传播的波就可写作:

$$\exp i(-k \cdot r + k \cdot vt) = \exp i(-k \cdot r)\exp i(k \cdot vt) \qquad (10\text{-}19)$$

我们把前面一个波称为位置波,它是随位置 r 的变化而波动的,其波动的波长由波矢 k 来决定,它是物体固有的;后面一个波称为速度波,它是随时间 t 的变化而波动的,其波动的频率由 $k \cdot v$ 来确定。在三维空间矢量的标积又可写作分量 $k \cdot r = k_x x + k_y y + k_z z$ 的关系,因而又可有:

$$\exp(-ik \cdot r) = \exp(-ik_x x)\exp(-ik_y y)\exp(-ik_z z) \qquad (10\text{-}20)$$

这样也可以说它们分别是 x 波、y 波和 z 波。因此,要在正空间描述一个一般的等速运动状态就需要 x、y、z、vt 四个变量。对一个波来讲,vt 也等效于一个坐标变量,因为它们的积才是长度的量纲,才能和坐标起同样的变量作用。一般来说,对一个变速运动状态,如式(3-11)那样还会有各级加速度,这样就要用多个变量来描述。数学上把一个独立变量当作一个维度,多个变量就构成多维空间,这样一个不动的粒子可用三维空间的坐标点来描述;一个等速运动粒子可用四维空间的坐标点来描述;而一个一般的变速运动状态就可用多维空间里的坐标点来描述,坐标点的位置可用多维空间的一个矢量来表示。之所以说**存在确定性质**,正是这个多维空间的存在就确定了这个状态能表现的性质。因此,表示性质的变量也会是多维的,也就是说它的倒空间也是多维的,因为它就是正空间的傅立叶变换,其维度和存在空间的维度相同。如果也用一个多维矢量表示性质,则也可一般地将这个波写成 $\exp(ik \cdot r)$,这里 r 是多维正空间的一个位置矢量,k 是多维倒空间的一个性质矢量,这样就可用多维空间来研究各种力学问题了。

诚然,因为人们生活的空间就是一个三维空间,这样似乎也只会有一个三维倒空间,其实不然,作为一个波来讲其波动性就是有一个可变的位相,其位相的变量必须是一个无量纲的变量,对由多个物理量组成的变量,要求它们的积也必须是无量纲的量,如用 $k \cdot r$ 作变量,因 r 是长度的量纲,所以 k 必须是长度倒数的量纲,即 k 是波矢量,这就是称 k 空间为倒空间的原因。又因三维空间的自变量是长度,所以三维空间的倒空间就是波动空间,它的自变量是波矢量。而能和波矢形成无量纲的变量也必须是长度,对一个等速运动而言,速度 v 和时间 t 的积也是长度的量纲,所以它可和三维坐标一起形成一个四维空间,但这里实际起变量作用的是时间 t,为了和坐标变量区别,闵可夫斯基在这个变量前加了一个虚数符号,以示它和坐标变量的区别。同样,对等加速运动的系统,长度和时间的关系是 at^2,它同样应加一个虚数符号。一般来说,因为一切事物都是存在于时、空间内的,因此这个多维空间也将只由两种相互独立的自变量构成。在这个多维空间里运动引起的多普勒效应也会导致时空的变化,这就是多维空间的相对论。一般来说,广义相对论应可以用多维的倒空间来解决。

参考文献

[1] 黄胜涛.固体 X 射线学(二).北京:高等教育出版社,1990.

[2] 黄胜涛.固体 X 射线学(一).北京:高等教育出版社,1985.

[3] 周世勋.量子力学.上海:上海科学技术出版社,1961.

[4] 黄胜涛.非晶态材料的结构和结构分析.北京:科学出版社,1987.

[5] 汪晓元,等.大学物理:上册.武汉:武汉理工大学出版社,2008.

[6] 布洛欣采夫.量子力学原理:上册.叶蕴理,金星南,译.北京:人民教育出版社,1956.

[7] 黄婉云.傅立叶光学教程.北京:北京师范大学出版社,1985.

[8] 廖耀发.大学物理:上册.武汉:武汉大学出版社,2001.